宁夏电网持证上岗
考试培训系列教材

电网调控运行

国网宁夏电力有限公司 编

中国电力出版社
CHINA ELECTRIC POWER PRESS

内 容 提 要

本书为宁夏电网调控运行人员持证上岗培训教材,由国网宁夏电力有限公司组织编写,以总结多年来宁夏电网调控运行的实践经验为基础,旨在提高各级调控机构人员的理论水平和业务技能,保证电网安全、优质、经济运行。

本书以求同存异、除旧布新为主要思路,共8章,主要包括调度管理规定、调度运行操作、继电保护运行、现场设备运行维护、故障及异常处置、典型案例分析、调控运行新技术、电力市场等。本书与《宁夏电网持证上岗考试培训系列教材 电网调控运行专业题库》配套使用。

本书可为各级调控人员专业调考、技能比武、知识竞赛提供指导,也可为电力行业其他专业乃至社会各界了解电网调控运行知识提供参考。

图书在版编目(CIP)数据

电网调控运行/国网宁夏电力有限公司编. —北京:中国电力出版社,2024.8
宁夏电网持证上岗考试培训系列教材
ISBN 978-7-5198-8733-9

Ⅰ. ①电… Ⅱ. ①国… Ⅲ. ①电力系统调度－岗位培训－教材 Ⅳ. ①TM73

中国国家版本馆 CIP 数据核字(2024)第 109960 号

出版发行:中国电力出版社
地　　址:北京市东城区北京站西街 19 号(邮政编码 100005)
网　　址:http://www.cepp.sgcc.com.cn
责任编辑:乔　莉(010-63412535)
责任校对:黄　蓓　常燕昆
装帧设计:郝晓燕
责任印制:吴　迪

印　　刷:廊坊市文峰档案印务有限公司
版　　次:2024 年 8 月第一版
印　　次:2024 年 8 月北京第一次印刷
开　　本:787 毫米×1092 毫米　16 开本
印　　张:15.25
字　　数:321 千字
定　　价:98.00 元

编 委 会

前　言

宁夏电网是国家"西电东送"战略最早的重要送端，是国家电网重要送端直流群之一，风光火水多能互补发输变配稳定安全，是典型的"强电网、大送端"。目前宁夏电网已形成 750kV 双环网、双联变 330/220kV 电网分区运行，省间"两通道、四联络"，两大超/特高压直流外送的运行格局，是全国首个外送超过内供的省级电网。目前宁夏电网统调总装机超过 6000 万 kW，其中新能源装机超过 3000 万 kW，占全部发电容量的 50%。储能装机容量位居全国前列。宁夏地域小，风光足，年均日照 3000～3300h，年平均风速 8m/s，是光资源一类地区、风资源三类地区。新能源装机从 2003 年的 458 万 kW，增长至 2022 年的 3040 万 kW，新能源年均增长率 21%。新能源发电是未来的清洁能源主要发展路线，加强新能源并网运行特性分析以及保障新能源电源的安全稳定运行，将是电网控制的主要运行难题，也是需要高度重视的问题之一。

为提高调控运行值班人员、厂站运行值班人员及输变电设备运维人员专业知识和技能水平，加强宁夏电网调度管理，维护电网调度运行的正常秩序，保证电网安全稳定运行，同时满足广大企业职工的培训需求及新招录的调控系统运行人员尽快上岗工作，国网宁夏电力有限公司组织编写了宁夏电网调控运行人员持证上岗培训教材和考试题库，建议配合使用。

培训教材主要包括电网调度运行相关规程规定、事故及异常处理等内容，分为调度管理规定、调度运行操作、继电保护运行、现场设备运行维护、故障及异常处置、典型案例分析、调控运行新技术、电力市场等，考试题库共包括选择题、判断题、填空题、简答题和论述题五类题型，希望对新能源场站运维人员及调度人员日常工作有所帮助。

由于编制时间紧、编制人员技术能力有限，书中可能存在疏漏之处，敬请读者批评指正。

编者

2024 年 4 月

目　　录

第一章 调度管理规定

第一节 总 则

我国的电网运行实行统一调度、分级管理的原则。电网调度机构是电网运行的组织、指挥、指导和协调机构,它既是生产运行单位,又是电网管理部门的职能机构,代表本级电网管理部门在电网运行中行使调度权。

电网调度机构共分为五级,依次为国调、网调、省(区)调、地调与县(配)调。宁夏区调是国调和西北网调的下级调控机构,是地调和配调的上级调控机构。下级调控机构要服从上级调控机构的调度,厂站运行及输变电运维单位也要服从相关调控机构的调度。

第二节 调管范围及职责

一、调管范围

所谓调度管辖范围,是指调控机构行使调度指挥权的发电、输变电、用电、储能系统,包括直接调度范围和许可调度范围。

直接调度范围:调控机构直接调度指挥的发电、输变电、用电、储能系统,对应设备称为直调设备。如宁夏电网内 330kV 与 220kV 公网系统属宁夏区调直调,对应设备的操作由宁夏区调下令。

许可调度范围:指电网设备运行管理和操作指挥的权限范围。由下级调控机构调度管辖的设备,其运行状态变化对上级或同级调控机构调度管辖电网影响较大的发电、输变电、用电、储能系统,对应设备称为许可设备。如宁夏电网内进行 110~330kV 电磁环网操作,合解环断路器属地调直调宁夏区调许可。该操作由相应地调下令,但操作前须征得宁夏区调许可。

根据电网发展情况,调管范围划分也在不断变化,各级调度机构应依照最新版《宁夏电网调度控制管理规程》(宁电调〔2023〕331 号)执行。当前设备调管范围可参考表 1-1。

表 1-1 调 管 范 围 简 表

序号	设备类型	调度机构	调管范围
1	输变电	国调直调	直流系统以及与直流系统密切相关的交流系统(银川东换流站第一至第四串,灵州换流站 750kV 系统除第一、第八串外的设备)
		国调许可	影响直流输送功率的 750kV 线路,银川东换流站 750kV 系统

续表

序号	设备类型	调度机构	调管范围
1	发电	国调直调	灵绍直流配套火电机组（银星、宁东二期、方家庄、鸳鸯湖二期、黎阳电厂）
2	输变电	西北直调	除国调直调范围外的 750、66kV 系统
		西北许可	750kV 变电站 330、220kV 系统，涉及 750/330kV、330/220kV 电磁环网合/解环操作的 330kV 线路，鸳鸯湖电厂 330kV 系统
	发电	西北直调	接入 750kV 电网的发电机组，非国调中心直调的承担跨区域外送任务的定点发电机组（鸳鸯湖）
		西北许可	西北网内非国调中心或西北网直调的单机容量在 30 万 kW 及以上的火电机组
3	输变电	区调直调	220～330kV 公网系统（含联络变压器）
		区调许可	（1）220kV 及以上用户变电站、并网点位于 110kV 公网系统的区调直调水/火电厂公网变电站侧断路器。 （2）地调直接调管设备的电磁环网操作，其最高电压等级涉及区调直调设备的情况。 （3）非区调直接调管的 220kV 及以上主变压器中性点
	发电及储能	区调直调	（1）并入宁夏电网 110kV 及以上系统，不属于国调、西北分中心直调，且单机容量在 10 万 kW 及以上或全厂容量在 20 万 kW 及以上的火力发电机组。 （2）单机容量在 0.5 万 kW 以上或全厂装机在 2.5 万 kW 以上的水电机组。 （3）所有集中式风电场风力发电机组，并入 110kV 及以上系统的分散式风电场风力发电机组。 （4）并网容量在 5 万 kW 以上的集中式光伏电站光伏阵列。 （5）并网点位于公网变电站的独立储能电站储能单元。 （6）区调直调发电设备的配套储能电站储能单元
		区调许可	并网容量在 5 万 kW 及以下的集中式光伏电站光伏阵列及其配套的储能电站储能单元
4	输变电	地调直调	（1）35～110kV 系统除区调直调范围外的设备。 （2）220～330kV 系统主变压器（联络变压器由区调直调）。 （3）220kV 及以上用户资产变电站站内设备（新能源场、储能电站、大用户），牵引站仅调管至用户侧线路隔离开关。 （4）公网变电站内 10kV 母线、出线断路器、附属隔离开关及接地开关。地调与配调分界点为公网变电站内 10kV 出线隔离开关
		地调许可	新能源场站、储能电站内不属调度机构直接调管的 35kV 及以上母线、主变压器、汇集线
	发电及储能	地调直调	（1）不满足区调直调条件的地区小自备电厂。 （2）并网容量在 5 万 kW 及以下的集中式光伏电站光伏阵列。 （3）10（6）～35kV 电压等级专线接入的分布式电源发电设备。 （4）地调直调发电设备配套储能电站储能单元。 （5）并网点位于用户变电站的储能电站储能单元
5	输变电	配调直调	10kV 配网系统
		配调许可	新能源场站、储能电站内不属调度机构直接调管的 10kV 及以上母线、主变压器、汇集线
	发电及储能	配调直调	10（6）kV 公网线路 T 接的分布式电源的发电设备及其配套储能单元

750kV 变电站调管范围示意参考图 1-1；不属于用户变电站、新能源汇集站、独立储能电站、新能源升压站的 330/220kV 变电站调管范围示意参考图 1-2；属于用户变电站、新能源汇集站、独立储能电站、新能源升压站的 330/220kV 变电站调管范围示意参考图 1-3。

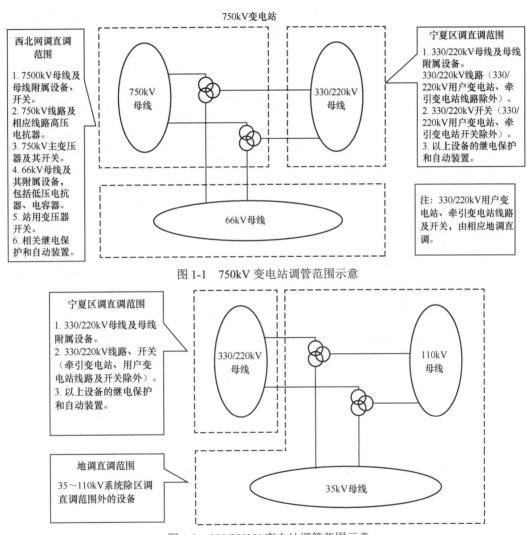

图 1-1　750kV 变电站调管范围示意

图 1-2　330/220kV 变电站调管范围示意

（非用户变电站、新能源汇集站、独立储能电站、新能源升压站）

继电保护、电网调度自动化等二次设备的调管范围与一次设备一致。通信设备的调管范围划分按照相应管理规定执行。地区电网内各变电站低频低压减负荷装置、主变压器过负荷联切装置、故障录波装置、110kV 及以下安稳装置（系统）由相应地调直接调管。低频低压减负荷装置及接入区调直调设备的故障录波装置由区调许可。安全自动装置的调管范围划分按照相应运行管理规定执行。

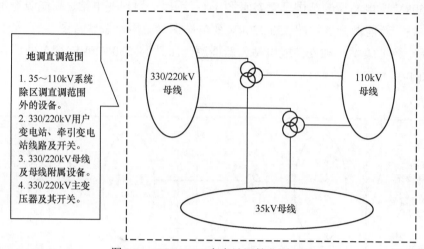

图 1-3　330/220kV 变电站调管范围示意
（用户变电站、新能源汇集站、独立储能电站、新能源升压站）

二、调度机构要求

各级电力调度控制机构按照调管范围依法组织、指挥、指导、协调、控制电网运行、操作和事故处理，调度机构须保证以下要求：

（1）根据有关规定，使电网安全、连续、可靠供电。

（2）使电网内的电能质量（频率、电压和谐波等指标）符合国家规定的标准。

（3）按照最大范围优化配置资源的原则，充分发挥发、供电设备能力，最大限度地满足该电网内的用电需要。

（4）优化资源利用，合理使用燃料、新能源、水能及储能资源，最大限度地使电网在经济、清洁方式下运行。

（5）根据国家有关法律、法规和政策以及有关合同或者协议，按照"公平、公正、公开"的原则维护发、供、用电等有关各方的合法利益。

三、各级调度职责

宁夏电网内各级调度职责如下：

（1）落实上级调度专业管理要求，组织实施电网调度控制专业管理，对所辖电网及并网电厂实行统一调度、分级管理，负责调管范围内调控运行、调度计划、运行方式、继电保护、调度自动化、网络安全、通信、水库及新能源调度等专业管理，制定电力系统电力调度方面的标准、规程、制度和办法，负责所辖电网二次设备技术监督。

（2）负责电网调控运行管理，指挥调管范围内设备的运行、操作及电网的事故处理，参与电网事故调查分析。宁夏区调负责指挥宁夏电网调峰、省间联络线潮流的调控及调管范围内的调压工作。

（3）根据全网年度停运计划，制订调管设备年度、月度、日前停运计划，负责调管范围内设备的检修平衡，受理并批复调管设备的停运、检修申请。开展省级电网月度、日前电力电量平衡分析，按直调范围制订月度、日前发供电计划。负责电网稳定管理，制定直调电源及输电断面的稳定限额和安全稳定措施。负责控制区联络线关口控制，参与电网频率调整。负责直调范围内无功管理与电压调整。参与电力系统事故调查，组织开展调管范围内的故障分析。

（4）负责组织开展直调范围内电网继电保护和安全自动装置定值的整定计算，负责直调范围内电网继电保护、安全自动装置和调度自动化系统的运行管理。

（5）参与签订直调系统并网协议，负责编制、签订相应并网调度协议，并严格执行。编制直调水电厂水库发电调度方案，参与协调水库发电与防洪、防凌、航运、供水等方面的关系。负责调管范围内的新能源场站及储能电站并网、调度运行、计划、检修、保护、自动化、安防、通信管理。负责调控运行技术人员的业务技术培训、考核和上岗考试工作。宁夏区调负责宁夏电网日前、实时跨省跨区交易及辅助服务管理。履行上级调度授予的其他职责。

四、设备运维单位职责

宁夏电网内各设备运维单位职责如下：

（1）落实调度机构的专业管理要求。按照相关调控机构的调度指令进行输变电设备的相关操作，并对一、二次设备操作的正确性负责。负责所辖范围内输变电设备及继电保护和安全自动装置等设备的监控、运行维护及检修，及时汇报有关情况，配合调度进行故障处置。

（2）配合调控机构进行自动化等相关信息的接入等相关工作。按规定流程及要求向调控机构提出输变电设备年度、月度、日前停运计划申请。负责向区调报送相关生产资料和数据报表。根据相关技术标准、规定及区调下发的规程、规定等，结合现场具体情况，对现场运行规程、规定进行修编，并向区调报备。负责组织输变电设备运维人员、监控值班员及变电站运行值班人员参加区调组织的培训和持证上岗资格考试。参与电网事故调查，开展故障分析。履行区调规定的其他调控管理职责。

五、发电厂站、储能电站职责

宁夏电网内各发电厂站、储能电站职责如下：

（1）落实区调专业管理要求。按照区调的调度指令进行直调发电厂站、储能电站发、储、输、变电设备的相关操作，并对一、二次设备操作的正确性负责。负责直调发电厂站、储能电站发、储、输、变电设备、继电保护和安全自动装置等设备的运行监视、维护及检修，及时汇报运行情况，配合区调进行故障处置。

（2）配合区调进行自动化相关信息接入等工作。按规定流程及要求向调控机构提出发、储、输、变电设备年度、月度、日前停运计划及检修申请。按区调要求负责厂站的电压监视与调整。负责厂站涉网设备运行管理，确保涉网性能满足相关标准要求，配合区调做好网源协调管理。负责按区调要求进行频率调整，参与频率异常处置。

（3）涉及区调直调调管设备新（扩、改）建的，应向区调提出投入运行申请和相关方案。负责向区调报送相关生产资料和数据报表。根据相关技术标准、规定及区调下发的规程、规定等，结合现场具体情况，对现场运行规程、规定进行修编，并向区调报备。负责组织厂站运行值班人员参加区调组织的培训和持证上岗资格考试。参与电网事故调查，开展厂站内故障分析。参与区调组织的跨区现货交易、辅助服务等市场交易。

第三节　调控运行管理

一、调控运行管理制度

宁夏电网内各地调值班调度员、调管范围内的厂站运行值班人员、监控值班员及输变电设备运维人员在调控业务方面受区调值班调度员的指挥，接受并执行区调值班调度员的调度指令。

区调值班调度员在发布调度指令时，接令人应主动复诵并核对无误；指令执行完毕后应当立即向区调值班调度员报告执行情况和时间。在利用调度电话发布和接受指令及进行其他调控业务联系时，双方均应做详细记录并录音，同时使用规范的调控术语。

区调直调及许可设备，未获区调值班调度员的指令，各地调值班调度员、厂站运行值班人员、监控值班员及输变电设备运维人员均不得自行操作，当危及人身或设备安全时可按厂站规程先行处理，但事后应立即报告区调值班调度员。

接受区调调度员调度指令的值班调度员、厂站运行值班人员、监控值班员及输变电设备运维人员不得无故不执行或延误执行调度指令。如受令人认为所接受的调度指令不正确，应立即向发令人提出意见；如发令人确认继续执行该调度指令，应按调度指令执行。如执行该调度指令确实将危及人身、设备或电网的安全时，受令人可以拒绝执行，同时将拒绝执行的理由及建议上报给发令人，并向本单位领导汇报。

任何单位和个人不得非法干预电网调度，不得干预调度指令的发布执行。如有值班人员不执行、延误执行或变相执行调度指令，均视为不执行调度指令。不执行调度指令的值班人员和允许不执行调度指令的领导均应对其行为所造成的后果负责。非调控机构负责人，不得直接要求值班调度员发布任何调度指令。

在紧急情况下，为了防止系统瓦解或事故扩大，区调值班调度员有权越级调度有关厂站的设备，但事后应尽快通知相应的调控机构。下级调控机构值班调度员发布的调度指令不得与区调越级发布的调度指令相抵触。

电网运行设备发生异常或故障情况时，厂站运行值班人员、监控值班员及输变电设备运维人员应立即汇报相关调控机构值班调度员，有人值守变电站汇报时应明确设备能否继续运行；无人值守变电站汇报时应根据监控信息，明确影响程度及影响范围。倒闸操作过程中如遇设备缺陷、天气等原因导致延误操作时，各地调值班调度员、厂站运行值班人员、监控值班员及输变电设备运维人员应及时汇报相关调控机构值班调度员。

当发生影响宁夏电网运行的重大事件时，相关调控机构值班调度员应按《国家电网有限公司调度系统重大事件汇报规定》（国家电网企管〔2019〕591号）立即汇报区调值班调度员。对不执行调度指令，破坏调度纪律，有以下行为之一者，区调将组织开展调查，并依据有关法律、法规和规定进行处理，造成严重后果的将追究法律责任。

（1）不执行区调调度指令和保证电网安全的措施。

（2）不按照区调下达的发电计划和检修计划执行。

（3）不如实反映调度指令执行情况。

（4）不如实反映电网及设备运行情况。

（5）存在瞒报、谎报、误报、拖延汇报等情况。

（6）违反调度纪律的其他情况。

二、运行情况汇报制度

值班调度员、厂站运行值班人员、监控值班员及输变电设备运维人员遇到以下情况应立即向区调值班调度员汇报：

（1）《国家电网有限公司调度系统重大事件汇报规定》（国家电网企管〔2019〕591号）及其补充规定中所列全部报告事件。

（2）因设备检修、故障、异常原因造成地区电网负荷变化超过4万kW，或未达到4万kW，但造成社会舆情的。

（3）区调直调、许可设备故障跳闸、迫停或可能造成故障、迫停的事件。

（4）宁夏电网内国调、西北网调直调设备正常停送电操作、异常、故障跳闸或迫停事件。

（5）110kV及以上发输变电设备着火或爆炸等设备事件。

（6）现场设备故障影响区调调管安全自动装置所切除负荷或线路。

（7）直流输送功率计划调整。

（8）地调通信全部中断、调度自动化系统（supervisory control and data acquisition，SCADA）、自动发电量控制（automatic generation control，AGC）功能全停超过15min，对调控业务造成影响的事件。

（9）区调直接调管的水电厂弃水情况。

（10）对区调直调或许可发电设备出力造成影响的异常情况。

（11）恶劣天气、水灾、火灾、地震、泥石流、日食、太阳风暴及外力破坏等对电网运行产生或可能产生影响的事件。

（12）因电网故障、异常等原因造成风电、光伏出现脱网或出力受阻的事件。

（13）通信通道异常，导致的以下任意一种情况：8条220kV及以上线路保护单套运行，5条以上750kV及以上线路保护单套运行，5套以上安控装置单套运行。

（14）节假日及重要活动保电期间发生的异常情况。

值班调度员、厂站运行值班人员、监控值班员及输变电设备运维人员应保证其汇报信息的准确性及一致性。

第四节 电网运行方式管理

宁夏区调负责管理宁夏电网运行方式，各级电网运行方式应协调统一。宁夏区调负责组织开展年度运行方式和重大专题等运行方式分析工作，统筹确定宁夏主网运行方式，各地调制定地区电网运行方式。

针对电网特殊保电期、多重检修方式、系统性试验、配合基建技改等临时运行方式，需要进行专题安全校核，制定并下达安全稳定措施及运行控制方案。

对上级调控机构调管的电网运行有影响的运行控制方案，应报上级调控机构批准。对同级调控机构调管的电网运行有影响的，应报上级调控机构协调处理，统筹制定运行控制要求。

第五节 调度计划管理

一、发电调度计划编制和执行

宁夏区调在"公开、公平、公正"原则的基础上编制发电调度计划，并保证实施。发电调度计划综合考虑用电负荷需求、居民供热、新能源发电、储能电站充放电容量、水库综合运用、检修计划和电力系统设备能力等因素进行编制，并保留必要的备用容量。

发电调度计划包括月度发电调度计划、日发电调度计划，发电调度计划须经过安全校核。宁夏电网备用容量由网内发电厂共同承担，其中旋转备用容量按照西北网调的要求统一安排。

各直调发电厂、储能电站应按照调度计划和调度指令进行发电。各地调、新能源场站应按时上报次日负荷、新能源功率预测，各水、火电厂及储能电站应按时上报次日发电能力曲线。

宁夏区调按照上级调控机构下达的地理联络线计划，结合新能源发电预测及水/火电可调范围等进行电能平衡，编制日发电计划。当省内无法平衡时，采取调整机组运行方式、开展省间日前电能量交易、采取机组启停调峰等方式保证电能平衡。

二、停运检修分类

停运检修包括计划检修、临时检修及事故抢修。

（1）计划检修是指列入月度停运计划的停运项目。

（2）临时检修是指计划停运检修以外的电气设备停运检修工作。

（3）事故抢修是指由于设备缺陷或其他原因被迫停止运行，需立即进行抢修恢复的停运检修工作。

三、临时停运管理

除应急抢修及危急缺陷消缺外，原则上不安排未列入月度停运计划的临时停运工作。对于临时停运工作，各单位须提前报临时停运计划，上报临时停运计划必要性说明。

四、辅助服务管理

宁夏电网辅助服务管理执行能源监管机构、政府电力主管部门的相关规定。宁夏区调负责电力辅助服务的运行管理，有权根据系统情况要求发电厂、储能电站投入或退出辅助服务，相关单位应严格服从宁夏区调的指令。在满足电网安全稳定要求的前提下，宁夏区调依据辅助服务市场运营规则，确定辅助服务的调用。

应提供辅助服务的并网发电厂、储能电站、电力用户或独立的辅助服务供应商，若其不能按规定的要求提供辅助服务，或辅助服务能力发生变化时，应及时向区调汇报。

第六节　发输变电设备投运管理

新（扩、改）建的发输变电设备（含发电厂升压站设备）并网运行应符合国家有关法规、标准及相关技术要求。工程业主单位应按照《电网运行准则》（GB/T 31464—2022）向调控机构提供相关资料。调控机构收到资料后，按规定进行资料审查、设备命名编号和专题分析计算。

调度命名应遵循统一、规范、唯一的原则。授权下级调控机构调管的设备，其调度命名应按规定报送区调备案。新（扩、改）建电气设备的命名及编号按照设备调管范围划分原则及设备启动管理相关规定，由相应的调控机构负责。新建 220kV 及以上变电站的命名，应在工程投运前三个月由工程管理单位报相关调控机构审定、下发。

第七节　并网火电厂调度运行管理

一、火电厂并网要求

并网火电厂必须经政府机构核准，满足《电网运行准则》（GB/T 31464—2022）的相关要求。并网火电厂（包括新建、扩建及改建的电厂）接入系统（含涉网二次系统）的可研、初设和设计审查等工作必须有调控机构参加，并严格按照调控机构的意见修改、完善相关可研、设计内容。

并网火电厂应按照《中华人民共和国网络安全法》（中华人民共和国主席令〔2016年〕第 53 号）、《电力监控系统安全防护规定》（国家发展改革委〔2014〕14 号令）及《电力监控系统安全防护总体方案》（国能安全〔2015〕36 号）的要求及有关规定，严格落实安全防护措施，并网前应完成电力监控系统网络安全风险评估，完成主机加固等安防措施布防，制定安全防护实施方案并报电力调控机构备案审核，配置涉网安全防护人员并完成调控机构组织的培训、备案和注册。相关涉网安全防护设备应提前接入相关调控机构。

二、并网火电厂运行管理

并网火电厂应参与系统调频、调峰、调压，相关机组调节性能应满足相关技术标准、运行标准要求。机组励磁系统、调速系统、涉网保护、安全自动装置、电力系统静态稳定器（power system stabilizer，PSS）、自动发电量控制（automatic generation control，AGC）、自动电压控制（automatic voltage control，AVC）、涉网调度自动化及安全防护设备等装置的技术改造方案应满足相关标准要求并经相关调控机构同意。

并网火电厂涉网保护、安全自动装置、励磁系统、PSS、AGC、AVC、一次调频、涉网调度自动化及安全防护设备等应按规定投入，其运行状态及定值未经相关调控机构同意，不得擅自变更。并网火电厂应按相关规定完成机组（含励磁、调速）参数实测及建模，并报送相关调控机构。

并网火电厂内调度管辖设备的检修均应纳入调度设备停运计划统一管理。火电厂内重要设备检修影响机组发电能力时，须向调控机构提交检修申请。并网火电厂应制定全厂停运故障处置预案。

发电机组应达到相关国家和行业标准要求的进相能力，满足电网调压要求。大型火电机组一类辅机变频器高低电压穿越能力应满足相关行业标准、技术规范的要求，不满足要求的应及时整改。并网机组变更核准容量等关键设计参数，应经政府相关部门批准，并报相关调控机构备案。

三、涉网自动化及安防管理

并网火电厂应严格履行自动化运行、检修及缺陷管理要求，通过调度管理系统自动化检修流程和缺陷流程实现全过程闭环管控，严禁无票私自操作火电厂内自动化系统（设备）。

并网火电厂应按照电力监控系统网络安全防护实施方案开展安全防护运行管理工作，根据现场系统变更情况及时完成方案更新及报备。按照规定要求完成等级保护备案及测评。做好相关网络安全监测等安全防护设备的运行管理工作，严禁违规互联或外联，杜绝发生重大及以上电力监控系统网络安全防护事件。

四、燃料及辅料管理

电厂应按标准储存燃料，按规定向调控机构报送燃料供应量、消耗量、库存量、可用天数、缺煤（气、油）停机台数及对应发电容量等信息。当燃料或重要辅料库存可能影响发电能力时，应及时向调控机构报告。调控机构按调管范围进行燃料供需分析，根据电力电量平衡情况及时发布燃料供应预警。

第八节 清洁能源及储能调度管理

一、水库调度管理

水库调度的基本原则：按照设计确定的任务、参数、指标及有关运用原则，在确保枢纽工程安全的前提下，充分发挥水库的综合利用效益。水库防洪防汛工作服从有管辖权的防汛部门的统一领导和指挥。

宁夏电网内水电厂包含以下职责：

（1）水电厂应按要求向相应电网调控机构提供水库调度有关的运行参数、指标和基本资料（含历史水文资料）。

（2）水电厂应按照调控机构颁发的水调自动化系统运行管理规定，建设水调自动化系统，系统应充分满足向上级调控机构水调自动化系统传输流域水文气象信息及水库运行数据的功能，制定管理细则并加强维护管理，确保系统可靠运行。

（3）水电厂应根据水库设计的防洪标准、洪水调度原则和防护对象的重要程度，结合枢纽工程实际情况，制定年度水库洪水调度方案。

（4）水电厂应及时向相应电网调控机构报送水库调度重要信息。

（5）水电厂应做好水库经济运行工作，重视短期水文气象预报，制订相应日运行计划，优化开机方式及负荷分配，保持水库较高水位运行，加强综合用水管理，充分利用水能资源。

（6）凡并入电网运行的水电厂，在保证各时期控制水位的前提下，应充分发挥其在电网运行中的调峰、调频和事故备用等作用。

二、宁夏电网风电场、光伏电站调度管理规定

接入宁夏电网的风电场、光伏电站应严格遵守《中华人民共和国电力法》（2018 年 12 月 29 日修订版）、《电网运行准则》（GB/T 31464—2022）、《电力系统安全稳定导则》（GB 38755—2019）、《光伏发电站接入电力系统技术规定》（GB/T 19964—2024）、《风电场接入电力系统技术规定　第 1 部分：陆上风电》（GB/T 19963.1—2021）、《国家能源局关于印发〈电网公平开放监管办法〉的通知》（国能发监管规〔2021〕49 号）、《国家能源局关于印发〈电力并网运行管理规定〉的通知》（国能发监管规〔2021〕60 号）等的规定。

1. 并网调试管理

（1）新建/扩建风电场、光伏电站应按照《风电场接入电力系统技术规定　第 1 部分：陆上风电》（GB/T 19963.1—2021）、《光伏发电站接入电力系统技术规定》（GB/T 19964—2024）、《国家能源局关于印发〈电力并网运行管理规定〉的通知》（国能发监管规〔2021〕60 号）、《宁夏电网风电场调度管理规定》、《宁夏电网光伏电站调度管理规定》、《宁夏电网调度系统新能源并网服务手册》等标准、规定的相关要求完成并网调试工作。

（2）风电场、光伏电站并网前须与调控机构签订并网调度协议。首次并网前 10 个工作日，应在调度管理系统中提交光伏电站并网申请和其他相关资料，按照新能源并网流程要求严格履行相关手续。

（3）新建/扩建风电场、光伏电站应按照《宁夏电网风电场调度管理规定》《宁夏电网光伏电站调度管理规定》的要求汇报并网及调试进度。

（4）新建/扩建风电场、光伏电站在进行 AGC/AVC 系统较大出力工况下的联调试验时，应提前向调控机构相关专业提交试验申请。

（5）新建/扩建风电场、光伏电站应在并网后 1 个月内完成等级保护测评工作，并向调控机构提交等级保护测评备案证明。

（6）新建/扩建风电项目、光伏项目应在并网后 6 个月内取得电力业务许可证，分批投产的项目可分批申请。超过规定时限仍未取得电力业务许可证的，有关机组不得继续发电上网。

（7）已并网风电场、光伏电站应根据网源协调相关规定完成耐频、耐压和快速频率响应改造，并同步开展安全评估工作。对拒不整改的风电场、光伏电站，一旦发生脱网事故，在完成整改前按自主解网对待，整改验收合格后重新申请并网。

2. 调度运行管理

（1）风电场、光伏电站应服从调控机构的统一指挥，遵守调度纪律，按照调度指令参与电力系统运行控制，准确答复调控机构运行值班人员询问。

（2）风电场、光伏电站应根据调控机构的要求制定相应的现场运行规程和事故处置预案，定期更新并报送调控机构备案。

（3）在电网发生事故或紧急情况下，为保障电网安全，调控机构有权调用风电场及光伏电站全部容量、有权限制其发电功率直至全部停运。风电场、光伏电站在紧急状态或故障情况下退出运行，不得自行并网，须按调度指令有序并网恢复运行。

（4）风电场、光伏电站发生故障或缺陷影响运行的情况时（包括 AVC、AGC、一次调频功能等），应立即向调控机构值班运行人员汇报，相关人员做好记录，场站按照现场运行规定进行处理。

3．非计划停运管理

（1）风电场、光伏电站因电网发生扰动脱网，在电网电压和频率恢复到正常运行范围之前不得重新并网。在电网电压和频率恢复正常后，场站应经过调控机构运行值班人员同意后方可按调度指令恢复并网。

（2）因继电保护或安全自动装置动作导致风电场、光伏电站解列，场站在未查明解列原因前不得自行并网，场站重新并网须经过调控机构运行值班人员同意后方可按调度指令恢复并网。

（3）风电场、光伏电站跳闸后，场站值班员应及时汇报调控机构运行值班人员，在事故原因调查清楚，故障点消除或隔离，整改措施已落实，现场具备并网运行条件后，场站应通过调度管理系统上传事故分析报告，启动跳闸恢复流程，经国家电网有限公司审核同意后，调控机构运行值班人员根据电网运行情况安排并网运行。

三、宁夏电网储能电站调度管理规定

接入宁夏电网的储能电站应遵守《中华人民共和国电力法》（2018 年 12 月 29 日修订版）、《电网运行准则》（GB/T 31464—2022）、《电力系统安全稳定导则》（GB 38755—2019）、《电化学储能系统接入电网技术规定》（GB/T 36547—2018）、《电力系统电化学储能系统通用技术条件》（GB/T 36558—2018）、《新型储能电站调度运行管理规范（试行）》（调水〔2022〕71 号）、《宁夏电网储能电站调度管理规定（试行）》等法律、标准及规定。

1．并网调试管理

（1）新建/扩建储能电站应按照《电化学储能系统接入电网技术规定》（GB/T 36547—2018）、《电力系统电化学储能系统通用技术条件》（GB/T 36558—2018）、《新型储能电站调度运行管理规范（试行）》（调水〔2022〕71 号）、《宁夏电网储能电站调度管理规定（试行）》等标准、规定的相关要求完成并网调试工作。

（2）调控机构应参与相关部门组织的储能电站接入系统方案审核，确定调管关系并出具相关专业意见。

（3）储能电站并网前须与调控机构签订并网调度协议。首次并网前 5 个工作日，应在调度管理系统中提交储能电站并网申请和资料，按照储能电站并网流程要求严格履行

相关手续。

（4）新建/扩建储能电站应按照《宁夏电网储能电站调度管理规定（试行）》的要求汇报并网及调试进度。

（5）储能电站应定期开展技术监督，并将技术监督信息表上报电网调控机构。

（6）储能电站应在并网后 1 个月内完成等级保护测评工作，并向调控机构提交等保测评备案证明。

（7）储能电站应在并网后 6 个月内取得国家能源监管局下发的电力业务许可证，逾期未取得电力业务许可证的，将按照国家相关规定办理。

2. 调度运行管理

（1）储能电站应服从调控机构的统一指挥，遵守调度纪律，按照调度指令参与电力系统运行控制，准确答复调控机构值班调度员询问。

（2）储能电站应根据储能单元的特性及调控机构的要求制定相应的现场运行规程和事故处置预案，定期负责更新并报送调控机构备案。

（3）储能电站的启停、充放电切换和充放电功率应统一执行调控机构下发的调度指令。日内运行阶段，调控机构按照交易规则及交易结果组织各储能电站进行充放电。未参与市场交易的储能电站充放电曲线应经调控机构同意后方可执行。

（4）储能电站的自动发电控制策略由调控机构根据电网运行需要确定，未经调控机构同意，不得擅自更改自动发电控制策略及退出自动发电控制的储能单元或中断自动发电控制系统信道。

（5）储能电站发生因电网侧或站内设备（系统）故障或缺陷影响运行的情况时（包括充/放电功率、电池容量、AGC 功能、一次调频功能等），储能电站应立即向调控机构值班调度员汇报，相关人员做好记录。

（6）在电网发生事故或紧急情况下，为保障电网安全，调控机构有权调用储能电站全部容量、有权限制其充放电功率直至全部停运。

3. 非计划停运管理

（1）储能电站因电网发生扰动脱网，在电网电压和频率恢复到正常运行范围之前不得重新并网。在电网电压和频率恢复正常后，场站应经过调控机构运行值班人员同意后方可按调度指令恢复并网。

（2）因继电保护或安全自动装置动作导致储能电站解列，场站在未查明解列原因前不得自行并网，场站重新并网须经过调控机构运行值班人员同意后方可按调度指令恢复并网。

（3）储能电站跳闸后，应及时汇报调控机构运行值班人员，在事故原因调查清楚，故障点消除或隔离，整改措施已落实，现场具备并网运行条件后，场站应通过调度管理系统上传事故分析报告，启动跳闸恢复流程，经国家电网有限公司审核同意后，调控机构运行值班人员根据电网需要恢复并网。

第九节 电压调整及无功管理

一、无功及电压管理规定

电网无功补偿遵循分层分区、就地平衡的原则。电网电压的调整、控制和管理,由各级调控机构按调管范围分级负责。区调主要负责宁夏电网直调系统无功电压调度管理,各地调负责其调管范围内系统的无功电压调度管理。

监控值班员和厂(场)站运行值班人员负责监视各级母线运行电压,当发现电压超出合格范围时,应立即汇报所属调控机构。各级调控机构值班调度员,应按照调管范围监控有关电压考核点和电压监视点的运行电压,当发现超出合格范围时,首先会同下级调控机构在本地区内进行调压,经过调整电压仍超出合格范围时,可申请上级调控机构协助调整。

各单位应定期维护无功补偿装置及调压装置,使其保持完好状态,发生故障时应及时修复。在电压水平影响到电网安全时,调控机构有权通过采取限制负荷、解列机组和停运线路等措施来防止电压崩溃。

二、AVC 管理规定

区调 AVC 系统通过网省协调功能实现与西北网调 AVC 系统协调控制,对直调发电厂、储能电站、变电站进行无功电压自动调节控制;通过省地协调功能实现与各地调 AVC 系统协调控制。各地调 AVC 系统建设方案及管理规定应报区调备案,与区调 AVC 系统接口方式须满足区调 AVC 主站技术要求。参与区调 AVC 系统的各直调发电厂、储能电站、变电站,应结合实际情况制定相应的现场运行操作规程,并报区调备案。

区调直调发电厂、储能电站、变电站应配备 AVC 功能,对于基建新投机组、储能电站、变电站,投产时要同步具备 AVC 功能;对于已投产机组、储能电站、变电站,要逐步改造使其具备 AVC 功能。AVC 子站正式投运前,子站运维单位应按规定向相应调控机构正式报送有关资料,AVC 子站经调试合格后,方具备正式投运条件。AVC 系统正常运行中不得修改软件中设定的计算和控制参数;未经相应调控机构许可,不得修改人机界面中的设定参数。AVC 子站设备因缺陷不满足相关技术规定时,子站运维单位应编制相应的整改方案和计划,并正式上报相应调控机构,待批准后方可进行整改。

三、无功及电压运行规定

当电压经 AVC 调整后仍超出合格范围时,可采取以下手段进行调整:
(1)通过调整发电机、调相机无功出力、投切电容器、电抗器、交流滤波器、可控高压电抗器挡位等来控制母线电压在合格范围内;对于换流站母线电压控制,一般采用交流滤波器自动投切方式，特殊情况下，可手动投切交流滤波器。

（2）风电场和光伏电站优先利用风电机组或并网逆变器的无功容量调节能力；机组或逆变器不能满足系统电压调节需要时，应使用无功补偿装置进行调节。

（3）在无功就地平衡前提下，主变压器具备有载调压时，可以带负荷调整主变压器分接头运行位置。

（4）调整电网接线方式，改变潮流分布，包括转移部分负荷等。

发电厂应按调度部门下达的无功出力或电压曲线，严格控制高压母线电压，保证高压母线日电压合格率为 100%。

四、AVC 运行规定

参与区调 AVC 系统的子站投入或退出，应经区调当值调度员许可；参与省地协调控制的地调 AVC 主站投入或退出，须告知区调当值调度员。

电网发生事故或紧急异常情况时，当值调度员根据电网运行情况可将 AVC 主站由闭环控制模式切换到开环控制模式，以保证电网的安全运行。

AVC 主站或子站退出运行期间，厂站运行值班人员、监控值班员应按照调控机构下发的电压曲线或相应调控机构调度员指令进行电压调整控制。AVC 系统控制的变电站电容器、电抗器或变压器有载分接开关需停用时，厂站运行值班人员、监控值班员应按照相关规定将相应间隔退出 AVC 系统。

第十节 电网稳定管理

电网稳定管理工作，依据《电力系统安全稳定导则》（GB 38755—2019）、《电力系统技术导则》（GB/T 38969—2020）及与电网安全稳定管理工作相关的国家、行业、公司规定，按照"统一管理、分级负责"原则实施。宁夏电网安全稳定工作领导小组统一领导宁夏电网运行与稳定管理工作，负责统筹电网发展与运行，统一决策电网运行重大问题、重要管理措施和重大技术原则。

各级电网应建立电网规划设计、建设、运维、调度、安全监督和科研试验等电网稳定协同管理机制。电网安全稳定运行管理主要包括电网安全稳定分析、电网运行方式安排、稳定限额管理、安全稳定措施管理、发电厂并网、涉网关键控制设备入网和运行及电网运行控制方案制定与落实等内容。

一、电网稳定计算分析

电网稳定计算分析应以《电力系统安全稳定导则》（GB 38755—2019）为依据，严格执行《电力系统安全稳定计算技术规范》（DL/T 1234—2013）要求。电网稳定分析应统筹制定计算边界条件和计算分析大纲，统一程序、统一模型、统一稳定判据、统一计算方式、统一安排计算任务、统一协调运行控制策略。电网离线计算数据采取统一管理方式，区调及时联系电网规划、建设、运维、营销等部门，收集调度管辖范围内电网新（改、扩）建项目设备参数，包括实测参数和运行限值，审核其完整性和有效性，进行数据录入工作，并报上级调控机构联调。

各级调控机构在制定本网控制策略时，应通过联网计算故障集合校验。下级调控机构控制策略应服从上级调控机构的稳定控制要求，如遇本网不能解决的问题，应向上级调控机构申请协调解决。调控机构根据安全稳定分析结果制定电网运行方式，确定稳定限额和安全稳定措施等，并按要求报上级调控机构。

二、稳定限额及断面管理

各级调控机构负责制定直调电源及输电断面的稳定限额。上级调控机构可以根据电网安全稳定运行需要，调整并发布部分下级调控机构直调范围内电源及输电断面稳定限额并通知下级调控机构，下级调控机构应遵照执行。各级调控机构对同一断面应制定统一的稳定限额，下级调控机构发布的稳定限额应服从上级调控机构发布的稳定限额。

调控机构应控制直调机组出力及输电断面功率，保证不超稳定限额运行。在执行稳定限额、控制断面潮流的过程中，若需下级调控机构参与调整时，下级调控机构应服从上级调控机构的调整要求；若需上级或同级调控机构配合调整时，应报上级调控机构协调处理。

三、安全稳定控制措施管理

安全稳定控制系统宜按分层分区原则配置，各类稳定控制措施及控制系统之间应相互协调配合。安全稳定控制系统应安全可靠、简单实用。稳定控制措施应优先采用切机、直流调制，必要时可采用切负荷、解列局部电网等手段，并报有关部门备案。区调统一下达直调系统安全稳定控制系统配置方案、全网低频低压减负荷方案。发电厂应根据电网运行需要配置安全稳定控制装置，设置解列及保厂用电的自动装置。

区调统一制定本网黑启动调度操作方案，并根据电网发展，适时修订。作为电网黑启动电源点的相关发电厂应按区调要求每年定期进行机组黑启动试验，并将试验报告送区调系统运行处备案。各级调控机构应根据电网变化情况及时修编电网稳定运行规程（规定）。宁夏电网稳定运行规程原则上应每年修编一次。

第十一节 继电保护和安全自动装置管理

一、专业技术管理

入网运行的继电保护和安全自动装置的设计、安装、调试、验收、运行和检验应严格遵守和执行《继电保护和安全自动装置技术规程》（GB/T 14285—2023）、《继电保护及二次回路安装及验收规范》（GB/T 50976—2014）、《电网运行准则》（GB/T 31464—2022）、《智能变电站继电保护和安全自动装置运行管理导则》（Q/GDW 11024—2013）、《继电保护和电网安全自动装置检验规程》（DL/T 995—2016）等规程、规范及继电保护反事故措施要求。

继电保护装置的配置和选型，应满足有关规程规定的要求，并经相关继电保护管理部门同意。保护选型应采用技术成熟、性能可靠、质量优良并经国家电网有限公司组织的专业检测合格的产品。继电保护和安全自动装置的缺陷、软件版本（智能站配置文件）及反事故措施应统一管理、分级实施。发电厂、用户及运维单位负责缺陷处理、反事故措施及软件版本升级的具体实施。因电网安全稳定问题需要采取安全自动装置措施加以解决的，在统一方案的情况下，电网企业、发电企业及用户应分别负责本单位所属厂站安全自动装置的建设工作。电网企业、发电企业及用户应积极配合开展继电保护和安全自动装置改造。

发电厂、用户及运维单位应按照《继电保护和电网安全自动装置检验规程》（DL/T 995—2016）等规程、规定要求，对继电保护和安全自动装置进行检验。检验工作应尽可能和对应的一次设备停运相结合。对区域型安全稳定控制装置（系统），由装置运行维护单位提出检修计划申请，相应调控机构根据电网运行情况，统一协调安排相关厂站进行设备检验。继电保护和安全自动装置的状态信息、压板状态、告警信息、动作信息及故障录波数据应满足上送至各级调控机构的要求。电网安全稳定控制系统应采用动态模拟或数字仿真试验方式验证其控制策略，应经出厂验收合格。出厂验收应由相应工程建设单位或调控机构组织，相关专业管理部门、调试单位和运行维护单位参加。

二、定值管理

继电保护和安全自动装置的整定计算按照设备调管范围开展。发电厂负责发电机、变压器等元件保护定值计算，其涉网保护定值应满足电网运行要求。涉及整定分界面的定值整定，应按下一级电网服从上一级电网、尽量考虑下级电网需要的原则处理。涉及整定分界面的调控机构间应相互提供整定分界点的保护配置、设备参数、系统阻抗、保护定值以及整定配合要求等资料。继电保护和安全自动装置定值应依据直调该设备的调控机构（含被授权单位）下达的定值单整定。

上级调控机构可将部分继电保护和安全自动装置的整定计算授权下级调控机构或运维单位。发电厂、储能电站、用户及运维单位应根据调控机构提供的系统侧等值参数，对自行整定的保护装置定值进行整定、校核及批准，相关交界面定值应报调控机构备案。110kV 及以上的变压器中性点接地方式由调管该设备的调控机构确定，并报上级调控机构备案。如上级调控机构对主变压器中性点接地方式有明确规定，则按上级调控机构规定执行。继电保护和安全自动装置定值单由厂站运行值班人员或输变电设备运维人员与值班调度员核对执行。定值单执行后及时归档，并替换现场作废定值单。

三、运行管理

继电保护装置的运行实行"统一调度、分级管理"的原则。各级调度按调管范围划分对继电保护装置实施调度管理。新（改、扩）建继电保护和安全自动装置投入运行前一周，发电厂、用户及运行维护单位应依据调度运行规程、规定及有关技术资料，完成现场运行规程的修编和人员培训工作。现场运行规程应具有针对性和可操作性，内容应至少包括装置功能说明（策略）、压板说明、压板投退（包括空气开关操作）的详细步骤、一次设备状态变化时对应继电保护和安全自动装置的相关操作、巡视检查要求、故障异常处置步骤、安全注意事项及有关说明。

继电保护和安全自动装置的消缺工作应满足《国家电网公司继电保护和安全自动装置缺陷管理办法》等相关规定，危急缺陷消缺时间不超过24h，严重缺陷消缺时间不超过72h，一般缺陷消缺时间不超过一个月。

第十二节　调度自动化系统管理

各单位应严格执行《国家电网公司调度系统故障处置预案管理规定》（国家电网企管〔2014〕747号）等的规定，调控机构负责直调范围内调度自动化专业归口管理和技术指导工作，负责本级调控机构调度自动化主站系统的建设、技术改造和运行维护工作。子站运维单位负责子站设备的安全运行、系统建设、技术改造、运行维护、设备检验和检修等工作，负责保障子站设备的运行健康水平，参加运行维护范围内新建和改（扩）建子站设备的设计审查等工作，负责或参加运行维护范围内新建和改（扩）建子站设备的安装、调试和验收。

各级调控机构、子站运维单位应按"源端维护、全网共享"的原则，分别负责主站系统和子站设备的运行维护，并向相关调控机构及时提供完整准确的实时数据、模型、图形。

各单位应严格遵守《国家电网公司电力调度数据网管理规定》，按照"统一调度、分级管理、属地运维、协同配合"原则，落实相关要求。区调负责宁夏区域骨干网核心区的运行维护和管理，负责骨干子区和省级接入网的接入管理与考核；地调负责所属区域骨干子区的运行维护和管理，负责地级接入网的接入管理与考核；各子站运维单位负责站内数据网设备的接入、运行维护和管理工作。

各单位应严格遵守《宁夏电网调度自动化设备检修管理规定》，按照运维范围负责主站和子站设备检修计划的编制、上报、审核、执行。子站设备的计划检修原则上应与一次设备的检修同步进行，现场工作未经相关调控机构自动化管理人员许可不得擅自改变自动化系统或设备的运行状态。子站设备发生故障后，子站运维单位应立即向相关调控机构自动化值班员汇报故障情况及影响范围，并按规定处理。调度自动化系统及设备在进行维护工作时，如可能影响到电网调控信息时，按照相关规程、规定办理手续并在获得许可后方可进行工作。

第十三节　电力监控系统网络安全管理

各单位应根据电力监控系统业务特性和重要程度，准确确定网络安全保护等级，合理划分安全区域，落实网络安全防护措施，重点保护核心控制功能安全。各单位通过电力监控系统开展远方遥控操作时应采用加密、身份认证等技术措施进行安全防护。各单位应采取技术手段，全面采集网络空间内主机设备、网络设备、数据库及安防设备运行状态，及时发现非法外联、外部入侵等安全事件。各单位应采用恶意代码防护、入侵检测、安全审计等安全防护手段。病毒库、木马库及入侵检测系统（intrusion detection system，IDS）规则库应经过安全检测并应离线更新。

各单位应加强电力监控系统网络安全防护设备的设计、建设、运行和退役的全过程管理。及时对新建或改建的电力监控系统进行定级、备案，并定期开展电力监控系统安全评估和等级保护测评。各单位在更改安全设备访问控制策略前，应提前向相关调控机构汇报并履行审批流程后方可进行，更改后的配置应及时进行备份。电力调控机构负责直接调管范围内的下一级电力调控机构、变电站、发电厂涉网部分的电力监控系统安全防护的技术监督，发电厂内其他监控系统的安全防护可以由其上级主管单位实施技术监督。

各单位电力监控系统安全防护实施方案应经相应调控机构审核，方案实施完成后应经调控机构验收合格后方可投运。各单位应设立电力监控系统网络安全防护专职人员，负责电力监控系统网络安全防护专业管理和运行管理。相关人员应经过专业培训和考试，并在调控机构备案。各单位应将电力监控系统网络安全防护系统建设规划纳入本单位的整体工程规划管理体系。电力监控系统网络安全的建设工作应遵循"同步规划设计、同步建设实施、同步验收投运"的原则。各单位应按照"谁主管谁负责，谁运营谁负责"的原则，将电力监控系统网络安全运行值班管理工作纳入日常调度安全生产管理体系，落实分级负责的安全责任制。

第十四节　通信系统管理

区调负责调管范围内通信系统的运行和技术等归口管理工作，负责宁夏电力通信系统通信网资源调配和业务分配。各级通信运维单位负责所辖通信系统和设备的安全运行、系统建设、技术改造、运行维护、设备检验和检修等全寿命资产管理工作；负责保障通信系统和设备的运行健康水平，以及并网接入质量，参加新建和改（扩）建通信设备的设计审查及投运前的调试；负责通信投运前的并网交接验收工作；负责通信网调度、集中监视、检修、安全管理、隐患治理等运行维护工作。

电力通信管理实行统一领导、分级管理、下级服从上级、局部服从整体、支线服从干线、属地化运维的基本原则。调控运行通信业务主要包括调度指挥、继电保护、安全自动装置、调度自动化系统业务所需的通信通道业务，以及调度指挥和控制所需的其他语音、图像、数据等通信服务。通信调度实行统一管理、分级调度、下级服从上级、局部服从整体的指挥原则，应急处置或其他紧急情况下，上级通信调度有权越级指挥并调度下级通信资源。通信调度台部署通信管理系统对所辖的各类通信设备及其资源进行统一监视和调度。

发电厂、储能电站应根据《国网宁夏电力有限公司并网电厂通信技术要求的通知》（宁电调字〔2018〕11 号）、《关于国网宁夏电力并网电厂通信技术要求的差异化补充说明》及《国家电网有限公司关于印发十八项电网重大反事故措施（修订版）的通知》（国家电网设备〔2018〕979 号）等要求，从立项到并网发（供）电运行实行全过程专业化管理。

第十五节　"两个细则"管理要求

所谓"两个细则"，是指国家能源局西北监管局印发的《西北区域发电厂并网运行管理实施细则》和《西北区域并网发电厂辅助服务管理实施细则》，其目的是为更好地维护电网安全稳定运行。"两个细则"面向电网企业、并网发电厂、电力用户有详细的要求，适用于西北电力系统内由省级及以上调控机构直调的发电厂（含并网自备电厂）和由地调直调的风电、光伏、装机容量在 5 万 kW 及以上的水电站、生物质能发电厂、光热发电厂。

一、《西北区域发电厂并网运行管理实施细则》

（一）安全管理

电力调控机构按各自调度管辖范围负责电网运行的组织、指挥、指导和协调。并网发电厂应严格遵守国家法律法规、国家标准、电力行业标准、西北各级电力系统调度规程及其他有关规程、规定。

并网发电厂涉及的电网安全稳定运行的继电保护和安全自动装置、继电保护故障信息子站，以及故障录波器、通信设备、自动化系统和设备、励磁系统及 PSS 装置、调速系统、高压侧或升压站电气设备等运行和检修安全管理制度、操作票和工作票制度等，应符合能源监管机构及西北区域电力调控机构有关安全管理的规定。

并网发电厂应按照西北电网防止大面积停电事故预案的统一部署，积极配合落实事故处理预案。应制定可靠完善的保厂用电措施、全厂停电事故处理预案，并按相关调控机构要求按期报送，调控机构确定的黑启动电厂同时还须报送黑启动方案。

（二）运行管理

电网企业、并网发电厂、电力用户有义务共同维护西北电网安全稳定运行。

发电机组并网前，并网发电厂应参照原国家电监会和国家工商总局印发的《并网调度协议（示范文本）》和《购售电合同（示范文本）》及时与相关电网企业签订《并网调度协议》和《购售电合同》，未签订者无法并网。

并网发电厂应按能源监管机构及相关调控机构要求报送和披露相关信息，严格服从相关调控机构的指挥，迅速、准确执行调度指令。对于未经调控机构同意擅自开停机、擅自变更调控机构调管设备状态、擅自在调控机构调管设备上工作等不符合规定的操作予以考核。

（1）发电机组的非计划停运是发电厂安全可靠性指标管理中的一个重要指标，发生以下非计划停运情况并网发电厂将被考核：

1）用电高峰时段，正常运行机组直接跳闸和被迫停运。

2）新能源大发时段，正常运行机组直接跳闸和被迫停运。

3）其他时段，正常运行机组直接跳闸和被迫停运。

4）机组发生临检。

5）停运机组并网（运行机组解列）时间较调度指令要求提前或推后 2h 以上。

6）火电机组缺煤（气）停机。

7）超出低谷消缺工期 24h 未提交故障抢修申请。

8）输变电设备直接跳闸和被迫停运。

9）输变电设备发生临检。

10）输变电设备故障后未恢复。

（2）除已列入关停计划的机组外，并网发电厂单机 20 万 kW 及以上火电机组（不含背压式热电机组），单机 2 万 kW 及以上、全厂容量 5 万 kW 及以上水电机组（不含灯泡贯流式水电机组）或水电厂应具备 AGC、AVC 功能，在投入商业运营前应与调控机构的调度控制系统进行联调，满足电网对机组的调整要求。发生以下情况并网发电厂将被考核：

1）并网发电机组不具备 AGC 功能。

2）AGC 可用率不达标。

3）AGC 短时频繁投退。

4）AGC 调节速率不达标。

5）AGC 响应时间不达标。

6）并网发电机组不具备 AVC 功能。

7）并网机组 AVC 月投运率不达标。

8）AVC 调节合格率不达标。

（3）总装机容量在 1 万 kW 及以上的新能源场站，应配置 AGC，接收并自动执行电力调控机构远方发送的有功功率控制信号。接入 35kV 及以上电压等级的风电场、光伏电站应配置 AVC，调节整个风电场、光伏电站发出（或吸收）的无功功率。发生以下情况新能源场站将被考核：

1）风电场及光伏、光热电站的 AGC 可用率不达标。

2）风电场及光伏、光热电站的 AGC 调节步长不达标。

3）AGC 合格率不达标。

4）AGC 响应时间不达标。

5）风电场、光伏电站不具备 AVC 功能。

6）风电场、光伏电站 AVC 月投运率不达标。

7）风电场、光伏电站 AVC 装置调节合格率不达标。

8）发电企业月度电压曲线合格率不达标。

9）并网发电厂发电机组不具备辅机高低电压穿越能力。

（4）接入 35kV 及以上电压等级的风电场、光伏电站，及新能源汇集站公共并网点必须配置适当容量的无功补偿装置，用于调节风电场、光伏电站公共并网点及送出线路的电压。发生以下情况发电机组将被考核：

1）未按照设计要求安装无功补偿装置者。

2）无功补偿装置未按照电力调控机构调度指令进行操作。

3）站内风电机组、光伏逆变器及动态无功补偿设备等不具备高、低压故障穿越能力。

（5）一次调频是指电网的频率一旦偏离额定值时，电网中机组的控制系统就自动地控制机组有功功率的增减，限制电网频率变化，使电网频率维持稳定的自动控制过程。同步并网发电机组一次调频技术指标应满足《西北电网发电机组一次调频技术管理规定》的技术要求。发生以下情况发电机组将被考核：

1）并网运行的机组未按要求投入一次调频功能，或擅自退出机组一次调频功能。

2）并网运行机组一次调频的人工死区、转速不等率、最大负荷限幅、响应时间不达标。

3）并网运行机组一次调频月度平均合格率不达标。

4）并网运行机组一次调频大频差扰动性能不达标。

5）并网新能源场站未按要求按期完成一次调频功能改造。

6）并网新能源场站一次调频大频差扰动性能不达标。

7）并网运行新能源场站一次调频月度平均合格率不达标。

（6）并网发电厂须执行相关调控机构的励磁系统、调速系统、AGC、自动化系统和设备、通信设备等有关系统参数管理规定。发生以下情况并网发电厂将被考核：

1）未按要求书面提供设备（装置）参数。

2）设备（装置）参数整定值未按照整定值执行。

3）并网发电厂改变设备（装置）状态和参数前，未经相关调控机构批准。

4）新（改、扩建）机组未按规定完成励磁、PSS、调速系统实测建模试验。

5）汽轮发电机组频率异常保护不满足《电网运行准则》（GB/T 31464—2022）中频率异常运行能力的要求。

6）水轮发电机频率异常运行能力未优于汽轮发电机。

（7）并网发电厂应严格执行调控机构下达的机组日发电计划曲线（或实时调度曲线）和运行方式的安排。调控机构根据电网情况需要修改发电曲线时，应提前 15min 通知并网发电厂。发生以下情况相关电厂将被考核：

1）火电、光热发电企业未严格执行调控机构下达的 96 点日发电计划曲线（或实时调度曲线）。

2）尾气余能回收利用发电厂实际发电出力与计划曲线（或实时调度曲线）值的偏差超出±10%。

（8）并网发电厂有义务共同维护电网频率和电压合格，保证电能质量符合国家标准的要求。发生以下情况并网发电厂将被考核：

1）并网发电厂未按规定进行发电机组进相试验。

2）机组进相深度不满足机组设计参数和相关规定的要求。

3）并网发电厂发电机组的自动励磁调节装置的低励限制、强励功能未正常投运。

4）并网发电厂擅自退出发电机组的自动励磁调节装置或相关功能。

5）风电场安装的风电机组、光伏发电站安装的并网逆变器不满足功率因数在超前 0.95 到滞后 0.95 的范围内动态可调。

（9）被确定为黑启动电源的发电企业，每年应将上年度黑启动电源运行维护、技术人员培训等情况报送能源监管机构和电力调控机构。提供黑启动的并网发电机组，在电网需要提供黑启动服务时必须按要求实现自启动。发生以下情况，黑启动电源将被考核：

1）电力调控机构确定为黑启动的发电厂，因电厂自身原因不能提供黑启动时，电厂未及时汇报所属电力调控机构。

2）电厂不具备黑启动能力，该情况未汇报电力调控机构。

3）确定为黑启动的发电厂，在系统发生事故或其他紧急情况电厂未能提供电力调控机构需要的黑启动服务。

（10）风电场、光伏电站应按照国家相关规定具备风电或光伏功率预测功能。发生以下情况新能源场站将被考核：

1）不具备风电或光伏功率预测功能。

2）风电场、光伏电站未按时向电力调控机构报送短期、超短期功率预测曲线及其他满足运行的数据文件。

3）风电场、光伏电站上传率未达标。

4）对并网运行的风电场、光伏电站短期功率预测、超短期功率预测、可用电量统计不满足标准。

（三）检修管理

并网发电厂应按《火力发电厂设备检修管理导则》（DL/T 2300—2021）及区域内相应调控机构电网发电设备检修管理办法、电力系统调度规程的规定，向调控机构提出厂内发输变电设备的年度、月度、周、日检修申请，并按照调控机构下达的年度、月度、周、日检修计划严格执行。并网发电厂应按照调控机构批准的检修工期按时保质地完成检修任务。并网发电厂外送输变电设备应尽可能与发电机组检修同时进行。涉网的继电保护及安全自动装置、自动化及通信等二次设备的检修应尽可能与一次设备的检修配合。发生以下情况，并网发电厂将被考核：

（1）不按时上报年度、月度、周、日前检修计划的工作。

（2）检修计划上报后，因申请内容不准确，导致检修票退票。

（3）因电厂自身原因月度（周）、年度计划中要求调整（含新增、变更工期、取消）检修计划的工作。

（4）因电厂原因检修工作不能按调度批复的最终工期完工。

（5）厂内发输变电设备非计划停运消缺时间超过24h，且停运后24h内未提交故障抢修申请。

（四）技术指导和管理

调控机构应按照能源监管机构的要求和有关规定，对并网发电厂（含新能源汇集站）开展技术指导和管理工作。

（1）并网发电厂涉及电网安全稳定运行的继电保护和安全自动装置，包括发电机组涉及机网协调的保护的运行管理、定值管理、检验管理、装置管理应按照调度规程执行。发生以下情况，并网发电厂将被考核：

1）并网发电厂主要继电保护和安全自动装置（风力及太阳能发电站升压站继电保护）不正确动作，甚至造成电网事故。

2）并网发电厂继电保护和安全自动装置未正确投退，甚至导致电网事故扩大或造成电网继电保护和安全自动装置越级动作。

3）并网发电厂不能提供完整的故障录波数据，影响电网事故调查。

4）并网发电厂未按要求时间完成现场继电保护和安全自动装置定值整定，或在24h内未消除继电保护和安全自动装置设备缺陷。

5）并网发电厂未按计划完成继电保护和安全自动装置隐患排查整改。

（2）并网发电厂通信设备的配置及运行维护应满足调控机构有关规程和规定的要求。

因并网发电厂原因造成通信故障时，应按相应调控机构的通信设备应急预案进行处理和抢修。故障处理完成后，并网发电厂应及时提交故障处理报告。并网发电厂应落实电厂通信系统的运维责任。发生以下情况，并网发电厂将被考核：

1）由于并网发电厂通信原因引起继电保护或安全自动装置误动、拒动，导致电网事故，或导致电网事故处理时间延长、事故范围扩大。

2）未明确落实通信运维责任。

3）未按照电网调控机构要求按时完成通信系统改造及问题整改。

4）由于并网发电厂通信原因，造成并网发电厂的调度电话业务、调度数据网业务及实时专线通信业务全部中断。

5）由于并网发电厂通信原因，造成并网发电厂线路的一套主保护的通信通道全部不可用。

6）由于并网发电厂通信原因，造成并网发电厂的一套安全自动装置的通信通道全部不可用。

7）由于并网发电厂通信原因，造成承载 220kV 以上线路保护、安全自动装置或省级以上电力调度控制中心调度电话业务、调度数据网业务的通信光缆故障。

8）由于并网发电厂通信原因，造成机房不间断电源系统、直流电源系统故障，造成通信机房中的自动化、信息或通信设备失电。

9）由于并网发电厂通信原因，造成并网发电厂的调度电话业务或调度数据网业务全部中断。

10）由于并网发电厂通信原因，造成承载 220kV 以上线路保护、安全自动装置或省级以上电力调度控制中心调度电话业务、调度数据网业务的通信光缆纤芯或电缆线路故障。

11）由于并网发电厂通信原因，造成机房不间断电源系统、直流电源系统故障，造成自动化、信息或通信设备失电。

12）由于并网发电厂通信原因，造成调度交换录音系统故障，造成数据丢失或影响电网事故调查处理。

（3）并网发电厂应满足《中华人民共和国网络安全法》（中华人民共和国主席令〔2016 年〕第 53 号）、《电力监控系统安全防护规定》（国家发展改革委 14 号令）和《电力监控系统安全防护总体方案》（国能安全〔2015〕36 号）的要求，在生产控制大区与广域网的纵向连接处部署经过国家制定部门认证的电力专用纵向加密装置或者加密认证网关及相应设备，实现双向身份认证、数据加密和访问控制，确保并网发电厂二次系统的安全。发生以下情况，并网发电厂将被考核：

1）并网发电厂未向调控机构准确、实时、完整传送要求的调度自动化信息和网络安全监测信息。

2）并网发电厂处于安全区Ⅰ、Ⅱ的业务系统的安全防护不满足国家有关规定和相应调控机构的具体要求。

3）事故时遥信误动、拒动，或正常运行时遥信频繁误动。

4）遥测月合格率、遥信月合格率不达标。

5）发电厂自动化系统和因设备原因造成量测数据跳变、实时数据长时间不刷新或错误。

6）发电厂同步相量测量装置（phasor measurement unit，PMU）中断或PMU量测数据存在缺陷，以及电网事故时并网发电厂未能正确提供PMU量测数据影响事故分析。

7）发电厂电能量采集终端中断或电量数据存在缺陷。

8）并网发电厂的纵向加密装置退出密通状态或未经调控机构许可被私自关机或旁路。

（4）并网发电厂的励磁系统和PSS装置的各项技术性能参数应达到《同步发电机励磁系统技术条件》（DL/T 843—2021）等国家和行业有关标准的要求。单机20万kW及以上火电机组和单机4万kW及以上水电机组应配置PSS装置，并网发电厂其他机组应根据西北电网稳定运行的需要配置PSS装置。发生以下情况，并网发电厂将被考核：

1）未按要求配置PSS装置。

2）发电机组正常运行时自动励磁调节装置和PSS可投运率不达标。

3）强励倍数不达标。

（5）并网发电厂的发电机组调速系统的各项技术性能参数应达到《汽轮机电液调节系统性能验收导则》（DL/T 824—2023）、《水轮机电液调节系统及装置技术规程》（DL/T 563—2016）等国家和行业有关标准的要求。并网发电厂高压侧或升压站电气设备应及时消除设备的缺陷和安全隐患，确保设备的遮断容量等性能达到电力行业规程要求。若不能达到要求，并网发电厂应按调控机构的要求限期整改。发生以下情况，并网发电厂将被考核：

1）并网发电厂高压侧或升压站电气设备预试完成率不达标。

2）影响设备正常运行的重大缺陷的消缺率。

并网水电厂的水库调度运行管理应满足国家和行业有关规定和调度规程有关规定的要求。做好水调自动化系统（或水情测报系统）的建设管理工作，并保证系统（及相关通信通道）安全、稳定、可靠，并网水电厂应按规定向调度机构报送水情信息及水务计算结果，并保证传送或转发信息的完整性、准确性、可靠性。

并网水电厂应按调度机构的规定及时上报周、旬、月、年报告及总结，并在发生重大水库调度事件后，及时上报事故报告。

二、《西北区域并网发电厂辅助服务管理实施细则》

《西北区域并网发电厂辅助服务管理实施细则》适用于西北区域省级及以上电力调控

机构直调的发电厂（含并网自备发电厂）和由地调直调的风电、光伏、装机容量 5 万 kW 的水电站。自备电厂有上网电量的以上网电量部分承担辅助服务费用。

（一）定义和分类

所谓辅助服务，是指为维护电力系统的安全稳定运行，保证电能质量，除正常电能生产、输送、使用外，由并网发电厂提供的服务，包括调频、调峰、AGC、无功调节、AVC、备用、黑启动等。

辅助服务分为基本辅助服务和有偿辅助服务。

（1）基本辅助服务是指为了保障电力系统安全稳定运行，保证电能质量，发电机组必须提供的辅助服务，包括基本调峰、基本无功调节。

1）基本调峰：发电机组在规定的出力调整范围内，为了跟踪负荷的峰谷变化而有计划的、按照一定调节速率进行的发电机组出力调整所提供的服务。

2）基本无功调节：火电、水电机组在发电工况时，在迟相功率因数为 0.85～1 的范围内向电力系统发出无功功率或在进相功率因数为 0.97～1 的范围内从电力系统吸收无功功率所提供的服务。风电场风电机组、光伏电站并网逆变器在发电工况时，在迟相功率因数为 0.95～1 的范围内向电力系统发出无功功率或在进相功率因数为 0.95～1 的范围内从电力系统吸收无功功率所提供的服务。

（2）有偿辅助服务是指并网发电厂在基本辅助服务之外所提供的辅助服务，包括一次调频、有偿调峰、AGC、AVC、旋转备用、调停备用、有偿无功调节和黑启动等。

1）一次调频：当电力系统频率偏离目标频率时，发电机组通过调速系统的自动反应，调整有功出力以减少频率偏差所提供的服务。由于目前西北电网机组一次调频性能差异较大，承担该项服务不均，为改善全网频率质量，促进发电厂加强一次调频管理，将一次调频确定为有偿服务。

2）AGC：当发电机组在规定的出力调整范围内，跟踪调度自动控制指令，按照一定调节速率实时调整发电出力，以满足电力系统频率和联络线功率控制要求的服务。

3）AVC：在自动装置的作用下，发电厂的无功出力、变电站和用户的无功补偿设备及变压器的分接头根据电力调度指令进行自动闭环调整，使全网达到最优的无功和电压控制的过程。

4）有偿无功调节：火电、水电机组在迟相功率因数小于 0.85 的情况下向电力系统发出无功功率，或在进相功率因数小于 0.97 的情况下从电力系统吸收无功功率，以及发电机组在调相工况运行时向电力系统发出无功功率所提供的服务。风电场风电机组、光伏电站并网逆变器在迟相功率因数小于 0.95 的情况下向电力系统发出无功功率，或在进相功率因数小于 0.95 的情况下从电力系统吸收无功功率，以及风电场风电机组、光伏电站并网逆变器在调相工况运行时向电力系统发出无功功率所提供的服务。

5）有偿调峰分为深度调峰和启停调峰：深度调峰是指燃煤火电机组有功出力在其额

定容量 50%以下的调峰运行方式；启停调峰是指并网发电机组由于电网调峰需要而停机（电厂申请低谷消缺除外），并在 72h 内再度开启的调峰方式。

6）旋转备用：是指为了保证可靠供电，电力调控机构指定的并网机组通过预留发电容量所提供的服务，且必须能够实时调用。

7）调停备用：燃煤发电机组按电力调度指令要求超过 72h 的调停备用。

8）黑启动：电力系统大面积停电后，在无外界电源支持的情况下，由具备自启动、自维持或快速切负荷能力的发电机组（厂）所提供的恢复系统供电的服务。

9）稳控装置切机服务：因系统原因在发电厂设置的稳控装置正确动作切机后应予以补偿。

对于机组因供热、防冻等要求造成被迫开机的情况，将一律不参与调峰和备用补偿。

（二）提供与调用

为保证电力系统的平衡和安全，辅助服务的调用遵循"按需调用"的原则，由电力调控机构根据发电机组特性和电网情况，合理安排发电机组承担辅助服务，保证调度的公开、公平、公正。

（1）并网发电厂有义务提供辅助服务，且应履行以下职责：

1）负责厂内设备的运行维护，确保具备提供符合规定技术标准要求的辅助服务的能力。

2）提供基础技术参数以确定各类辅助服务的能力，提供有资质单位出具的辅助服务能力测试报告。

3）配合完成参数校核，并认真履行辅助服务考核和补偿结果。

4）根据电力调度指令提供辅助服务。

5）并网发电厂应按要求委托具备国家认证资质的机构测试发电机组性能参数和辅助服务能力，测试结果报能源监管机构和电力调控机构备案。

（2）电力调控机构调用并网发电厂提供辅助服务时，应履行以下职责：

1）根据电网情况、安全导则、调度规程，根据"按需调用"的原则组织、安排辅助服务。

2）根据相关技术标准和管理办法对并网发电厂辅助服务执行情况进行记录和计量，统计考核和补偿的情况。

3）定期公布辅助服务调用、考核及补偿统计等情况。

4）及时答复并网发电企业的问询。

5）定期将辅助服务的计量、考核、补偿统计情况报送能源监管机构。

（三）考核与补偿

对基本辅助服务不进行补偿，对提供的有偿辅助服务进行适当补偿。对有偿辅助服务的补偿，实行打分制，按照分值计算相应补偿费用。

1. 一次调频服务补偿

（1）并网同步发电机组一次调频服务补偿按照一次调频月度动作积分电量进行。

（2）新能源场站一次调频服务补偿按照场站改造成本、月度一次调频实际贡献原则进行。

2. 有偿调峰服务补偿

（1）深度调峰根据机组实际发电出力确定。由于发电机组自身原因造成出力低于基本调峰下限的不予补偿。深度调峰计量以发电机组为单位。

（2）提供深度调峰服务的燃煤火电机组，按照比基本调峰少发的电量进行补偿。

（3）常规燃煤发电机组按调度指令要求在 72h 内完成启停调峰时予以补偿；燃气机组按调度指令要求完成启停调峰时予以补偿；水电机组按调度指令要求启停时予以补偿。

（4）已实施辅助服务市场化的省（区）按照市场规则执行，不再依据此项进行补偿。

3. 旋转备用服务补偿

（1）对火电（含供热期经调峰能力核定后的热电机组）及承担西北电网系统备用的水电机组提供旋转备用进行补偿。

（2）火电机组旋转备用供应量定义为：因电力系统需要，当发电机组实际出力低于最大可调出力、高于 50% 额定出力时，最大可调出力减去机组实际出力的差值在该时间段内的积分电量。

（3）经调峰能力核定后的热电机组旋转备用供应量定义为：因电力系统需要，当发电机组供热期实际出力低于核定的调峰能力上限（若电厂上报上限高于核定上限，以上报上限为准）、高于 50% 额定出力时，其调峰能力上限减去机组实际出力的差值在该时间段内的积分电量。

（4）燃气、水电机组实际出力低于 70% 额定出力时，额定出力的 70% 减去机组实际出力的差值在该时间段内的积分。

（5）并网发电机组运行当日由于电厂原因无法按调度需要达到申报的最高可调出力时，当日旋转备用容量不予补偿。

4. AGC 服务补偿

AGC 服务补偿可按机组计量也可按电厂计量。

5. AVC 服务补偿

（1）水电、火电 AVC 补偿按机组计量，风电场、光伏电站 AVC 补偿按场站计量。

（2）水电、火电装设 AVC 装置的机组，若 AVC 投运率达到 98% 以上，且 AVC 调节合格率达到 99% 以上时予以补偿。装设 AVC 装置的风电场、光伏电站，若 AVC 投运率达到 98% 以上，且 AVC 调节合格率达到 95% 以上时予以补偿。

6. 有偿无功服务补偿

根据调度指令，发电机组通过提供必要的有偿无功服务保证电厂母线电压满足要求，或者已经按照最大能力发出或吸收无功也无法保证母线电压满足要求时，水电、火电机组按比迟相功率因数 0.85 多发出的无功电量或比进相功率因数 0.97 多吸收的无功电量，以及机组调相运行时发出的无功电量进行补偿；风电场风电机组、光伏电站并网逆变器按比迟相功率因数 0.95 多发出的无功电量或比进相功率因数 0.95 多吸收的无功电量，以及风电场风电机组、光伏电站并网逆变器调相运行时发出的无功电量进行补偿。

7. 调停备用服务补偿

燃煤发电机组在停机备用期间予以补偿。

8. 黑启动服务补偿

（1）黑启动服务用于补偿弥补发电机组的相关费用。一般特指用于黑启动服务改造新增的投资成本、维护费用及每年用于黑启动测试和人员培训的费用。

（2）具备自启动、自维持或快速切负荷能力的发电机组，所属电厂应自行申报并提交具备国家认证资质机构黑启动能力检验报告，并且每年做一次黑启动实验，经电力调控机构认可，并报能源监管机构备案。对调控机构按照电网结构指定的黑启动机组予以补偿。待条件具备后以市场竞价方式确定黑启动服务。

9. 稳控装置切机补偿

（1）区域稳控装置动作减出力或切机后予以补偿。为提升电厂送出能力的稳控装置所切机组不予补偿。

（2）对于纳入跨区超特高压直流安全稳定控制系统切机范围，且非直流配套电源的发电厂、新能源场站，有新增安控装置或在原有安控装置上进行改造，则按照新投运的安全自动装置套数及改造的套数予以补偿。

电力调控机构负责对并网运行管理及辅助服务调用的情况进行计量，以电力调控机构和发电厂共同认可的计量数据及调度记录等为准。计量数据包括电能计量装置的数据、电力调控机构的调度自动化系统记录的发电负荷指令、实际有功（无功）出力、日发电计划曲线、电压曲线、电网频率等。遵循专门记账、收支平衡、适当补偿的原则，全网统一标准，按调管范围对辅助服务调用情况进行统计、计算，分省平衡、结算。

电力调控机构、电网经营企业、并网发电厂应按照能源监管机构的要求报送相关信息资料。电力调控机构、电网经营企业按规定向并网发电厂披露相关信息。信息披露应当采用网站、会议、简报等多种形式，季度、年度信息披露应当发布书面材料。

能源监管机构依法履行职责，可以采取定期或不定期的方式对辅助服务补偿情况进行现场检查，电力调控机构、电网企业、并网发电厂应予以配合。

第十六节　持证上岗管理

宁夏区调负责调管范围内直调单位运行值班人员的持证上岗管理工作，各地调负责其调管范围内的持证上岗管理工作。同时接受多级调度指令单位的持证上岗管理工作由其受令的最高一级调控机构负责。

地调调度员及承担区调直调设备运行、监控与运维业务的厂站运行值班人员、监控值班员及输变电设备运维人员，须经过区调培训及上岗考试，取得区调颁发的区调调度业务联系资格证书后（以下简称证书），方可与区调值班调度员进行调度业务联系。

根据持证人员从事的岗位不同，区调调度业务联系资格证书分为输变电、水火电、新能源（储能）三个工种，一个持证人员同一时间仅可进行一个工种的调度业务联系，考取新的工种证书后原工种证书自动注销。

原则上地区调控机构及公网输变电设备运维单位每个值次内应至少两人取得证书；区调直调火、水电厂应至少 5 人取得证书；区调直调风电场、独立运行的储能电站应至少 4 人取得证书；区调直调光伏电站、大用户配置储能电站，应至少 4 人取得证书，未配置储能电站的应至少 3 人取得证书，发电厂与其配套储能电站视为一个业务联系主体，不再对配套储能电站持证人数做要求。

同时接受多级调度调管的单位，其持证上岗工作由最高一级调控机构进行组织。持有上级调控机构颁发证书者，下级调控机构应视其具备本级调度业务联系资格。参加持证上岗考试人员应严格遵守考场纪律，考试中作弊者即认定考试不合格，自考试之日起一年内不得再次参加持证上岗考试。通过持证上岗考试，由区调颁发证书，证书有效期为自颁发之日起三年，逾期自动注销。

持证人员调离原单位或运行值班岗位，所在单位应及时报区调备案，证书自调离之日起自动注销；持证人员调动至其他单位，若仍从事运行值班工作，应由所在单位向区调提交工作单位变更申请，审批通过后重新获得调度业务联系资格。

持证人员发生下列情况之一的，区调对其提出警告，书面通知其所在单位：

（1）无故延误或拒绝执行调度指令但未造成严重后果。

（2）未及时向上级调控机构汇报调度规程或重大事件汇报规定中所列异常或故障情况。

（3）其他违反调度规程情况，情节较轻者。

值班调度员发生下列情况之一的，区调吊销其岗位资格证书，书面通知其所在单位：

（1）发生误操作。

（2）无故延误或拒绝执行调度指令且造成严重后果。

（3）一年内受到两次以上警告。

（4）岗位资格考试作弊。

（5）其他违反调度规程情况，情节严重者。

被吊销岗位资格证书的持证人员由所在单位安排三个月以上的培训教育，经所在单位考察具备重新上岗条件时，方可申请参加下一期岗位资格考试。

证书到期前半年内，区调安排进行复审认证，认证通过后的证书有效期为自认证之日起三年。通过复审认证需满足：持证人员在原证书有效期内严格遵守调度纪律，未受到处分，由所属单位申请并经区调审核同意。

　　同一调控机构、场站或输变电运维单位全部持证人员 1 个自然年内 2 人及以上受到吊销证书处分的，区调将组织该单位全部持证人员重新进行培训与考试，考试不合格者吊销其证书。持证上岗管理流程图见图 1-4。

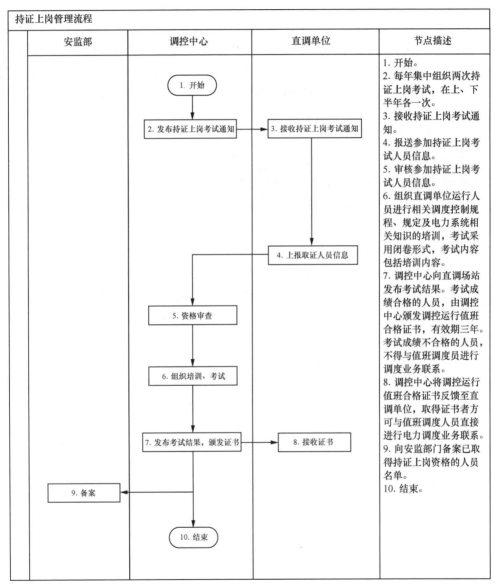

图 1-4　持证上岗管理流程图

33

第十七节　新能源并网流程

新能源场站并入电网需要的相关流程和手续要求非常严谨，很多新能源场站都面临工期紧、抢电价的情况，容易忽略调度机构的并网验收环节。然而并网验收工作量大，技术标准严格，很多新能源场站并网期临近，却存在很多流程环节不清楚、资料准备不充分、验收周期短的情况，影响按期并网，且新能源场站并网后电气设备的运行操作、异常、故障处置直接影响新能源场站及电网的安全运行。希望本节内容可以帮助新能源场站提高效率，提高场站值班人员运行及异常处置能力，保障新能源场站安全可靠运行。

一、新能源场站并网验收

新能源场站拟并网前三个月向所在调度机构提出报验申请，如涉及多级调度机构，应向相应调控机构分别提交报验申请，报验申请前准备工作须满足以下条件：

（1）应具有政府批复的项目核准、上网电价批复等文件，符合国家及行业规定的各项要求。

（2）按要求向调度机构报送场站施工图纸，设备参数，保护、通信、自动化等技术资料；涉网电气设备具有正规出厂试验报告和质量认证报告。

（3）与电网企业签订《并网调度协议》《购售电合同》《供用电合同》，并按照约定完成相关工作，参与电力交易的，应在交易平台完成注册。

（4）由具备资质的单位完成工程安装、调试及试验，涉网设备符合接入系统审查意见的有关要求，涉网电气设备没有危及电网安全运行的隐患；完成 110kV 及以上线路参数测试和保护定值计算；继电保护及安全自动装置、电力调度通信设施、自动化设备能正常发送和接收调度生产所需信息，满足电网调度管理要求。

（5）关口计量装置、电量采集装置已按照要求配置、安装、检定、调试完毕，并能够向电网电能量采集系统正常传送数据；上网关口计量装置及电能量采集装置具有验收合格报告。

（6）通信系统设备配置应满足调度自动化业务、调度通信业务和线路保护业务的要求；所用通信设备应符合国家相关标准、电力行业标准和其他有关规定，通信设备选型和配置应与电网通信网协调一致，满足所接入系统的组网要求；通信站应配置专用不停电电源系统，至少应有两路交流电源输入；通信高频开关电源整流模块应按 $N+1$ 原则配置，能可靠地自动投入、自动切换。

（7）监控（监测）信息已按规定接入，防误闭锁装置已按要求与工程同时设计、同时建设、同时验收、同时投运。

（8）调度管辖设备应按调度自动化有关技术规程及设计规定接入采集信息。

（9）接受调度命令的值班人员，经过调度机构培训并取得上岗证书。编制完成满足安全生产需要的运行规程、事故处理规程和反事故预案等技术资料，相关人员已学习并考试通过。

二、新能源并网流程

1. 新能源验收流程

（1）申请提交。新能源场站并网前 15 个工作日，满足新能源接入电网技术、调度管理、并网检测等规程规定的相关要求，拟并网新能源场站应先自查合格，确认已列入调度机构月度投产计划，在提出并网测试方案及签订测试协议后向所属调度机构提交并网验收申请书。

（2）申请受理。调度机构收到申请书后 5 个工作日内，对拟并网新能源场站的验收申请进行审查，对符合条件的予以确认通知。

（3）成立验收专家组。调度机构组织成立验收专家组，成员至少包括输电、检修、继电保护、计量、调度自动化等相关专业人员。

（4）验收准备。拟并网新能源场站在收到确认通知后，与调度机构协商验收具体事宜，并准备验收资料及进行现场验收准备。

（5）组织验收。组织验收专家组和相关专业技术人员按照验收规范对拟并网新能源场站进行并网验收。验收采取会议验收方式进行资料审查和现场设备核查，根据验收大纲组织验收。

（6）问题处理。向拟并网新能源场站书面反馈验收意见，对验收中发现的重要问题，要求新能源场站及时整改。整改完成后，重新向调度机构提出验收申请，直到满足并网要求为止。

（7）验收确认。验收组出具验收报告，经调度机构批准后，通知拟并网新能源场站提交启动送电申请时间。

（8）启动送电。受理新能源场站启动送电申请书，调度机构下令启动送电。

光伏电站并网流程见图 1-5、风电场并网流程见图 1-6。

2. 并网调度启动管理及技术规定

（1）调管范围划分。新能源场站核准立项后，应向所在调度机构书面备案。调度机构根据新能源场站接入及电网运行情况划分新能源场站调管范围。

（2）命名编制。启动前 3 个月，根据调管范围划分，调度机构、新能源场站按照电气设备命名编号的原则对自行调管的电气设备进行命名编号下达，新能源场站自行调管设备的命名编号应报相应调度机构备案。

（3）并网调度协议签订。新建新能源场站在并网前应根据调度管理范围进行划分，与调度机构按照电网企业下发的新能源并网调度协议模板签订相应的并网调度协议。

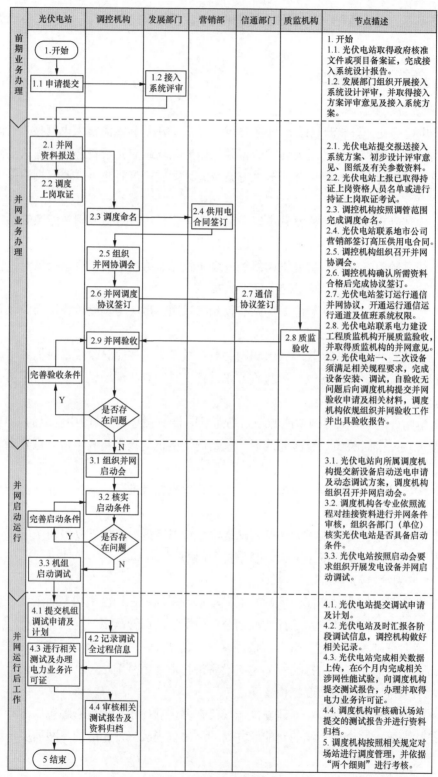

图 1-5 光伏电站并网流程图

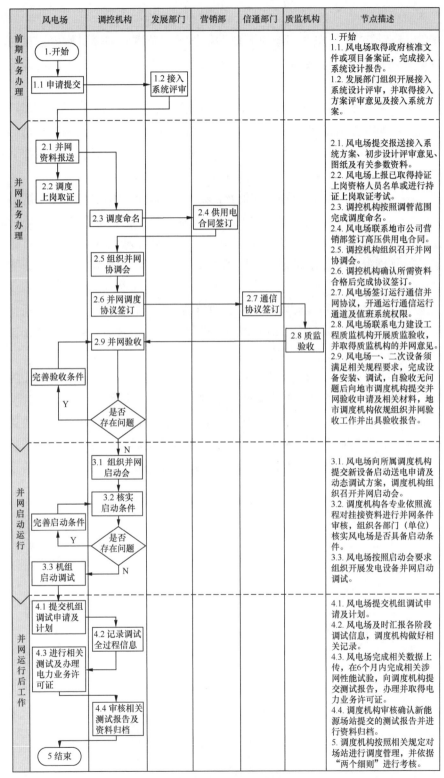

图 1-6　风电场并网流程图

（4）并网启动流程。

1）启动调试前 2 个月拟并网新能源场站根据调管范围向调度机构提交新设备保护定值配合申请及相关资料，接到申请后 5 个工作日内按照调管范围对新能源场站及升压站涉网保护进行核查。

2）启动调试前 1 个月向相应调度机构提交开通通信电路及自动化系统调试申请及所需的相关资料，调度机构接到申请后的 3 个工作日内进行远动通道及调度电话的联调。

3）启动调试前 15～20 天，待调度数据网开通后，新能源场站按照信息接入相关要求与相应调度机构进行升压站及新能源场站的远动数据对点联调。

4）启动前 7 天新能源场站向调度机构提交书面启动并网申请，并网申请书应包括以下内容：站内设备编号表、新能源发电设备技术参数、并网启动方案、现场运行值班人员及各专业人员联系名单、集控室电话、新能源场站涉网保护定值、新能源场站低电压穿越及涉网保护配置承诺函、升压站主接线图（具体到集电线路）、新能源电站平面布置图。

5）相应调度机构收到新能源场站并网启动申请书后，对新能源场站投产条件进行检查、认定，并于启动前 3 天完成启动方案及继电保护、安全自动装置的定值计算，同时下发启动调试业务通知单及值班调度员名单。

6）相应调度机构于启动前 1 日正式批复启动工作，各运行单位虽已接到相应调度机构的批复，但仍需在得到值班调度员的调度指令后方可启动操作。

7）启动前准备过程中，启动单位需严格配合相应调度机构进行相关资料收集及设备调试工作，对设备资料不全、设备试验不合格、设备投运后对电网安全带来威胁、保护装置不全、通信不完善、缺少调度自动化信息等新能源场站，有权拒绝新设备投入系统运行。

第二章　调度运行操作

第一节　操 作 原 则

一、一般原则

电网倒闸操作应在调度管辖范围，严格依据调度指令执行。值班调度员对其发布指令的正确性负责，受令人对其执行指令的正确性负责。未经调度控制机构值班调度员指令，任何人不得操作该调度控制机构调度管辖范围内的设备。调度许可设备在操作前应经上级调度控制机构值班调度员许可，操作完毕后应及时汇报。

接受调度指令的调度系统值班人员认为所接受的调度指令不正确或执行调度指令将危及人身、设备及系统安全的，应当立即向下达调度指令的值班调度员提出意见，由其决定该指令的执行或者撤销。调度系统值班人员接到与上级值班调度员发布的调度指令相矛盾的其他指示时，应立即汇报上级值班调度员。如上级值班调度员重申其调度指令，调度系统值班人员应立即执行。

各级调度控制机构在电力调度操作业务活动中是上、下级关系，下级调度控制机构应服从上级调度控制机构的调度。上级调管范围内的倒闸操作，按照上级调控机构相关规定执行。下级调控机构的操作涉及上级调控机构调管设备时，须向上级调控机构提出申请，上级调控机构可根据具体情况由本级调控机构操作或委托下级调控机构操作。上级调控机构委托下级调控机构进行的操作，在操作前下级调控机构应及时向上级调控机构申请，操作完后尽快向上级调控机构汇报。

当涉及两个调控机构的设备操作时，特别是涉及设备调管范围交界处的操作时，应事先联系好，严防互不通气或联系不清造成事故。调控机构间借用对方调管范围内的设备时，须经设备调管单位的值班调度员同意，双方在确认借用前设备的运行状态后，方可操作，操作结束后应在确认设备运行状态后归还设备调管权限。

电气设备停电工作的开工和完工，应遵守《电力安全工作规程（变电部分）》（Q/GDW 1799.1—2013）、《电力安全工作规程（线路部分）》（Q/GDW 1799.2—2013）的规定。任何情况下严禁约时操作、约时开工。

二、操作前应注意的问题

因为电网接线和运行方式的日益复杂，在进行倒闸操作前应进行充分的考虑，尤其注意以下几方面的问题：

（1）接线方式改变后电网的稳定性和合理性，有功、无功功率平衡及备用容量，水库综合运用及新能源消纳情况。

（2）操作引起的输送功率、电压、频率的变化，以及潮流超过稳定限额、设备过负荷、短路电流超标、电压超过正常范围等情况。

（3）继电保护及安全自动装置运行方式是否合理，变压器中性点接地方式、无功补偿装置投入情况，防止引起过电压。

（4）操作后对设备监控、通信、远动等设备的影响。

（5）严防非同期并列、带地线送电及带负荷拉隔离开关等恶性误操作，并应做好操作中可能出现的异常情况的事故预想及处置措施。

（6）新建、扩建、改建设备的投运，或检修后可能引起相序或相位错误的设备送电时，应验证相序、相位是否正确。

（7）操作对调管范围以外设备和供电质量有较大影响时，应预先通知有关单位。

（8）现场作业及操作准备情况。

（9）注意设备缺陷可能给操作带来的影响。

当遇到交接班，雷雨、大风等恶劣天气，电网发生异常及故障，通信、自动化系统发生异常等特殊情况时，可中断或延迟计划操作；但事故处置及改善电网安全稳定运行状况的操作应及时进行，并应考虑相应的安全措施，必要时应推迟交接班。

第二节　调度操作指令

一、调度指令

1. 调度指令的分类

调度指令是指值班调度员对其下级调控机构值班调度员、监控值班员、厂站运行值班人员及输变电设备运维人员发布的有关运行和操作的指令。

调度指令包括调度操作指令、调度操作许可和调度业务指令三类。调度操作指令和调度操作许可主要用于区调调管或许可设备的运行方式调整，以及电网发生异常、故障时的设备倒闸操作。调度业务指令主要用于接入区调 AGC 系统的水/火电厂、新能源场站、储能电站功率调整，区调直调、许可设备检修、调试、临时作业涉及的开工、完工等内容的批复，以及其他调度业务工作。

2. 调度指令的下达

调度操作指令一般通过调度操作指令票和口头指令两种形式下达，两者具有同等效力。正常的运行方式调整，必须使用调度操作指令票。操作许可、业务指令的下达无须采取操作指令票的形式，但应遵循相关业务流程的要求，并在值班日志中记录。值班调度员发布调度指令时，必须严格执行下令、监护、复诵、记录等制度，使用调度电话发布指令时还应保证全程录音。

下列操作时值班调度员可不编制调度操作指令票，可采取下达口头指令的方式，但应做好记录：

（1）投退 AGC 功能或变更区域控制模式。

（2）投退 AVC 功能、无功补偿装置。

（3）发电机组启停。

（4）发电设备计划曲线更改及功率调整。

（5）故障处置。

（6）拉、合单一的断路器或隔离开关（含接地隔离开关）。

（7）投入或退出继电保护、安全自动装置等二次设备。

（8）更改电网稳定措施。

3. 调度指令的执行

调度指令执行过程中有疑问或遇到异常时，应暂停操作，并立即通过调度电话汇报区调调度员，待查明原因或消除异常后方可继续操作。受令人与值班调度员必须时刻保持通信畅通，在调度指令的执行或事故处置过程中，受令人听到调度联系电话铃声，应立即暂停操作，并迅速接听电话，确认电话内容与本操作任务无关，方可继续操作。远方操作过程中，若发生设备事故、异常，可能影响操作安全，或发生遥控操作失败，应立即停止操作并报告当值调度员。

4. 有权接受调度指令的人员

调度系统中有权接收调度指令的人员通常包括本级调度控制机构监控值班员、下级调度控制机构值班调度员、下级调度控制机构监控值班员、发电厂（梯级电站集控中心）值长或电气班长、运维站（队）正值人员、变电站值班长或正值。

二、调度操作指令

1. 调度操作指令的分类

调度操作指令分为单项操作令、逐项操作令和综合操作令。单项操作令是调度员下达的单一一项操作指令。逐项操作令是调度员下达的按顺序逐项执行的操作指令，要求受令人按照指令的操作步骤和内容逐项进行操作。综合操作令是值班调度员针对设备状态下达的操作指令。当设备操作仅涉及一个单位时，可针对设备操作初态和终态进行操作下令，其具体的操作步骤和内容由厂站运行值班人员、监控值班员及输变电设备运维人员按相关规程规定自行拟订。当涉及多个单位时，原则上不允许设备各侧跨状态下令。

2. 调度操作指令票

调度操作指令票分为调度预发操作指令票（简称"预令票"）、调度正式操作指令票

（简称"正令票"）。调度预发操作指令票是指区调度员根据已批准的一次设备检修计划，在操作前一日拟写、预先发送的调度指令票，以便于操作单位编制本单位的倒闸操作票，单一场站内单一设备操作或其他临时性操作，不下达预令。调度正式操作指令票是用于正式下达调度指令而填写的调度指令票。

（1）调度操作指令票的编制与审核：

调度操作指令票应根据检修工作票、日运行方式、试验方案及新设备启动方案进行编制，临时停送电项目和其他临时性操作应按实际情况的要求编制。

调度操作指令票应做到任务明确、票面清晰，正确使用设备双重名称（设备名称和调度编号）和调度术语。调度操作指令票应包括操作任务、操作内容、接令单位、操作单位、操作步骤、操作时间（包括发令时间和汇报执行完毕时间）、发令人、受令人、备注、拟票人签名、审核人签名、监护人签名、评价人签名、执行日期、编号、页数等内容。其中操作内容栏中包括所有一、二次设备操作和汇报、通知项目，拟票人、审核人、下令人、监护人、评价人须签字确认。

调度操作指令票必须经过拟票、审核、执行、归档四个环节，其中拟票、审核不能由同一人完成，需要预发的操作指令还需经过预令下达及预令签收环节。调度操作指令票须由副值及以上调度员填写，填写调度操作指令票时，拟票人应严格审查检修工作票内容、专业意见和说明，必须充分掌握操作前后运行方式的变化，并与相关厂站运行值班人员、监控值班员及输变电设备运维人员仔细核对有关设备状态，包括继电保护、安全自动装置等。调度操作指令票由调控值长或主值调度员审核，经由拟票和审核人均签字确认（含电子签名），方可按规定下令操作。

前一值编制的调度操作指令票，执行值须重新履行审核程序，并根据电网实际运行情况对操作步骤和操作内容进行相应调整。执行值对操作指令票的正确性负主要责任，禁止不经审核直接根据预令票下达调度操作指令。

（2）调度操作指令票的下达与执行：

调度操作指令票的下达分为调度电话下达（简称"电话令"）和网络化下达（简称"网络令"）两种方式。调度电话下达是指通过调度录音电话系统下达并接收的调度操作指令。网络化下达是指通过网络化下令系统下达并接收的调度操作指令。

使用调度电话下达操作指令时，发令人和受令人须使用普通话及规范的调度术语，互报单位、姓名，使用设备双重名称，现场受令人应为当值负责人。发令人应下达操作票号、操作任务、操作项号及内容、下令时间，受令人复诵无误后，发令人应发布"可以执行"的指令。使用网络化下令系统下达操作指令时，应履行受令人到站确认、调度员下发、监护人确认、受令人复诵、调度员确认复诵、受令人回令、调度员收令、受令人确认指令执行完毕等环节。

值班调度员发布操作指令时，必须发出"发令时间"。"发令时间"是值班调度员正式发布操作指令的依据，受令人未接到"发令时间"不得进行操作。厂站运行值班员、监控值班员及输变电设备运维人员完成操作任务后,应立即向值班调度员汇报操作内容及完成情况,同时汇报"完成时间",当值班调度员只有接到操作"完成时间"的汇报后,该项操作指令才算执行完毕。

值班调度员应按操作顺序逐项下达操作指令,除允许连续执行的项目外,下一个操作项目必须在上一个操作项目已执行完毕并记录汇报人姓名和操作完成时间后才能下达。操作票中,一个操作单位有几个连续操作项目,虽然有先后顺序,但与其他单位没有配合问题,又不需要在操作过程中再次与值班调度员联系的,值班调度员可以将连续操作项目一次下达,现场可连续执行完毕后,向值班调度员回令。

操作票执行完毕,由调度值长或主值调度员对操作票进行详细检查,确认正确无误并进行归档。对填写错误或填写正确而未执行的操作票,应予以作废。

网络化下令过程中,若出现网络化下令系统异常或网络异常等情况,导致网络化下令无法正常进行时,受令人应立即通过调度电话向区调调度员汇报,由调度员决定是否更改下令方式。

(3)调度预发操作指令票:

调度预发操作指令票下发后,操作单位应核对操作票信息无误,在系统中确认签收;如对票面内容有疑问,应通过调度电话向区调调度员汇报,区调调度员更改预令或确认指令无误后,操作单位再进行签收。预令票仅作为操作单位提前了解操作过程、拟写现场操作票并做好有关操作准备的依据。有关操作单位必须按照区调值班调度员下达的正式指令执行操作,严禁未经核实按预令票执行操作。

第三节　并、解列操作

并、解列是指电力系统之间和发电机组与电力系统之间按照规定的技术要求,相互连接在一起同步运行或断开运行的方式。

一、并列操作

并列操作是指发电机(调相机)与电网或电网与电网之间在相序相同,且电压、频率允许的条件下并联运行的操作;通常有系统与系统并列、机组与系统并列。并列操作通常在规定的并列点进行,通过有同期装置的断路器完成操作。

1. 并列操作的分类

并列操作是电力系统的重要操作,一般有准同期并列、自同期并列和非同期并列。

准同期并列是指并列断路器两侧系统(或发电机组)的频率基本相同、两侧电压差和电压相角差不超过允许值。自同期并列是指在相序正确的条件下,启动未加励磁的发电机,当转速接近同步转速时合上机端出口断路器,将发电机接入系统,然后再加励磁,在原动机转矩、异步转矩、同步转矩的作用下,发电机被拖入同步状态。非同期并列是指系统间并列及大型发电机组与系统并列时，不检定同步而利用非同步重合闸自动合入断路器，系统的两部分在同步功率和异步功率的作用下恢复同步状态。

2. 并列操作的操作步骤

首先核实相关待操作设备继电保护按规定正常投入，其次将要操作的断路器转为热备用状态，然后经同期装置检定后合上断路器，最后核实重合闸是否按定值单正常启用。

3. 并列操作的注意事项

（1）并列操作时，要求相序一致、相位相同，频率偏差在 0.1Hz 以内。机组与电网并列，并列点两侧电压偏差在 1%以内；电网与电网并列，并列点两侧电压偏差在 5%以内。

（2）并列必须使用检同期装置，如一、二次接线发生过改动，有可能造成相序错误或检同期装置错误时，并列前应核相正确，特别注意要防止发生非同期并列恶性误操作。

（3）发电机组必须准同期并列。

（4）在进行并列操作时，除应注意常规设备操作外，还应注意以下几方面内容：①涉及上一级调度管辖的网络时，合环前应取得有关调度机构的同意。②核实待操作设备保护按规定正常启用。

二、解列操作

解列操作是指通过将断路器断开，使发电机（调相机）脱离电网或将电网分为两个及以上部分运行的过程。解列操作通常在规定的解列点进行，将机组与系统或系统与系统间的联系切断，分成相互独立、互不联系的部分。

1. 解列操作的分类

解列操作是电力系统的重要操作，一般有正常解列和故障解列两种情况。

（1）正常解列：

系统与系统解列：解列操作前，应先将解列点有功功率调整至接近于零，无功功率调整至最小，使解列后的两个系统频率、电压均在允许范围内。解列后各个部分电网保持独立运行。

机组与系统解列：机组与系统解列时，将机组出力降低至允许值后断开机端出口断路器实现与系统解列。

（2）故障解列：

机组故障解列：当电厂机组故障或停机时，机组出口断路器断开。

系统故障解列：当发生稳定破坏时，电力系统能自动解列为若干供需可以平衡而又各自同步运行的部分，防止事故扩大而造成系统崩溃。

2. 解列操作的操作步骤

首先将解列点的有功功率调整至接近于零、无功功率调整至最小，然后将要操作的断路器转为热备用状态，最后将要操作的断路器转为冷备用状态。

3. 解列操作的注意事项

（1）解列操作前，应先将解列点有功功率调整至接近于零，无功功率调整至最小，使解列后的两个系统频率、电压均在允许范围内。

（2）选择解列点时要考虑到再同期时的便利性。

（3）电网中的长期解列点，需放在冷备用状态。

（4）在进行解列操作时，除常规设备操作外，还应注意以下几个方面：①涉及上一级调度管辖的网络时，解列前需得到有关调度的同意。②根据电网实际情况确定解列后各部分电网的调频、调压厂。

第四节 合、解环操作

合、解环操作是电力系统中常见操作，通常是指用断路器或隔离开关将同一电压等级线路组成环网，或由不同电压等级的线路、变压器组成环网闭合或断开的操作。合、解环操作除应符合线路、变压器等设备本身操作的一般要求外，还具有本身的特点。合、解环操作一般通过断路器操作完成，在进行合环操作时，除常规设备操作外，需分析计算合环后系统潮流、电压等的变化，确保合环操作后电力系统安全稳定运行。

一、合环操作

1. 合环操作的要求

合环前应核实相关待操作设备继电保护按规定正常投入，并分析计算合环后系统潮流、电压、频率的变化，避免发生潮流超过稳定极限、设备过负荷、电压超过正常允许范围等情况。合环时选择适合的合环侧断路器，经同期装置检定合闸。操作涉及上一级调度管辖的网络时，合环前应取得有关调度机构的同意。

2. 合环操作的操作步骤

首先核实相关待操作设备继电保护按规定正常投入，若要操作的断路器处于冷备用状态，还应将其转为热备用状态；然后经同期装置检定后合上断路器，形成环网运行；最后核实重合闸按定值单正常启用。

3. 合环操作的注意事项

（1）合环操作必须相位相同，相角差一般不超过 20°。如一次接线发生过改动，有可能造成相序、相位错误时，合环前应核相正确。若是在相序一致而相位不一致的情况下合环，也会引起相间短路的严重后果。

（2）保证合环后各环节潮流的变化不超过继电保护、安全自动装置、系统稳定和设备容量等方面的限额。

（3）合环前应将合环点两端电压幅值差调整至最小，电压差一般允许在 20% 以内。

（4）合环操作时一般应经同期装置检定，如果没有同期装置或需要解除同期闭锁合环，需经分管领导批准。

（5）应选择合理充电端和合环端，以减少合环点两侧的压差；应调整电力系统潮流，以减少合环点两侧的角差。

二、解环操作

1. 解环操作的要求

解环前应核实相关待操作设备继电保护按规定正常投入，并检查解环点的有、无功潮流，确保解环后系统各部分电压在规定范围内，各环节潮流变化不超过继电保护、安全自动装置、系统稳定和设备容量方面的限额。解环时应选择适合的解环侧断路器。操作涉及上一级调度管辖的网络时，解环前应取得有关调度机构的同意。

2. 解环操作的操作步骤

首先核实待操作断路器形成环网运行，其次将要操作的断路器转为热备用状态，必要时将该断路器转为冷备用状态。

3. 解环操作的注意事项

（1）检查解环点的有功、无功潮流，确保解环后系统各部分电压在规定范围内，各环节的潮流变化不超过继电保护、安全自动装置、系统稳定和设备容量等方面的限额。

（2）检查合环系统，只有在合环状态下才能进行解环操作，避免误停电。

（3）电压等级相邻的电磁环网解环后，不允许在电压等级相隔的系统间构成电磁环网，否则穿越功率容易造成低电压等级设备保护、安全自动装置动作跳闸或设备过负荷损坏。如需转供负荷，必须采用停电倒换方式。

第五节 变压器操作

一、变压器停送电操作

变压器停电时，应先断开负荷侧断路器，后断开电源侧断路器；变压器送电时，先合上电源侧断路器，后合上负荷侧断路器。如变压器高、低压侧均有电源，一般情况下，送电时应先由高压侧充电，低压侧并列；停电时先在低压侧解列，再由高压侧停电，以减少励磁涌流引起的电压波动对负荷的影响，特别是低压母线上接有对电压波动敏感的负荷时更应注意。对于环状系统中的变压器进行操作时，由于变压器分接头的固定，应正确选取充电端，以减少并列处的电压差。对于没有装设发电机断路器的发电机-变压器组，停电操作先在发电机-变压器组高压侧解列，然后降压停电；送电时，零起升压再由变压器高压侧同期并列。

变压器充电时，应启用完备的继电保护，考虑变压器充电励磁涌流对继电保护的影响，并检查调整充电侧母线电压及变压器分接头位置，防止充电后各侧电压超过规定值。

新投变压器或大修后的变压器投运时，若条件允许应做零起升压试验，做全电压冲击时应使所有保护可靠投入，并考虑励磁涌流对保护的影响，必要时充电正常后应核相正确。

二、变压器中性点操作

中性点直接接地系统中，变压器停、送电操作时，中性点必须接地，否则操作过电压可能损坏变压器。调度要求中性点不接地运行的变压器，在投入系统后应拉开中性点接地开关。运行中变压器中性点接地方式、中性点倒换操作的先后顺序应符合相关规定。

并列运行的变压器在倒换中性点接地开关时，要确保电网不失去接地点，采取先合后拉的操作方法，即应先合上原不接地变压器的中性点接地开关，再拉开原直接接地变压器的中性点接地开关。带全电压的变压器，当某侧断路器断开运行时，若该侧原接于中性点直接接地系统，则其中性点必须接地。

变压器中性点接地方式变化后其保护应相应调整（变压器中性点接地运行时，投入中性点零序过电流保护，停用中性点零序过电压保护及间隙零序过电流保护；变压器中性点不接地运行时，投入中性点零序过电压保护及间隙零序过电流保护，停用中性点零序过电流保护），否则有可能造成保护误动作。

三、其他注意事项

1. 变压器并列运行

变压器并列运行条件是：相位相同，接线组别相同，电压比相等，短路电压百分数相等（允许差值不超过 10%），容量比不超过 3:1。

当接线组别不同时，变压器二次侧电压相位相差较大，会产生很大的环流，严重时可达到短路电流水平，对变压器危害极大。当电压比不同时，变压器二次侧电压不相等，并列运行的变压器将在绕组的闭合回路中引起环流，增加变压器的损耗，容易引起变压器过负荷或变压器容量不能充分利用。当短路电压百分数不等时，并列运行变压器的功率按变压器短路电压成反比分配，短路电压小的变压器容易过负荷，变压器容量得不到充分利用。变比不同及短路电压、容量比不满足要求的变压器经计算和试验，在任一台都不发生过负荷的情况下，也可以并列运行。

2. 变压器励磁涌流

励磁涌流是对变压器充电时，在其绕组中产生的暂态电流，励磁涌流和铁芯饱和程度有关，同时铁芯的剩磁和合闸时电压的相角可以影响其大小。变压器励磁涌流有以下特点：

（1）涌流含有数值很大的高次谐波分量（主要是二、三次谐波）和直流分量。

（2）励磁涌流的衰减常数与铁芯的饱和程度有关，饱和越深，电抗越小，衰减越快。

（3）一般情况下，变压器容量越大，衰减的持续时间越长，但总体而言涌流的衰减速度往往比短路电流衰减慢一些。

（4）数值很大，最大可达额定电流的 8～10 倍。

（5）励磁涌流对变压器并无危险，但可能引起绕组间的机械力作用，可能逐渐使其固定物松动。此外，可能引起变压器的差动保护动作，此时需依靠各种判别条件来判别励磁涌流，可靠闭锁差动保护。

第六节 母 线 操 作

一、倒母线操作

倒母线操作一般分为"热倒"和"冷倒"两种方式。

母线"热倒"是正常情况下的母线倒闸方式，即线路或主变压器不停电的倒母线方式，如无特殊说明，倒母线均采用"热倒"方式，具体方法为：①母联断路器在合位状态下，断开母联断路器的直流操作电源将母线硬联。②合上母线侧隔离开关。③拉开另一母线侧隔离开关。④倒母线操作完毕后，将母联断路器恢复为自动状态。

母线"冷倒"一般情况下适用于母线故障后的倒母线方式，具体方法为：①断开元件断路器。②拉开故障母线侧隔离开关。③合上运行母线侧隔离开关。④合上元件断路器。

在母线"热倒"操作过程中，断开母联断路器的直流操作电源，将母线硬联是为了避免操作隔离开关时母联断路器跳闸，造成带负荷拉合隔离开关的严重后果。在母线硬联期间，一旦母线故障，硬联的母线均会跳闸，造成停电范围扩大甚至全站失压。对于热备用元件应采用"先拉后合"的方式倒母线，以规避上述风险。

另外，进行倒母线操作时应注意对母差保护的影响，要根据母差保护运行规定相应调整，在倒母线拉合隔离开关过程中，母线出现故障的概率大大增加，故要求在倒母线时，母差保护应投入运行。

二、母线停送电操作

母线停电时，先断开母线上各出线及其他元件断路器，最后分别按线路侧隔离开关、母线侧隔离开关的顺序依次拉开。双母线停送电操作时，须按调度预先确定的接线方式操作，如有特殊要求值班调度员应在操作前下达。

母线送电时，有母联断路器时应使用母联断路器向母线充电，厂站运行值班人员在充电前应投入母联断路器充电保护，必要时根据要求将保护整定时间调短，充电正常后退出充电保护。在中性点直接接地系统中，变压器向母线充电时，被充电母线侧变压器中性点应可靠接地，操作完毕恢复正常运行方式后，变压器中性点的接地方式应符合继电保护的规定。

为防止断路器断口电容和电感式电压互感器形成铁磁谐振，母线停送电前应退出电感式电压互感器或在其二次回路并（串）联适当电阻。母线停送电操作时，还应做好电压互感器二次切换，防止电压互感器二次侧向母线反充电。

三、其他注意事项

进行母线停送电、倒母线操作前，要做好事故预想，防止因操作中出现隔离开关支柱绝缘子断裂等意外情况，而引起事故扩大。对于母线倒闸操作中会发生谐振过电压的发电厂、变电站母线，必须采取防范措施才能进行倒闸操作。

进行母线停送电、倒母线操作时，厂站应根据现场规程和继电保护的要求及时调整母差保护运行方式，保证母线故障后母差保护能正确选择跳闸元件，避免误跳正常母线上元件。母线电压互感器所带的保护，如不能提前切换到运行母线的电压互感器上供电，则事先应将这些保护停用。

倒母线或电压互感器停电时，继电保护和自动装置的电压回路需要转换由另一电压互感器供电时，应注意勿使继电保护及自动装置因失去电压而误动；同时还应避免电压回路接触不良及通过电压互感器二次向不带电母线反充电，而引起的电压回路熔断器熔断，造成继电保护误动作等情况出现。

第七节 线 路 操 作

一、线路停电

1. 操作顺序

线路停电操作，应首先退出线路各侧重合闸，其次线路各侧断路器由运行转为热备用状态，然后将线路各侧断路器由热备用转为冷备用状态，最后合上线路各侧接地开关或挂接地线。

2. 具体要求

线路停电时，应在线路各侧断路器断开后，先拉开线路侧隔离开关，后拉开母线侧隔离开关。对于 3/2 断路器接线的厂站，应先拉开中间断路器，后拉开母线侧断路器，严防带负荷拉合隔离开关。

线路检修时，线路各侧均应合上接地开关或挂接地线，禁止在只经断路器断开电源的设备上装设地线或合上接地开关。多侧电源（包括用户自备电源）设备停电，各电源侧至少有一个明显的断开点后，方可在设备上装设地线或合上接地开关。

带高压电抗器的线路，拉合线路高压电抗器隔离开关应在线路检修状态下进行。带串联补偿装置线路停电前，应先将串联补偿装置转为冷备用或检修状态，再进行线路停电操作。

如对上、下级调度管辖的系统有影响时，停电前应取得相关调度的同意。若线路停电涉及系统间的解列，则停电前应按解列操作的要求执行。

二、线路送电

1. 操作顺序

线路送电操作，应首先拉开线路各侧接地开关或拆除接地线，其次将线路各侧断路器由冷备用转为热备用状态，然后选择合适的充电端对线路充电，再由对侧厂站经同期装置检定后合上断路器，最后按规定投入线路各侧重合闸。

2. 具体要求

线路工作结束时，必须在所有工作单位都已汇报完工，工作人员已全部撤离现场，工作区域所有安全措施确已拆除后，方可进行送电操作。

线路送电时，应先合上母线侧隔离开关，后合上线路侧隔离开关，再合上线路断路器。对于 3/2 断路器接线的厂站，应先合上母线侧断路器，后合上中间断路器，断路器合闸后须检查三相电流、有功、无功表的指示平衡以检查断路器合闸正确性。

对线路进行充电时，充电线路的断路器必须至少有一套完备的继电保护，充电端应有变压器中性点接地。对于改建或检修后相位可能变动的线路，首次带电时，必须进行核相，确保相序正确。

双回线的一回线送电时，应由受端侧充电，送端侧合环；双回线线路同时送电时，应先将一回线路送电，另一回线再由受端侧反充电。

带串联补偿装置线路送电前，要求串联补偿装置必须处于冷备用状态，线路送电正常带负荷后，再将串联补偿装置转运行。

如对上、下级调度管辖的系统有影响时，送电前应取得相关调度的同意。

三、其他注意事项

线路由热备用转运行或运行转热备用时，应待一侧断路器操作完毕后，再操作另一侧断路器。联络线停送电操作，如一侧为发电厂、一侧为变电站，一般在发电厂侧解合环，变电站侧停送电；如两侧均为变电站或发电厂，一般在短路容量小的一侧解合环，短路容量大的一侧停送电（有特殊规定的除外）。另外还需注意线路上是否有 T 接负荷。

线路操作时应考虑电压、频率变化和潮流转移，特别注意保证运行设备不过负荷、线路（断面）输送功率不超过稳定限额，防止发电机自励磁及线路末端电压超过允许值，必要时可先进行分析计算。线路停送电若会引起继电保护、安全自动装置动作的，则需在线路停送电前按要求调整到位。投入或切除空载线路时，应避免电压发生过大波动，造成空载线路末端电压升高至允许值以上。220kV 及以上电压等级线路操作时，不允许线路末端带变压器停送电。

线路高压电抗器（无专用断路器）停送电操作必须在线路冷备用或检修状态下进行。旁路代路操作时应注意继电保护的调整。

第八节 断路器操作

一、总体要求

分、合断路器前，应考虑因断路器机构失灵可能引起非全相运行造成系统中零序保护动作的可能性，因此正常操作必须采用三相联动操作。如果断路器远方操作失灵，厂站规定允许进行就地操作时，也必须进行三相同时操作，不得进行分相操作。

断路器合闸前必须检查继电保护已按规定投入，否则一旦发生充电设备故障，断路器不能及时有效切除故障，可能造成相邻原件保护动作误切除，扩大停电范围；断路器合闸后，必须确认三相均已合上，三相电流基本平衡。

母线为 3/2 接线方式，设备停电时应先断开中间断路器，后断开母线侧断路器；送电时应先合母线侧断路器，后合中间断路器。

当断路器配有重合闸装置时，应按现场规程规定考虑其遮断容量下降的因素，当断路器允许切断故障电流的次数仅有一次时，若需继续运行，应停用该断路器的自动重合闸装置。

二、操作中存在的问题

1. 铁磁谐振

铁磁谐振是由铁芯电感元件和系统的电容元件形成共谐条件，激发系统产生持续谐振过电压。

铁磁谐振主要分为两类：第一类是小接地系统中，由于对地容抗与电磁式电压互感器感抗的不利组合，在系统电压大扰动作用下而激发产生的铁磁谐振现象；第二类是发生在 220kV（或 110kV）变电站空载母线上，由于母联断路器断开电容和电磁式电压互感器感抗之间构成串联谐振回路而激发的铁磁谐振现象。

铁磁谐振可以通过改变系统参数的方法消除，如断开充电断路器、投入母线上的线路、投入母线、投入母线上备用变压器、将电压互感器开口三角侧短接、投切电容器或电抗器等。

2. 触头位置判断

断路器的触头是封闭在腔体内，无法直观观察其分合状态，只有通过外部指示判别其位置，而外部指示在某些情况下有可能和触头实际位置并不一致，因此在分合断路器时，现场运行人员应从各方面检查判断断路器的触头位置是否真正与外部指示相符。此外现场值班员和调度员还应根据设备的电气仪表（电压表、电流表、功率表等）的指示及系统内的其他现象综合判断断路器的位置，避免误判引起事故。

3. 断路器旁代操作

当断路器故障或仅断路器停电检修时，可以用旁路断路器代该断路器运行。此时应先将旁路断路器保护按所代断路器保护定值整定投入，确认旁路断路器三相均已合上后，方可断开被代断路器，最后拉开被代断路器两侧隔离开关。断路器旁代操作的具体步骤如下：

（1）检查旁路断路器与所代断路器的保护定值是否一致。

（2）投入旁路断路器专用充电保护（如无专用充电保护，可投入旁代保护），并合上旁路断路器对旁母充电，以检验旁母是否完好。

（3）充电正常后，拉开旁路断路器，并退出专用充电保护。

（4）投入旁路断路器的旁代保护。

（5）合上所代断路器的旁路隔离开关对旁母充电。

（6）检同期合上旁路断路器，站内合环。

（7）断开所代断路器（及两侧隔离开关）。

4. 不能用断路器进行分合闸的操作

正常情况下，断路器可以分、合系统中的负荷电流和开断短路电流，但是有些情况却不能用断路器进行分、合闸，具体情况如下：

（1）严重漏油，油标管内已无油位。

（2）支柱绝缘子断裂、套管炸裂或绝缘子严重放电。

（3）连接处因过热而变色或烧红。

（4）六氟化硫（SF_6）断路器气体压力、液压机构压力、气动机构压力等降低，低于闭锁值，弹簧机构的弹簧信号不能复归等。

（5）断路器出现分闸闭锁。

（6）少油断路器灭弧室冒烟或内部有异常音响。

（7）真空断路器真空破坏。

第九节　隔离开关操作

一、总体要求

由于隔离开关断开电流的能力十分有限，在操作隔离开关时一定要注意符合相关规程规定。一旦发生用隔离开关拉合负荷电流、故障电流、超过规定的设备充电电容电流、超过规定的变压器或电抗器的励磁电流等，容易引起人员伤亡、设备损伤、电网事故等严重后果。特别注意严禁出现带负荷拉合隔离开关的恶性误操作情况。

隔离开关与断路器配合操作，合闸时先合隔离开关，后合断路器；分闸时先断开断路器，后拉开隔离开关。

隔离开关可以拉合无故障电压互感器或避雷器、拉合变压器中性点接地开关、拉合经断路器闭合的旁路电流；在未经试验验证的情况下，不允许用隔离开关拉合空母线、拉开母线环流或 T 接短线操作、拉合空载线路、拉合并联电抗器、拉合空载变压器。

在角形接线闭环运行，或 3/2 接线两串及以上同时运行，以及双断路器接线两串及以上同时运行的情况下，发生断路器因故无法分闸时，经现场试验验证后，允许用隔离开关断开该故障断路器，但操作前应将隔离开关闭锁装置退出，并调整通过该断路器的电流到最小值。

二、操作中存在的问题

1. 拉合不到位

隔离开关在操作过程中发生拉合不到位的情况，应首先判断隔离开关断口的安全距离。当断口安全距离不足或无法判断时，应在确保安全的情况下对其进行隔离。

2. 烧红、异响

隔离开关在运行时发生烧红、异响等情况，应采取措施降低通过该隔离开关的潮流，必要时停用该隔离开关。

3. 臂弯曲变形、断裂

隔离开关特别是投运时间较长的隔离开关在操作过程中容易出现拉合不到位，甚至出现拐臂弯曲变形、断裂等情况，对此调度员及现场人员应做好相应的事故预想。

第十节　电压互感器操作

一、总体要求

电压互感器停运时，应先断开二次空气开关，后拉开高压侧隔离开关；投入时顺序相反。电压互感器检修时，必须从高、低压侧分别断开电压互感器，防止反送电。

电压互感器停用前，应先退出因失压而可能误动的保护和自动装置（距离保护、高频保护、低电压保护等）。双母线接线方式，当一条母线的电压互感器退出运行时，应采取禁止母联断路器分闸的措施，或将所有运行元件倒至运行电压互感器所在母线。

电压互感器并列操作时，必须先将高压侧并列（即母线并列连接），然后才能进行二次侧并列。正常的电压互感器不能与故障的电压互感器并列，如需操作，应先拉开故障电压互感器二次全部空气开关，并解开故障电压互感器二次开口三角电压回路。

电压互感器并列操作的正确顺序是：①检查母联断路器在运行状态；②合上电压互感器二次并列开关；③拉开拟停用电压互感器二次空气开关；④拉开拟停用电压互感器高压侧隔离开关；⑤合上停用电压互感器的接地开关或装设接地线；⑥根据工作票要求

做好安全措施。送电操作程序与停电操作程序相反。

二、其他注意事项

电压互感器本体或其二次电缆、接线更换后，在没有经过核相的情况下，不得将电压互感器投入运行。原因是如果相序、相位不正确，将无法用其测量一次系统的相位，无法进行同期并列和电压互感器间的并列，甚至有可能造成短路事故。

电压互感器二次侧严禁短路和接地。原因是电压互感器内阻很小，而二次侧所接负载阻抗较大，若二次回路短路时，会出现很大的电流，将损坏二次设备甚至危及人身安全。电压互感器可以在二次侧装设熔断器，以保护其自身不因二次侧短路而损坏。在允许的情况下，高压侧也应装设熔断器，以保护高压电网不因互感器高压绕组或引线故障危及一次系统的安全。高压侧装有熔断器的电压互感器，其高压熔断器必须在停电并采取安全措施后才能取下、装上。

第十一节　补偿装置操作

一、高压电抗器

1. 操作顺序

拉合线路高压电抗器隔离开关应在线路检修状态下进行，如线路无接地措施，可待线路停运转冷备用 15min 后拉高压电抗器隔离开关，严禁直接用高压电抗器隔离开关对高压电抗器进行带电投退。具体操作顺序为：停电时，先将线路转检修，后拉开线路高压电抗器隔离开关；送电时，先合上线路高压电抗器隔离开关，再将线路由检修转运行。

线路高压电抗器停运或其保护检修时，应退出高压电抗器保护及启动远跳回路压板；高压电抗器送电前，应正常投入高压电抗器保护、远方跳闸保护装置。

母线高压电抗器保护装置应正常投入。母线高压电抗器的投退应根据运行规定、电压曲线、负荷情况进行，投退时直接操作其断路器。

2. 操作中注意的问题

高压电抗器的主要作用是补偿输电线路过剩的充电无功，对带有高压电抗器的线路送电时，如高压电抗器不能投入运行，必须经过试验和批准后才能对线路送电，否则容易导致系统无功过剩，致使工频电压升高，或引起操作过电压，或导致发电机带空载长线路出现自励磁过电压。

二、串联补偿装置

1. 串联补偿装置的四态

串联电容补偿装置由串联电容器组、金属氧化物避雷器（metal oxide surge arrester,

MOA)、放电火花间隙、限流和阻尼装置、旁路断路器、隔离开关、绝缘平台等部件构成。串联补偿装置同样分为运行、热备用（旁路）、冷备用（隔离）、检修四种状态。结合图 2-1 具体说明各状态运行方式。

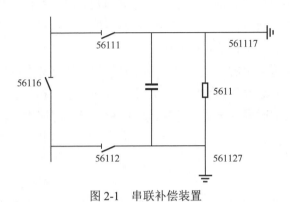

图 2-1　串联补偿装置

运行状态：561117、561127 接地开关分闸，56111、56112 隔离开关合闸，旁路 5611 断路器及旁路 56116 隔离开关分闸，本体保护投入运行。

热备用状态：561117、561127 接地开关分闸，56111、56112 隔离开关合闸，旁路 5611 断路器合闸，旁路 56116 隔离开关分闸，本体保护投入运行。

冷备用状态：561117、561127 接地开关分闸，56111、56112 隔离开关分闸，旁路 5611 断路器合闸，旁路 56116 隔离开关合闸，本体保护退出运行。

检修状态：5611 旁路断路器合闸，56116 旁路隔离开关合闸，56111、56112 隔离开关分闸，561117、561127 接地开关合闸，本体保护退出运行。

2. 操作要求

正常情况下，带串联补偿装置线路停电前，应先将串联补偿装置转为冷备用或检修状态，再进行线路停电操作。带串联补偿装置线路送电前，先将串联补偿装置转为冷备用状态，线路送电正常带负荷后，再将串联补偿装置转运行状态。对于串联补偿装置的具体操作要求如下：

（1）操作串联补偿装置隔离开关、旁路隔离开关时，必须在串联补偿装置旁路断路器合闸的状态下进行。

（2）严禁用串联补偿装置隔离开关、旁路隔离开关拉、合线路负荷电流。

（3）严禁在串联补偿装置旁路隔离开关分闸的情况下，用隔离开关对串联补偿装置进行充电。

（4）除线路单相跳闸重合闸动作期间外，串联补偿装置不允许非全相运行。

（5）允许串联补偿装置投入的线路与串联补偿装置退出的线路长期并列运行。

3. 操作中注意的问题

（1）旁路断路器合闸拒动或合闸闭锁时，允许线路带串联补偿装置由运行转检修状态，但线路接地操作应在线路转冷备用 15min 后进行。

（2）串联补偿装置出现异常后，根据运行规程判断串联补偿装置能否继续运行。若不能继续运行或判断不明时，应立即将串联补偿装置退出运行，转检修状态后对其进行检查、处置，线路及高压电抗器可以继续运行。

（3）串联补偿装置采用的方式是以集中的容抗抵消线路分布的感抗，故在装有串联补偿装置的线路及其附近发生短路时，其短路电流的大小、相位会发生较大的改变，因此在串联补偿装置投退时要注意继电保护的适应性，必要时应进行保护切换和调整。

三、低压无功补偿装置

1. 操作要求

投切低压无功补偿装置时，必须用断路器进行操作。系统正常方式下低压无功补偿装置的投、切操作，一般应根据电压曲线和逆调压原则进行，当母线电压低（高）于调度下达的曲线时，应先退电抗（容）器，再投电容（抗）器。除有特殊要求外［如静止无功补偿装置（static var compensator，SVC）］，应避免出现补偿电容器、补偿电抗器同时投入运行的状态。

变压器与低压侧母线同停时，应在停电前先将低压无功补偿装置退出，恢复送电后再将其投入运行。对于变压器低压侧配置有 SVC 装置的，要先投入规定串抗率的电容器后，相控电抗器（phase-controlled reactor，TCR）才能投入运行；只有当相控电抗器退出运行后，才允许退出规定串抗率的电容器。

2. 操作中注意的问题

由于相控电抗器在工作时会产生大量的谐波电流，除了必须投入规定电抗率的补偿电容器外，滤波电容器、其他电抗率的补偿电容器要合理投入，以减少注入系统的谐波，保证电能质量在合格的范围。

在 SVC 自动控制方式下，如果出现运行电压不能满足电压曲线控制要求，支路投切频繁及其他异常情况，运行值班人员应立即汇报管辖该设备的值班调度员。必要时，经调度员同意，可将部分或全部投切支路退出 SVC 自动控制方式，改为手动控制方式。

第三章 继电保护运行

第一节 基本原则

为规范区调直调继电保护设备调度运行管理，保障宁夏电网安全可靠运行，发电厂、用户及运维单位应根据国调中心、西北网调、宁夏区调有关规程规定，结合现场实际编制现场运行规程中的继电保护部分，应注意以下基本原则。

任何一次设备不得在无保护状态下运行，特殊情况下需要停运220kV及以上设备主保护，而一次设备无法停运时，需采取临时措施，满足系统稳定要求。按双重化要求配置的继电保护设备，正常情况下均应投入运行。单套保护临时退出时，应保证另一套保护及其回路运行正常。一次设备运行或热备用时，相关继电保护设备应正确投入，此时若需单独改变保护设备运行状态时，应按调度指令执行。一次设备冷备用或停电检修时，现场可根据报批的停电计划，自行退出其保护以开展检修工作，但不得影响其他运行设备，且在一次设备恢复热备状态前须将其保护投入；如未申报保护检修工作，应保持其投入状态不变，此时若需增加保护检修工作，应按照设备停电计划管理要求执行；线路停电而相应断路器合环运行且本站线路保护无工作时，运行值班人员应在确认短引线保护可靠投入后，申请退出线路纵联保护功能；线路恢复运行前，运行值班人员应申请投入线路纵联保护功能。

对于涉及保护投退的电气设备操作需特别注意：一次设备由冷备用或检修转热备用前，先投入相关继电保护设备，再进行一次设备操作；一次设备由热备用转运行时，应保持其保护投入状态不变；一次设备由运行转热备用时，应保持其保护投入状态不变；一次设备由热备用转冷备用或检修时，应在一次设备操作完毕后，再进行保护退出操作；在电气设备状态转换过程中，调度员只对一次设备下操作令，对相应的保护投退操作不单独下令，由现场运维人员自行正确操作，在一、二次设备操作均结束后，才认为设备状态转换操作完毕；线路停送电操作无须单独投退重合闸，对不具备手动或遥控分闸闭锁重合闸功能的线路，应由运维人员在线路停送电操作前申请单独投退线路重合闸；继电保护装置出现异常时，监控值班员、厂站运行值班人员及输变电设备运维人员应及时向相应调度汇报。厂站运行值班人员及输变电设备运维人员根据现场运行规程无法处理时，立即通知继电保护人员。

常规厂站继电保护装置的状态分为投入、退出和信号三种。投入状态是指装置功能压板、出口压板按要求正确投入，把手置于对应位置，实现对一次设备的既定保护作用。

退出状态是指装置功能压板按要求正确断开、出口压板全部断开，把手置于对应位置。该状态下，装置失去对一次设备的保护作用。信号状态是指装置功能压板按要求正确投入，出口压板全部断开，把手置于对应位置。该状态下，装置对一次设备无保护作用。

智能变电站继电保护装置的状态分为投入、退出和信号三种。投入状态是指装置采样值（sampled value，SV）软压板投入、主保护及后备保护功能软压板按要求正确投入，跳闸、启动失灵、重合闸等面向通用对象的变电站事件（generic object oriented substation event，GOOSE）发送及接收软压板按要求正确投入，检修硬压板断开，装置实现对一次设备的既定保护作用。退出状态是指装置 SV 软压板断开、主保护及后备保护功能软压板断开，跳闸、启动失灵、重合闸等 GOOSE 发送及接收软压板全部断开，检修硬压板投入。该状态下，装置失去对一次设备的保护作用。信号状态是指装置 SV 软压板投入、主保护及后备保护功能软压板按要求正确投入，跳闸、启动失灵、重合闸等 GOOSE 发送软压板全部断开，检修硬压板断开。该状态下，装置对一次设备无保护作用。当保护装置需要进行试运行观察时，一般投信号状态。

智能终端的状态分为投入和退出两种。投入状态是指装置跳合闸出口硬压板投入，检修硬压板断开。退出状态是指装置跳合闸出口硬压板断开，检修硬压板投入。

合并单元的状态分为投入和退出两种。投入状态是指装置检修硬压板断开。退出状态是指装置检修硬压板投入。

实践中，智能变电站保护装置中的软压板（功能软压板除外）不作为继电保护定值通知单的整定内容。保护装置软压板使用原则应在现场运行规程中明确，不应通过监控后台更改保护定值。运行中一般不单独退出合并单元、过程层网络交换机。必要时，根据其影响程度及范围在现场做好相关安全措施后，方可退出。单独退出保护装置的某项保护功能时，应断开该功能独立设置的出口压板和对应功能压板。当无独立设置的出口压板时，断开其功能压板。如不满足上述条件，应申请退出整套装置。

继电保护设备投入前，现场应确认该设备是否正常，具备投入条件，投入保护时，应先投入功能压板，观察装置无异常后再投入出口压板。继电保护设备、过程层交换机、通道及加工设备出现异常，导致继电保护无法正常运行时，应及时将受影响的保护退出运行，并及时处理。因一次或二次设备运行状态变化，需进行保护操作时，除对直接相关的保护设备进行操作以外，还应自行正确操作与状态变化设备相关联的保护设备。各类保护动作跳 220、330、750kV 开关时，除动作于开关跳闸外，还应启动开关失灵保护。变压器保护跳闸时，还需解除复压闭锁。

运行的电气设备原则上不允许无主保护运行，特殊情况需停运主保护，应特别注意：一是 110kV 线路的全线速动保护停用，后备保护故障切除时间应满足系统稳定的要求。二是 220kV 及以上线路失去两套主保护，且无法停运时，需采取临时措施，满足系统稳定要求。三是 220kV 及以上母线配置双套母差保护，原则上，双套母差保护均退出时，该母线应停运。若无法停运时，需采取临时措施，满足系统稳定要求。四是 110kV 母线，若配置单套母差保护，母差保护退出时，需采取临时措施，满足系统稳定要求。五是若两套变压器差动保护均退出运行，变压器应停运。

在开展以下工作时，应退出整套继电保护装置：一是继电保护装置使用的交流电压、交流电流、开关量输入、开关量输出回路作业。二是装置内部作业。三是继电保护装置输入定值作业。四是合并单元、智能终端及过程层网络作业影响装置运行时。

对于新投运的保护设备或当保护装置的交流回路发生变动后，应通过带负荷测相量或其他测试方法检验和判定回路的正确性，未经判定正确前，应采取措施确保故障能够快速切除。

若继电保护装置交流电压回路异常，应做好防止有关保护误动的措施，如申请临时退出阻抗（距离）保护、过励磁保护等。

若出现直流接地时，现场应尽快查找接地点并消除，不应采用分段拉路法查找直流接地。

对于按双重化原则配置的继电保护设备，正常运行中均应投入。在确认另一套保护装置运行正常的情况下，单套保护可根据需要临时退出，但退出时间不宜超过 24h，且不得因保护交叉退出导致出现保护死区或失去有关保护功能（如失灵保护）。

对于挂网试运行的保护装置，调度机构应提供试运行定值通知单，不对其运行操作下令。现场应参照正式投运设备管理要求，做好运行、检修、维护及巡视等工作，当在其装置或回路上的工作影响到其他运行设备时，应按照相关规定向相应调控机构提前申报工作计划。

第二节　定　值　核　对

现场继电保护人员完成保护装置定值整定后，应核对保护用电压等级电流互感器（TA）、电压互感器（TV）变比以及装置实际定值与有效定值通知单内容相符。现场继电保护人员核对装置定值整定无误后，与厂站运行值班人员（输变电设备运维人员）应逐项确认继电保护装置整定值与定值通知单内容相符，双方履行签字手续。厂站运行值班人员（输变电设备运维人员）与继电保护人员确认保护装置定值整定无误后，再向值班调度员申请继电保护定值核对工作。核对时，双方仅核对定值单中通知单编号、被保护设备、装置型号、作废通知单号、TA 变比、TV 变比六项内容，核对无误后，双方履行签字手续，定值核对工作结束。

厂站与调度员核对继电保护业务通知单时，双方应逐项核对业务通知单全部内容，并履行签字手续。对于因运行需要设置两套及以上定值的保护装置，现场应按要求完成各套保护定值的整定，并履行现场核对手续。

第三节 线 路 保 护

每条线路均应配置线路保护装置,每套线路保护具有完整的主保护和后备保护功能。

纵联保护是线路的主保护,其按原理可分为电流差动保护、纵联距离保护和纵联方向保护,线路主保护通道一般采用光纤通道或高频通道。光纤通道分为"复用 2M"和"专用纤芯"两种类型。

线路两端相对应的纵联保护,软件版本应相互匹配,满足安全可靠运行要求;两端相对应的光纤纵联保护,通道纵联码应相互对应。正常运行中,线路两侧互为对应的纵联保护应同时投退。运行中的线路两侧保护均需修改定值时,两侧应同时进行。因通道及加工设备异常导致线路纵联保护无法正常运行时,应在两侧纵联保护功能退出后,方能开展检查处理工作。纵联保护通道告警信号应发送至设备监控端。

若线路保护采用单通道方式,当通道发生故障不能正常运行时,应退出该套线路保护、远方跳闸及过电压保护功能,待通道恢复正常后投入。线路保护采用双通道方式时,当某一通道异常时,现场应在判断另一通道运行正常后,自行通过切换把手或投退压板等方法,将异常通道退出运行,即线路保护改为单通道运行方式。

线路纵联保护装置如需停用直流电源,应在两侧纵联保护装置退出后,再停用直流电源。

线路后备保护主要有相间距离保护、接地距离保护及零序电流保护(含定时限或反时限)。正常运行时,纵联保护、相间距离保护、接地距离保护、零序电流保护功能应投入。线路充电操作前,两侧线路保护应投入,相关断路器位置接点应正确接入保护。

停用重合闸的情况有七种。一是由于运行方式的临时改变,三相重合闸可能出现非同期重合或电动势角过大重合;二是断路器遮断容量不足时;三是空充电线路长期运行时;四是重合后会引起系统稳定破坏时;五是线路有人带电作业要求停用时;六是重合闸装置异常时;七是若因线路连续故障导致同一带合闸电阻断路器 40min 内合闸或重合闸达到 3 次,原则上厂站运行值班人员或监控值班员应向当值调度员申请退出相应断路器重合闸,3h 后方可申请重新投入。若该线路停运或该线路停运后再次发生电网故障,有可能导致厂站全停、局部孤网或电网失稳等极端情况,调控机构可不退出该线路(断路器)重合闸。

一般情况下,220kV 及以上线路的重合闸投单重方式;线路启动及 24h 试运期间,线路重合闸投停用方式。

当 220kV 及以上电压等级保护装置定值更改时,双套保护装置应轮流退出进行定值更改,线路另一侧对应的纵联保护装置同时退出。

线路保护装置集成远方跳闸及过电压保护功能时,线路保护与远方跳闸及过电压保护功能同时投退。

第四节　过电压及远跳保护

220kV 及以上电压等级线路应配置过电压及远跳保护，远跳保护判据一般采用"收到跳闸命令+就地判据"，断路器失灵、线路过电压和线路并联电抗器跳闸都可触发向线路对侧发送跳闸命令，就地判据一般有零序电流、低功率因数等。

国家电网有限公司"九统一"线路保护集成了过电压及远跳保护功能，可以利用线路保护装置同时实现过电压及远跳保护，此时无须再另行配置独立的过电压及远跳保护装置。

当线路运行时，断路器失灵启动远跳保护功能应投入；当线路有过电压问题时，还应投入过电压保护及过电压远跳保护功能。对于高压电抗器经隔离开关接于线路时，远跳保护是电抗器的主保护，因此电抗器运行时应投入，远跳保护全部退出时，线路及电抗器也应退出运行。

线路两侧对应的过电压及远跳保护应同时投退，远跳保护利用线路保护传输跳闸命令时，线路保护通道异常时，相应的远跳保护也须退出运行。过电压及远跳保护屏上"通道方式切换"把手位置应与通道实际使用情况一致，在过电压及远跳保护上进行工作时，应做好防止向对侧误发跳闸命令的相关安全措施。

第五节　母 线 保 护

电流差动保护是母线的主保护，对于 220kV 及上电压等级单母线接线、3/2 接线的母线，各条母线均按双重化原则配置两套母线保护装置。双母线接线（双母双分段接线除外）的母线按双重化原则配置两套母线保护装置，每套母线保护装置均可实现对各段母线的保护作用。双母双分段接线的母线，一般以两台分段断路器为分界点，两侧分别按双母线接线方式配置母差保护装置。一般情况下，750kV 变压器的 66kV 侧母线，每条母线应配置单套母线保护装置。

用于单母线接线、3/2 接线的母线保护，除电流差动保护外，还具有断路器失灵联跳功能。用于双母线接线的母线保护，除电流差动保护外，一般还集成了断路器失灵保护和母联过电流保护功能，差动和失灵保护均经电压闭锁。母联（分段）断路器配置独立的断路器保护，主要有过电流保护功能。

220kV 及以上电压等级母线，正常运行时，电流差动保护、断路器失灵联跳功能应投入。对于双母线接线，还应投入断路器失灵保护和电压闭锁功能，母线保护装置中的母联过电流保护功能应退出。双母线接线的母线保护，其运行方式应与母线实际运行方式一致。母线运行方式变化时，现场应自行做好母线保护运行方式的调整。双母线在进行设备倒母线操作前，应投入母线互联功能（部分母线保护具有自动识别互联功能），操作结束后应退出。

新建间隔接入母线前，现场应按照母线保护定值通知单要求，完成母线保护装置内相应间隔 TA 变比、平衡系数等有关参数的设置。新间隔投运前，应汇报调度该项工作已完成。

部分智能站母差保护和间隔保护 TA 绕组应完全交叉，运行中应防止由于间隔保护和母差保护同时各退出一套造成保护死区。智能站间隔停运时，应退出母差保护相应支路。

第六节　变压器保护

变压器的电气量保护有电流差动保护、高/中侧相间阻抗保护、高/中侧接地阻抗保护、高/中侧复压过电流保护、高/中侧零序电流保护、高/中侧断路器失灵联跳保护、过励磁保护、低压侧过电流保护、公共绕组零序电流保护等。正常运行时，电气量保护中的电流差动保护、相间阻抗保护、接地阻抗保护、零序电流保护、过电流保护、过励磁保护、断路器失灵联跳保护应投入。220kV 及上电压等级变压器电气量保护双重化配置，每套电气量保护包含主保护和后备保护功能。变压器冲击合闸和空载充电运行时，主保护应投跳闸。过励磁保护使用的电压互感器进行操作前，为防止变压器过励磁保护误动，应申请临时退出变压器过励磁保护，待操作结束再行投入。

非电气量保护应按现场运行规程要求投退；瓦斯保护的状态变更，需告知相应调控机构。

宁夏电网 330kV 三相一体变压器，不配置分相差动保护和低压侧小区差动保护，带有分相差动保护和低压侧小区差动保护的装置，分相差动保护和低压侧小区差动保护均退出。

第七节　高压电抗器保护

高压电抗器的电气量保护主要有电流差动保护、匝间保护、主电抗过电流保护、主电抗零序电流保护、中性点小电抗过电流保护等。电流差动保护、匝间保护是高压电抗器的主保护。高压电抗器电气量保护双重化配置，每套电气量保护包含主保护和后备保护功能。正常运行时，电气量保护中的电流差动保护、匝间保护、主电抗过电流保护、主电抗零序电流保护应投入，有中性点小电抗的还需投入中性点小电抗过电流保护；电抗器两套功能相同的电气量主保护退出运行时，电抗器须停运。

对于无专用断路器的线路高压电抗器，正常运行时，电抗器保护动作启动失灵远跳功能应投入，两套远跳保护因故同时退出时，电抗器应停运。

电抗器非电气量保护由运维人员根据设备管理部门的相关规定及现场情况进行操作。瓦斯保护的状态变更，需告知相应调控机构。

第八节 断路器辅助保护

断路器辅助保护主要包含失灵保护、死区保护、充电过电流保护、重合闸和三相不一致保护等。对于主接线为单母线接线、3/2 接线、角形接线或双断路器接线时，每台断路器配置独立的断路器辅助保护。主接线为双母线接线时，母联（分段）断路器配置独立的断路器辅助保护，其余断路器不配置独立的断路器辅助保护，失灵保护集成在母线保护中，重合闸由线路保护实现。对于常规厂站，每台断路器配置一套断路器辅助保护。智能变电站中，每台断路器配置两套断路器辅助保护。

断路器正常运行时，失灵保护应投入，死区保护按定值通知单要求投入。对于按断路器配置的断路器辅助保护，失灵保护功能退出时，该断路器应停运。断路器充电过电流保护的投退应按调令执行，正常运行时应退出。断路器本体的三相不一致保护应按要求正确投入。

第九节 短引线保护

主接线为 3/2 接线或角形接线方式的厂站，当线路、变压器、电抗器、发电机-变压器组等设备间隔装设隔离开关时，应配置两套短引线保护装置，短引线保护采用电流差动原理。

一般情况下，短引线对应的一次设备（线路、变压器、发电机-变压器组等）正常运行时，短引线保护应处于退出状态，此时由一次设备所属保护装置实现对两台断路器间引线的保护作用。

短引线保护对应的一次设备停运而断路器合环运行时，短引线保护应处于投入状态，且须在短引线所连接的断路器转运行前投入；无短引线保护，对应的一次设备退出运行时其断路器不得合环运行。对应的一次设备投入运行前，应退出短引线保护。

第十节 低压并联电抗器、电容器保护

低压并联电抗器、电容器均单套配置保护。电抗器保护主要包含过电流保护、过负荷等。电容器保护主要包含过电流保护、过电压保护、低电压保护和桥差不平衡保护等。

正常运行中，电抗器的过电流保护、过负荷应投入；电容器的过电流保护、过电压保护、低电压保护和桥差不平衡保护应投入。

电抗器保护退出时，电抗器应停运；电容器保护退出时，电容器应停运。

第十一节　故障录波器及线路行波测距装置

故障录波装置一般分为线路录波装置、变压器录波装置和发电机-变压器组录波装置三类。一般情况下，每台录波装置可接入单个或多个同类型设备的电流、电压量以及相关保护、断路器的动作变位信号。

正常运行中，故障录波器和行波测距装置应投入运行。

对于同时接入不同调管设备的录波装置，工作前变电站现场应征得相关调度单位同意，工作结束后汇报各调度。

第十二节　继电保护装置运行

1. 继电保护装置运行

一次设备投入运行前，运行和备用中的设备，其继电保护和自动装置均应投入，任何人不得随意退出保护装置，设备不应无保护运行，保护装置故障情况下可申请将故障部分退出运行。

继电保护装置的投入，需遵循投入是先投工作电源，后投出口压板，先投入交流回路，后投入直流回路，并用万用表测量保护出口压板两端确无电压后方可投入保护出口压板的原则；退出顺序相反。

因系统运行方式改变，需要停用和投入继电保护装置或进行保护压板的投、退时，应根据调度指令由两人进行操作，操作完毕后应做好记录。值班人员在进行保护投、退时，只允许操作保护装置的连接片，不得拆动接线。

继电保护装置在投入运行前，应按调度下达的保护定值单整定并与相应调度员核对无误。

继电保护装置动作后，现场运行人员应准确记录保护装置的报文、灯光信号及其他动作情况并将保护动作信息及故障测距汇报调度，若判断为误动，应经相关部门批准后退出该保护，并立即检查处理。

继电保护装置出现异常时，应判断异常是否影响保护的正确动作，进行缺陷定级，立即汇报调度机构。

继电保护装置检修后应有验收合格的书面证明，无明确结论不得投入运行，投入运行前应检查定值、信号均正常。

继电保护装置整屏退出时，应退出保护屏上的所有压板，并将功能把手置于对应位置；仅某保护退出运行，除退出该保护功能压板外还应退出对应的出口压板。

运行中的保护装置因工作需要断开直流电源时，应先退出其出口压板后再断开直流电源。

带有电压回路的继电保护装置，无论装置内部有无失压闭锁功能，在操作或运行中都不得失去电压。

继电保护和自动装置异常，有可能误动作时应立即将该保护及自动装置退出。

2. 故障录波装置

故障录波装置应具有并开通远传功能，并保持畅通。正常应投入运行，退出时应经调度批准。当系统发生故障时，与故障元件连接最近的录波装置（例如线路故障时指线路两侧的录波器；母线故障时，指母线上的所有线路和线路对侧的录波器）启动录波。故障录波图由维护单位负责分析，其分析内容包括故障时间、故障元件、相别、故障电流和电压有效值、保护动作行为。

故障录波装置日常巡视检查应检查以下项目：

（1）检查装置各个指示灯指示正常。

（2）检查微机箱各个模拟插件和开关量插件插入牢固，无松动或掉出。

（3）检查变送器箱各插件插入牢固，无松动或掉出，无异常声音。

（4）按键盘任意键，查看面板显示内容。

（5）检查操作按钮完好无损坏，洁净无灰尘。

（6）检查屏下端交流电源开关和直流电源开关在合的位置。

（7）检查屏箱门完好，透明玻璃洁净、无损坏。

故障录波装置异常的处理方法：

（1）整机掉电。当整机掉电，则应检查装置供电电源及交直流空气开关是否跳闸，若只因某记录电压丢失，导致装置电源告警，则可能是输出该组电压的开关电源损坏，或该组电压被短路引起电源保护动作，应立即关掉电源，排除故障后，方可恢复运行。

（2）故障不能录波。该故障一般由两个原因造成：参数、定值设置不当和通道电气连接不当。当参数、定值设置不当，应重新校对参数，重新设置相应通道的各项定值。在调整了定值后仍然不启动录波，可进行手动录波，然后进行波形分析。若相应通道无正常波形，则该通道不正常，原因有接线松动或接错线、内部接触不良、对应变送器损坏及数据采集单元采样不正常等原因。

（3）通信故障。此时分析管理单元和数据采集单元不能正常通信，"通信故障"灯亮，可能原因是分析管理单元对数据采样板的以太网地址设置不对。若以太网地址没有问题，则按"复归"键将数据采样板复归，几次之后还不能解决问题则可能是数据采样板故障，应请专业维护人员处理或厂家人家解决。

（4）采样板故障。此时面板"采样板故障"灯亮，分析管理单元的时间状态栏将显示故障原因，可能的故障原因有中央处理器故障、存储器故障、通信故障等。若没有显示，可能是采样板损坏，应通知厂家更换采样板插件。

（5）装置断电或故障。此时分析管理单元的时间状态栏显示"装置断电或故障"信息。应检查装置供电电源是否正常送电，若供电电源正常，则可能是数采板故障，应请专业维护人员处理或厂家人家解决。

（6）频繁启动。频繁启动故障一般是定值设置不当造成的。可根据故障报告判断是由哪一通道引起的，然后将定值适当调整，重新设置即可。

第十三节 整 定 管 理

各级调度机构应按照调管范围，依据继电保护全过程管理规定履行管理职责。除特别规定外，继电保护整定范围一般与调度管辖范围相一致。不一致时，负责整定的单位应将整定方案、定值有关的运行注意事项及图纸、资料等报送相应调度机构备案。交界面处保护整定计算管理，依据调度管理规定执行。新能源场站应定期向调度机构收集整定所需的系统侧等值参数，对自行整定的保护装置定值进行校核。整定计算人员应熟悉并掌握相关专业理论、技能及规程，具备从业经验。调度管辖范围变更时，应同时移交有关图纸、资料、定值单等；接管单位应复核相关保护定值。整定范围的分界点、整定限额和等值阻抗（网络）应书面明确，共同遵守。新建和扩建新能源场站在拟定并网前，应将过电压、低电压、高频、低频保护和调度机构认为有必要列入管理范围的其他保护的定值报相应调度机构备案。未经相应调度机构允许，涉网保护定值不得擅自更改。新能源场站应提供相关设备承受水平及短路特性的详细技术资料。

1. 参数管理

等值阻抗（网络）界面应由整定计算各方共同商定，以保证系统安全稳定运行。为方便计算，所有参数值一般都用标么值表示，可以根据系统基准容量和元件所在电压等级的基准电压转换为有名值。数据交换时，选取系统基准容量为 100MVA，各个电压等级的基准电压为平均额定电压。常用电压等级的标称电压及平均额定电压见表 3-1。

表 3-1　　　常用电压等级的标称电压及平均额定电压（单位为 kV）

电压等级	标称电压	平均额定电压
1000	1000	1050
750	750	765
500	500	525
330	330	345
220	220	230
110	110	115
66	66	69
35	35	37
10	10	10.2

各级调度间计算参数的交换流程应符合相关要求。工程投产前 3 个月，工程组织方应提供继电保护整定计算的全部参数，包括线路的设计参数，变压器、无功补偿设备等一次设备的实测参数，光伏、风电机组模型及短路特性等。

2. 图纸资料管理

工程投产前 3 个月，工程组织方应将与继电保护整定计算相关的图纸资料提交相应的继电保护整定计算单位；工程投产前 15 个工作日提供保护装置定值清单、软件版本等。工程项目投产后的 3 个月内，工程组织方负责向运行单位提供与保护设备相符的竣工图纸及电子版（可修改）图纸。

3. 定值单管理

一次设备的电气参数均应采用实测值。负责整定计算的单位，应根据实测参数下发正式定值单。整定计算应保留中间计算过程（整定书），需妥善保管整定书，以便日常运行或事故处理时核对。整定计算结束后，需经专人全面复核，以保证整定计算的原则合理、定值计算正确。编制定值通知单时应注明定值单编号、编发日期、限定执行日期和是否为作废的定值通知单等。定值通知单应严格履行编制及审批流程。应有计算人、复核人及审批人签字并盖章后方能生效。运行单位应严格按照定值通知单要求设定保护装置定值并履行定值核对手续，同时在整定单上记录核对人员姓名、核对日期。定值通知单宜一式 4 份，其中下发定值通知单的部门自存一份、调度一份、运行单位两份（现场及继电保护专业各一份）。所有执行的有效定值单与作废定值单分别存放，以方便管理。

第十四节　直流系统及交流不间断电源运行

直流系统由蓄电池组、充电设备、直流屏及馈电线路、电压监控装置、绝缘监测装置等组成，为站内的控制系统、继电保护及自动装置、信号装置、远动装置、通信设备、交流不停电电源装置（uninterruptible power system，UPS）等提供电源；同时作为独立的电源，在站用电失去后，直流系统可作为应急备用电源，即使在全站交流电源失去的情况下，仍能保证继电保护及自动装置、控制及信号装置等可靠、不间断的工作，同时提供事故照明。

直流系统运行时，电压监控装置、绝缘监测装置均应投入运行。正常情况下，应保证蓄电池在浮充状态下工作，直流负荷由充电柜供电。蓄电池组和充电柜并列运行，由充电柜给正常负荷供电，并以浮充电流向蓄电池浮充电，蓄电池作为冲击负荷和事故负荷的供给电源。两个直流电源并列，应极性相同，电压相等（压差 2~3V），即直流系统任意一并列操作，应在并列点处测量极性正确和电压满足条件后方可进行操作。直流两段母线应分列运行，直流母线不得脱离蓄电池单独运行，母线电压应维持在 230V 左右，以确保单个蓄电池的浮充电压在 2.23~2.27V。禁止两组蓄电池并列运行；两组充电电源不宜长期并列运行，但工作充电柜互相切换时，可遵守先并后断的原则。

任一母线的充电柜发生故障，应先停用故障充电柜再投入母联断路器。在未接入蓄电池组时，不应用"均充电"方式启动充电柜。不应在两组母线发生不同极性接地时并列运行，防止直流系统两点接地。双路供电的直流负荷，开环点设在负荷侧。

蓄电池应置于阴凉干燥处，避免阳光直射，并有足够的维修空间，室内温度不宜过高或过低，正常运行中一般要求室温处于 10～30℃为宜，最高不得超过 35℃，最低不得低于 5℃，室内门窗不应经常开启，但要有较好的通风条件。蓄电池正常运行时，采取全浮充电运行方式。浮充电流的大小等于负荷电流与蓄电池自放电电流之和。应避免产生过充电及过放电，否则均会影响蓄电池的使用寿命。应每月进行一次均衡性充电，大型操作，全站失压，浮充机故障后，也应进行均衡充电。现场应每周进行一次直流普查，发现单个蓄电池容量不足或反极时应将其退出运行。

为了保证直流系统始终处于良好的运行状态，能被正常使用并发挥作用，日常的巡视检查与运行维护必不可少。

对于蓄电池应检查蓄电池组编号完整、外观清洁，壳体无渗漏、变形，连接条无腐蚀、松动，构架、护管接地良好；蓄电池组总熔断器、巡检采集单元运行正常；蓄电池电压在合格范围内。

对于充电装置应检查监控装置及充电模块运行正常，无其他异常及告警信号；充电装置交流输入电压、直流输出电压、电流正常；风扇正常运转，无明显噪声或异常发热；直流控制母线、动力（合闸）母线电压、蓄电池组浮充电压值在规定范围内，浮充电流值符合规定；各元件标志正确，断路器、操作把手位置正确。

对于馈电屏应检查绝缘监测装置运行正常，直流系统的绝缘状况良好；各支路直流断路器位置正确、指示正常，监视信号完好；各元件标志正确，直流断路器、操作把手位置正确。

对于事故照明屏应检查交流、直流电压正常，表计指示正确；交、直流断路器及接触器位置正确；屏柜（前、后）门接地可靠，柜体上各元件标志正确。

对于蓄电池应定期对蓄电池进行外壳清洁工作。不应使用汽油、煤油等有机溶剂擦拭，如需去除表面污秽，可用 5%碱水（小苏打水）擦拭。每月应测一次单个电池电压及终端电压，检查外观有无异常变形和发热，并做好记录。新安装的蓄电池组，应进行全核对性放电试验，以后每隔两年进行一次核对性放电试验。运行 4 年以上的蓄电池组，每年做一次核对性放电试验。放电前逐个测量蓄电池端电压，放电应保持电流稳定，放电时每小时应记录一次电压（单个蓄电池）、放电电流、温度，并计算出放电容量。放电后应进行均衡充电，蓄电池在均衡充电时电流逐渐减少，并最终趋于稳定，如果降至 10%的充电电流值以下，并保持 3～5h 基本不变时，转浮充运行，测量蓄电池浮充电压，观测其均衡性。

正常浮充运行不需要均衡充电，但发现有正常浮充时，单个蓄电池电压偏差超过0.1V；个别电池电压低于 2.18V；长期小电流深度放电；放电后 24h 之内未及时充电；蓄电池停电搁置超过 3 个月等情况应进行均衡充电。

UPS 是站内二次设备正常工作的保障电源，要保证给二次系统提供高质量的电能，应保证 UPS 电源的正常运行。UPS 电源在安装调试验收后，怎样正确使用和管理是非常重要的。正常工作时，UPS 由厂用交流电源和直流电源两路供电。正常由厂用交流电源供电，直流电源备用，UPS 交流电源中断时，自动切换至直流电源供电。当整流-逆变单元故障，自动切换至交流旁路电源。

应定期对 UPS 交直流供电电源进行一次切换试验。定期测试 UPS 电源的工作性能参数，包括输入电压、输入电流、输出电压、输出电流、输出频率、功率因数、充电电压、充电电流等。还要定期测试每个电池的容量及性能参数，发现电池有异常状况的，应及时更换或采取补救措施。

UPS 室应保持一定的温度和相对的湿度，保持清洁、无灰尘、无污染，一般温度控制在 5℃以上，22℃以下，相对湿度在 50%±10%。

UPS 运行中应检查配电屏、整流器、逆变器、自动稳压器等元件运行正常，无异音，无异味，无过热现象，风扇运行正常、UPS 室温度正常；UPS 控制面板各信号灯指示正确，无异常报警，运行状态指示灯与实际运行方式一致；UPS 两路电源开关均合好，且电源正常；交直流输入电压、逆变器输出电压、旁路输出电压均正常；当逆变器与旁路同步时，不论逆变器切旁路，还是旁路切回逆变器，均实现不间断切换；当逆变器低电压、过电压，逆变器故障，直流电压故障，风扇故障等造成逆变器停止，此时 UPS 装置自动切换为由旁路供电的运行方式。UPS 机柜运行异常状况处理表见表 3-2。

表 3-2 UPS 机柜运行异常状况处理表

信息	原因	说明
输入故障	工作电源失电或输入电压超限	工作电源正常时将自动消失
旁路故障	旁路电源停电或电压超限	旁路电源正常时将自动消失
输出过负荷	负载超过额定限度	转旁路运行，直到过负荷消失后将自动转回逆变工作
逆变器故障	逆变器故障	逆变器损坏
过温报警	逆变器温度超出正常运行的最高温度	逆变器上的温度高于 85℃转旁路运行
电池供电	工作电源故障	蜂鸣器响
旁路频率故障	旁路频率超限	逆变器使用自振模式，旁路电源正常后和旁路同步
整流器故障	直流超限	联系厂家维修人员

第四章 现场设备运行维护

第一节 主 变 压 器

变压器在电力系统中的主要作用是变换电压，以利于功率的传输。电压经升压变压器升压后，可以减少线路损耗，提高送电的经济性，达到远距离送电的目的；降压变压器能把高电压变为用户所需要的各级使用电压，满足用户需要。

1. 主要铭牌参数

（1）额定容量：在额定电压、额定电流时连续运行所输送的容量。

（2）额定电压：指变压器长时间运行所能承受的工作电压。

（3）额定电流：指变压器在额定容量下，允许长期通过的电流。

（4）容量比：指变压器各侧额定容量之比。

（5）电压比：指变压器各侧额定电压之比。

（6）短路损耗（铜损）：指变压器一、二次电流流过一、二次绕组，在绕组电阻上所消耗的能量之和。铜损与一、二次电流的平方成正比。

（7）空载损耗（铁损）：指变压器在额定电压时，变压器铁芯所产生的损耗。铁损包括励磁损耗和涡流损耗。

（8）空载电流：指变压器在额定电压下空载运行时，一次侧通过的电流。（不是指刚合闸瞬间的励磁涌流峰值，而是指合闸后的稳态电流）

（9）百分比阻抗（短路电压）：指变压器二次绕组短路，使一次侧电压逐渐升高，当二次绕组的短路电流达到额定值时，此时一次侧电压与额定电压比值的百分数。变压器的容量与短路电压的关系是：变压器容量越大，其短路电压越大。

（10）变压器的接线组别：接线组别表明变压器各侧线电压的相位关系，将三相变压器的接线分为若干组，称为接线组别。

2. 运行监视

（1）油温监视。现场温度计指示的温度、控制室温度显示装置、监控系统的温度应基本保持一致，误差一般不超过 5℃。上层油温的允许值应遵循制造厂的规定。强迫油循环风冷变压器的上层油温不得超过 75℃；油浸风冷式、油浸自冷式上层油温不得超过85℃。油浸风冷变压器在风扇停止工作时，应监视上层油温不得超过规定值，当上层油温不超过 55℃时，则可以不开风扇在额定负荷下运行。油浸（自然循环）风冷变压器、风扇停止工作时，允许的负载和运行时间，应符合制造厂的规定。油浸风冷变压器当冷却系统部分故障停止风扇后，顶层油温不超过 65℃时，允许带额定负载运行。油浸自冷式变压器上层油温超过 95℃时，应及时加强监视并控制负载。强迫油循环风冷变压器当冷却装置全停时，在额定负荷下可继续运行 20min；若冷却器全停后上层油温尚未达到 75℃，则允许上层油温上升至 75℃，且允许运行时间不得超过 1h（冷却器全停时应立即退出该保护出口压板）。主变压器负荷超过额定负荷的 70%长期运行时，应加强上层油温的监视。冷却装置部分故障时，变压器的允许负载和运行时间应参考制造厂的规定。

（2）电压监视。主变压器的电压应在额定电压的±5%范围变动，一般不得超过相应分接头电压的 5%，超过时会引起铁芯过饱和出现高次谐波而产生过电压，并使铁损增加；电压低对主变压器无任何不良后果，但影响电能质量。不论电压分接头在何位置，如果所加一次电压不超过其相应额定值的 5%，则主变压器的二次侧可带额定电流。

（3）负荷监视。运行中的变压器应在允许的正常负荷及以下运行（变压器允许的正常负荷指变压器在上层油温不超过额定值的条件下，可以按照额定容量长期连续运行）。变压器可在事故过负荷的情况下运行，事故过负荷只允许在事故情况下使用。主变压器经过事故过负荷以后，应将事故过负荷的大小和持续时间记入主变压器技术档案内。主变压器存在较大的缺陷（如冷却系统不正常，严重漏油，色谱分析异常等）时不准过负荷运行。主变压器三相负荷不平衡时，应监视最大电流相的负荷。当主变压器过负荷时，应立即采取措施，将负荷限制在额定容量以内，过负荷时间不应超过 30min。

（4）油位监视。主变压器油位的指示应与实际油位相符，值班人员应在气温突变和严重渗、漏油情况下加强对主变压器油位的监视，当发现油位过低或过高时及时处理，必要时向调度机构申请停电处理。

变压器投运前应检查相应的图纸、资料是否齐全，各种试验是否合格；基础无下沉、无裂缝，变压器周围及各部位清洁，无杂物、无渗漏油现象，安全措施全部拆除，无遗留的工具及其他物件；套管油色透明无杂质，油位在标志线以上，套管无裂纹、无渗油、无放电痕迹，且端头接线紧固；变压器本体油位、分接断路器油位应按温度-油位曲线规律显示正常；变压器分接头指示正确（主变压器本体、操作箱、监控机位置一致），有载调压装置操作良好；变压器呼吸器内硅胶颜色正常，硅胶变色超过 2/3 时应及时更换；变压器温度指示与监控端指示一致，并与环境温度相对应；通风冷却装置应能手动和自动投入正常运转，信号上传正确；气体继电器内部充满油，无气体及渗油现象，各部接地良好；外壳、中性点、避雷器接地应牢固、可靠；变压器压力释放装置完好无损，无喷油现象；储油柜、散热器及气体继电器阀门全部打开；对有载调压装置进行传动试验，并检查调压断路器就地指示位置同监控端指示一致；变压器周围的消防器材配备完善；变压器运行的一般规定；油浸（自然循环）风冷变压器的风机应满足分组投切的功能，运行中风机的投切应采用自动控制；变压器在正常运行时，本体及有载调压断路器重瓦斯保护应投跳闸。本体轻瓦斯及有载调压断路器轻瓦斯应投信号；强油循环风冷变压器的冷却装置全停应投跳闸；变压器本体应设置油面过高和过低信号，有载调压断路器宜设置油面过高和过低信号；运行中的变压器进行补油，换潜油泵，油路检修及气体继电器探针检测；冷却器油回路、通向储油柜的各阀门由关闭位置旋转至开启位置；油位计油面异常升高或呼吸系统有异常需要打开放油或放气阀门；更换硅胶、吸湿器；将气体继电器集气室的气体排出等工作时，应将重瓦斯保护改投信号，工作完毕后及时恢复。

3. 维护

变压器在电力系统中有着很重要的作用，然而，由于其结构、工艺以及运行维护等多方面的原因，变压器故障频繁发生，大大影响了系统的正常运行。因此，加强变压器的定期维护，采取切实有效的措施防止变压器故障的发生，对确保变压器的安全稳定运行有重要的意义。变压器的正常维护项目及周期如下：

（1）利用变压器停电检修的机会进行变压器的外部（包括套管）清扫、储油柜集污器内的积水和污物的清除。

（2）每年对被污物堵塞影响散热的冷却器进行一次冲洗。

（3）每季对各种风冷控制箱和二次回路进行检查和清扫。

（4）每季对有载调压控制箱、滤油机控制箱、在线监测装置、温度计清扫一次。

（5）巡视发现变压器运行声音异常，应查明、分析声音异常原因并采取相应的措施。

（6）各控制箱及二次端子箱门应关严，电缆穿孔封堵应严密，以防止小动物进去造成不必要的故障。

（7）吸湿器的维护。本体储油柜、分接断路器储油柜的呼吸器硅胶颜色正常时应为蓝色，变为粉色应及时更换。吸湿剂受潮变色超过 2/3、油封内的油位超过上下限、吸湿器玻璃罩及油封破损时应及时维护。当吸湿剂从上部开始变色时，应立即查明原因，及时处理；对于有载分接断路器还应将 AVC 调挡功能退出；油封内的油应补充至合适位置，补充的油应合格；维护后应检查变压器呼吸正常、密封完好。

（8）冷却系统维护。运行中发现冷却系统指示灯、空气开关、热耦和接触器损坏时，应及时更换；指示灯、空气开关、热耦和接触器更换时应尽量保持型号相同，更换完毕后应检查接线正确，电源自投、风机切换正常。

第二节 高低压配电装置

1. 高压电气设备

高压电气设备包括高压断路器、隔离开关、母线、电压互感器、电流互感器、电力电容器、消弧线圈及高压熔断器等设备，35kV 系统大多使用室内的高压断路器柜，高压断路器柜由柜体和手车断路器两大部分组成。柜体由金属隔板分成几个独立的隔室，有母线室、手车断路器室等，手车根据用途可分为断路器手车、隔离开关手车、电压互感器手车。

断路器柜内一次接线应符合设计要求，避雷器、电压互感器等柜内设备应经隔离开关（或隔离手车）与母线相连，不应与母线直接连接；断路器柜隔离开关触头拉合后的位置应便于观察各相的实际位置或机械指示位置；断路器（小车断路器在工作或试验位置）的分合指示、储能指示应便于观察并明确标示。

对于断路器柜存在误入带电区域风险的部位应加锁并粘贴醒目警示标志。断路器柜内电缆接头宜设置示温蜡片，便于通过巡视观察示温蜡片变色情况判断接头是否发热。断路器柜的柜间、母线室之间及与本柜其他功能隔室之间应采取有效的封堵隔离措施。一、二次电缆进线处应采取有效的封堵措施，并做防火处理。

封闭式断路器柜应设置压力释放通道，压力释放方向应避开人员和其他设备。

断路器柜内驱潮器应一直处于运行状态，以免断路器柜内元件表面凝露，影响绝缘性能，导致沿面闪络。

断路器柜内断路器在工作位置时，不应就地进行分、合闸操作。远方操作时，现场人员应远离设备。操作中应同时监视有关电压、电流等指示及红绿灯的变化是否正常，控制把手不要用力过猛，不宜返回太快；电动操作断路器分、合闸后，若发现分、合未成功，应立即取下控制熔断器或控制电源断路器，以防烧坏跳、合闸线圈。手车断路器每次推入柜内后，应保证手车到位、隔离插头接触良好、机械闭锁可靠。断路器柜内手车断路器拉出后，隔离带电部位的挡板封闭后禁止开启，并设置"止步，高压危险！"的标示牌。

断路器在新安装或检修后，应在试验合格后方可投入运行。停运的断路器在投入运行前，应对该断路器本体及保护装置进行全面、详细的检查，必要时进行保护装置的传动试验，保证分、合正常，信号正确，方可投入运行，不应将拒绝跳闸的断路器投入运行。

2. 站用交流系统

站用系统作为检修、直流充电机、主变压器调挡、机构箱、端子箱（驱潮、照明）、电操隔离开关操作电源，以及生活用电及全站照明使用。

站用电系统由 35/10kV 和 380/220V 电压系统组成，交流电源相间电压值应不超过420V、不低于 380V，三相不平衡值应小于 10V。站用电电源的配置为保证交流系统的不间断供电，提高供电可靠性，一般要求站用交流系统至少配置两路电源，当各负载主电源失电时，应立即切换到备用电源，若主、备电源均不能尽快恢复供电时，应考虑对主变压器、无功补偿装置等设备的影响，监视直流系统电压、蓄电池组电压。

不同站用变压器电源供电的负荷回路不得并列运行，站用交流回路不应合环运行。电源切换前，应检查备用电源进线电压正常、相序正确，停运大负荷运行设备，采用瞬停的切换方法进行切换。电源切换时，在切换前应检查所带负荷的运行情况，以防影响设备的安全运行。

3. 母线及隔离开关

母线及绝缘子送电前应试验合格，各项检查项目合格，各项指标满足要求，保护按照要求投入并经验收合格后，方可投运。母线在通过允许电流时，温度不应超过 70℃，在通过短路电流后，不应发生明显的弯曲变形等损伤。检修后或长期停用的母线，投运前须用带保护的断路器对母线充电。母线拆卸大修后，需重新进行核相。旁路母线投入前，应在保护投入的情况下用旁路断路器对旁路母线充电一次。

可用红外测温仪来测量母线的温度，发现母线过热时，值班人员应立即采取措施，必要时向调度机构申请，采取倒换运行方式，甚至停电处理。发现母线绝缘子破损、放电，值班人员应尽快报告调度机构，申请停电处理，在停电更换绝缘子前，应加强对破损绝缘子的监视，增加巡视次数。母线出现异常声响，检查母线连接的金具是否松动，母线是否有尖端放电，绝缘子表面是否污秽，应根据现场情况进行处理。

发现母线有下列情况之一，应立即汇报相应调度员申请停运，停运前应远离设备。

（1）母线支柱绝缘子倾斜、断裂、放电或覆冰严重时。

（2）悬挂型母线滑移、硬母线伸缩节变形。

（3）母线严重发热，热点温度大于或等于130℃时或单片悬式瓷绝缘子严重发热。

（4）软母线或引流线有断股，截面损失达25%以上或不满足母线短路通流要求时。

（5）母线有异常声响或放电声音较大时。

（6）户外母线搭挂异物，危及安全运行，无法带电处理时；其他引线脱落，可能造成母线故障时。

（7）其他根据现场实际认为应紧急停运的情况。

隔离开关与断路器不同，它没有专门的灭弧机构，不能切断负荷电流和短路电流，使用时一般与断路器配合。在设备检修时，用隔离开关隔离有电和无电部分，造成明显的断开点，使检修的设备与电力系统隔离，以保证工作人员和设备的安全。隔离开关和断路器相配合，通过进行倒闸操作，以改变运行方式。

隔离开关应有完整的铭牌、规范的运行编号和名称，分合指示、旋转方向指示清晰正确，其金属支架、底座应可靠接地，辅助接点应切换可靠，操动机构、测控、保护、监控系统的分合闸位置指示应与实际位置一致。

导电回路长期工作温度不宜超过80℃。在合闸位置时，触头应接触良好，合闸角度应符合产品技术要求；在分闸位置时，触头间的距离或打开角度应符合产品技术要求。

隔离开关与其所配装的接地断路器间应有可靠的机械闭锁且强度足够，电动操作回路的电气联锁功能应满足要求。绝缘子爬电比距应满足所处地区的污秽等级，不满足污秽等级要求的应采取防污闪措施。未涂防污闪涂料的瓷质绝缘子应坚持"逢停必扫"，已涂防污闪涂料的绝缘子应监督涂料有效期限，在其失效前复涂。机构箱应设置可自动投切的驱潮加热装置，定期检查驱潮加热装置运行正常、投退正确。

允许用隔离开关直接进行的操作情况有：在电网无接地故障时，拉合电压互感器或拉合变压器中性点接地隔离开关；在无雷电活动时拉合避雷器；拉合330kV及以下空载母线；对双母线单分段接线方式，当两个母联断路器和分段断路器中某断路器出现分、合闸闭锁时，可用隔离开关断开回路，但操作前应确认三相断路器在合位，并取下其操作电源；与断路器并联的旁路隔离开关，当断路器合闸到位时，可以拉合断路器的旁路电流；对于 3/2 接线，某一串断路器出现分、合闸闭锁时，可用隔离开关来解环，但应有两串及以上的断路器成串运行。

4. 互感器

新投入或大修后（含二次回路更动）的电压互感器应核相，电压互感器正常情况下应在额定铭牌参数下运行。电压互感器允许在 1.2 倍额定电压下连续运行。中性点有效接地系统中的互感器，允许在 1.5 倍额定电压下运行 30s。中性点非有效接地系统中的电压互感器，在系统无自动切除对地故障保护时，允许在 1.9 倍额定电压下运行 8h；在系统有自动切除对地故障保护时，允许在 1.9 倍额定电压下运行 30s。SF_6 电压互感器的气体压力指示与制造厂规定相符，压力表偏出正常压力区时，应查明原因并及时处理。电压互感器的各个二次绕组（包括备用）均应有可靠的保护接地，且只允许有一个接地点。接地点的布置应满足有关二次回路设计的规定。运行中的电压互感器二次侧不应短路，以防烧坏线圈。电压互感器退出运行时，应特别注意其所带的保护是否会因失去电压而误动。两台电压互感器并列运行，应在高压侧并列后，再进行低压侧的并列，否则，由于电压互感器从低压侧反充电，引起电压互感器二次低压熔断器熔断或自动空气断路器跳闸，致使保护装置失去二次电压。电压互感器二次回路有工作时，不应进行二次电压切换或并列操作，应将高压和低压的所有断路器断开并做好相应的安全措施。

发现有高压熔断器连续熔断两次；外绝缘严重裂纹、破损，电压互感器有严重放电，已威胁安全运行时；内部发出焦臭味、冒烟、着火、有放电"噼叭"响声或其他噪声；电压互感器内或引线出口处有严重喷油、漏油现象；套管、引线与外壳之间有火花放电；SF_6 电压互感器严重漏气；电压互感器本体或引线端子有严重过热；电压互感器二次绕组发生短路及其他根据现场实际认为应紧急停运等情况，运维人员应立即汇报调度员，申请将电压互感器停运，停运前应远离设备。

电流互感器运行应满足以下条件：

（1）电流互感器允许设备在最高电压下和额定连续热电流下长期运行。

（2）电流互感器在投运前及运行中应注意检查各部位接地是否牢固可靠，末屏应可靠接地，严防出现内部悬空的假接地现象。

（3）新投入或大修后（含二次回路更动）的电流互感器应核对相序、极性。

（4）电流互感器二次侧不应开路，备用的二次绕组应短接接地。

（5）运行中的电流互感器二次侧只允许有一个接地点。

（6）当运行中发现电流互感器的二次电流严重不平衡时，应立即查明原因并及时处理，必要时应向调度机构汇报，申请停电处理。

（7）在电流互感器的二次回路工作，要严防两点接地，不得随意打开电流互感器的二次回路固定接地点。

（8）三绕组变压器中压侧或低压侧有停电工作时，如果工作涉及差动保护用的二次电流回路时，应将涉及的差动保护停用。

（9）SF₆ 户外电流互感器运行压力值应在规定范围内；压力表偏出正常压力区时，应查明原因并及时处理。

发现电流互感器有严重异声、异味、冒烟或着火及温度超过允许值导致过热引起冒烟或发出臭味；主绝缘发生击穿，造成单相接地故障；一次接线松动严重过热；外绝缘有严重裂纹、破损，严重放电；瓷质部分严重破损；电流互感器运行中绝缘介质严重泄漏；电流互感器二次开路；其他根据现场实际认为应紧急停运等情况时，运维人员应立即汇报调度员申请将电流互感器停运，停运前应远离设备。

另外，当电流互感器二次开路时，有关电流指示为零，有功、无功负荷指示下降，保护回路异常，出现火花，电流互感器本体有电磁声，应立即将存在误动风险的保护退出，并汇报调度机构申请停电处理。

5. 防误闭锁装置

高压电气设备均应有防误闭锁装置，防误闭锁装置应简单完善、安全可靠，操作和维护方便，应具备"五防"功能：防止误分、误合断路器；防止带负荷拉、合隔离开关；防止带电挂（合）接地线（接地隔离开关）；防止带地线（接地隔离开关）合断路器（隔离开关）；防止误入带电间隔。防误闭锁装置运行应遵循如下原则：

（1）运行操作中防误闭锁装置发现异常时，应及时查明原因，确定为装置故障时，经值班长同意，在值班长监护下进行解锁操作，操作完后应及时恢复，并做好记录。

（2）防误闭锁装置不得随意退出，因故应退出时，应经有关部门批准，并限定恢复时间。防误闭锁装置在退出期间，应将隔离开关的操作把手锁住并按值移交，防止误操作，直至闭锁装置完善为止。

（3）防误装置应有完善的管理制度和由专人管理，并要求专责人每季用紧急解锁钥匙对全站程序锁进行一次解锁操作，对开锁不灵活的进行处理，必要时注入少量机油或进行更换。

（4）解锁钥匙仅限于电气运行人员在特殊情况下使用，不得外借。正常操作时，一律按规定的操作程序进行，不得使用解锁钥匙解锁操作。

第三节 电 力 电 缆

电力电缆供电以其安全、可靠、稳定且利于城市美化等优点，被广泛采用并逐步取代架空线路。然而由于电力电缆多埋设于地下，运行环境复杂，出现异常很难发现，故日常的运行维护显得尤为重要。

电缆线路运行维护应着重要做好负荷监视、温度监视、腐蚀监视三个方面工作，保持电缆设备始终在良好的状态和防止电缆事故突发。

（1）负荷监视。一般电缆线路根据电缆导体的截面积、绝缘种类等规定了最大电流值，利用各种仪表测量电缆线路的负荷电流或电缆的外皮温度等，作为主要负荷监视措施，防止电缆绝缘超过允许最高温度而缩短电缆寿命。

（2）温度监视。测量电缆的温度，应在夏季或线路最大负荷时进行。测量直埋电缆温度时，应测量同地段无其他热源的土壤温度。电缆同地下热力管交叉或接近敷设时，电缆周围的土壤温度，在任何情况下不应超过本地段其他地方同样深度的土壤温度10℃以上。检查电缆的温度，应选择电缆排列最密处、散热最差处、受外部热源影响处进行。

（3）腐蚀监视。为了监视有杂散电流作用地带的电缆腐蚀情况，应以专用仪表测量沿电缆线路铅包流入土壤内杂散电流密度。如果属于阳极区，则应采取相应措施，以防止电缆金属套的电解腐蚀。

电缆不应浸于水中运行，应检查电缆头清洁，无裂纹、流胶、外皮无凸起、无渗漏油，无发热、放电现象且接地良好；引出线要紧固可靠、无松动现象；电缆终端盒及电缆线路沿线标志清晰完整；电缆沟盖板平整，电缆终端头相应颜色应明显；配电盘柜的电缆孔洞、电缆穿墙孔洞、电缆管封堵完好；冬季时户外电缆头不应挂有冰柱。

电力电缆试验的关键在于准确判断电缆的绝缘承受能力，使绝缘受潮、老化及绝缘缺陷等故障提前暴露出来，防止在电缆运行中发生绝缘击穿而造成不必要的停电损失和恶劣的社会影响。电力电缆试验的主要项目有以下几项：

（1）电力电缆交接试验项目。根据电力预防性试验规范，电力电缆在投入运行前应当按照规范进行检验，符合要求方可投入运行。电力电缆交接试验项目，包括主绝缘及外护层绝缘电阻测量、主绝缘直流耐压试验及泄漏电流测量、主绝缘交流耐压试验、外护套直流耐压试验、检查电缆线路两端的相位、充油电缆的绝缘油试验、交叉互联系统试验、电力电缆线路局部放电测量等。

（2）电力电缆的预防性试验。电力电缆的预防性试验是在电力电缆投入运行后，根据电缆的绝缘、运行等状况按一定周期进行的试验，其目的是掌握运行中的电力电缆线路绝缘状况，及时发现和排除电缆线路在运行中发生和发展的隐性缺陷。其主要有绝缘电阻测试、直流耐压试验、泄漏电流试验、交流耐压试验、介质损耗因数试验、局部放电测试试验、电缆的油样试验等。

1）绝缘电阻的测试。电力电缆的绝缘电阻，是指电缆芯线对外皮或电缆某芯线对其他芯线及外皮间的绝缘电阻。在一定直流电压作用下，电缆的绝缘电阻可以反映流过它传导电流的大小。测量电缆绝缘电阻的最基本的方法是在被试电缆两端施加一个恒定的直流试验电压，该电压产生一个通过电缆试品的电流，借助仪表测量出电缆的电流-时间特性，就可以换算出电缆的绝缘电阻-时间的变化特性或某一特定时间下的绝缘电阻值。工程上进行电缆绝缘电阻测试所采用的设备为绝缘电阻表。

2）直流耐压试验。在电缆主绝缘上施加高于其工作电压一定倍数的直流电压值，并保持一定的时间，要求被试电缆能承受这一试验电压而不击穿，从而达到考核电缆在工作电压下运行的可靠性和发现绝缘内部严重缺陷的目的。

3）泄漏电流试验。泄漏电流试验是指测量电缆在直流电压作用下，流过被试电缆绝缘的持续电流，从而有效发现电缆线路的绝缘缺陷。通常，泄漏电流试验一般和直流耐压试验同时进行，根据泄漏电流的变化规律来判断绝缘的劣化程度。

4）交流耐压试验。交流耐压试验是用来检验电缆绝缘在工频交流工作电压下的性能试验。在电缆绝缘上施加工频试验电压 1min，不发生绝缘闪络、击穿或其他异常现象，则认为电缆绝缘是合格的。

5）介质损耗因数试验。当电缆绝缘受潮，电缆油脏污或老化变质，绝缘中有气隙放电等现象时，在电压作用下，流过绝缘的电流中有功电流分量增大，即在绝缘中的损耗增大。但损耗的大小不仅与有功电流的大小有关，还与绝缘的体积大小有关，试验时一般测量绝缘介质的损耗因数。

6）电缆的油样试验。充油电缆线路在正常情况下运行时，通过绝缘油样试验可以大致反映整条线路的绝缘状况。充油电缆的油样试验一般包括交流击穿强度试验、介质损耗角正切测量、色谱分析、含水量试验等。

7）局部放电测试试验。电缆的绝缘中，各部位的电场强度往往是不相等的，当局部区域的电场强度达到电介质的击穿场强时，该区域就会出现放电，但这种放电并没有贯穿施加电压的两导体之间，即整个绝缘系统并没有击穿，仍然保持绝缘性能，这种现象称为局部放电。局部放电时产生电、光、热、声等现象，利用上述现象都可以检测局部放电，确定放电部位。

第四节　光伏发电系统

并网的光伏发电系统就是太阳能组件产生的直流电经并网逆变器转换成符合电网要求的交流电后直接进入公共电网。并网的光伏发电系统有集中式的，主要特点是将所发的电能直接输送至电网，由电网统一调配向用户供电；还有分布式的并网光伏发电系统，是指在用户现场配置较小的光伏发电系统，以满足特定用户的需求。

光伏发电系统一般由以下部分组成：太阳电池组件、蓄电池、电力电子设备（充放电控制器、逆变器、测试仪表和计算机监控等）和并网装置，此外还有一些辅助设备。

1. 光伏组件

光伏组件是光伏发电系统中最稳定、最不容易出现故障的组成部分，也是光伏系统的核心部件，为了掌握光伏组件设备的运行状况，及时发现和消除设备缺陷预防事故的发生，确保设备安全经济运行，保证完成发电计划，光伏组件在运行中不得有物体长时间遮挡，表面应保持清洁，有污物时应及时清理。按照同辐照度条件下，剔除组件衰减影响，电站功率下降 5%时宜进行光伏组件的清洗，清理时用海绵蘸水擦拭或水龙头冲洗即可，不得使用锐利物件进行刮洗，不得使用腐蚀性溶剂。光伏组件表面出现玻璃破裂或热斑、背板灼焦、破裂、光伏组件接线盒烧损时，应及时进行检测、更换并做好记录。光伏组件更换前应检查外观正常、测量开路电压，在更换光伏组件时应断开相应的汇流箱支路熔断器及相连光伏组件接线，更换的电池组件应与原组件型号、参数一致，原则上不允许混装，工作人员需使用绝缘工器具，更换完毕后应测量并记录组串电流。不应在雨中进行光伏组件的连线工作、触摸光伏组件的金属带电部位。光伏组件运行中正极、负极不应接地。大风等恶劣天气过后应对光伏组件进行一次全面巡回检查。每月至少安排人员做一次巡查，发现有明显的异物（塑料袋、树叶、纸屑、鸟粪等）在太阳能电池组件上，应及时将其清理掉。如果没有自动数据采集设备，还需每月记录发电的数据；对于带有自动记录设备的，需要每月或定期了解数据情况。

每半年对直流汇线盒（箱）进行一次巡检，确定没有虫子、没有潮气等，检查相关的熔丝。每半年检查一次线缆，看是否有烧焦、绝缘破坏以及其他破坏（被老鼠咬等），电缆连接头以及电缆固定点是否松动。

2. 汇流箱

汇流箱是为了减少光伏组件与逆变器之间连接线，方便维护，提高可靠性而设计的光伏产品。使用光伏汇流箱，用户可以根据逆变器输入的直流电压范围，把一定数量的规格相同的光伏组件串联组成 1 个光伏组件串列，再将若干个串列接入汇流箱进行汇流，通过防雷器与断路器后输出，方便逆变器的接入。

当直流汇流箱设备故障退出运行时，应断开逆变器直流侧相应支路断路器。在逆变器直流侧、汇流箱内工作时应做好光伏组件侧的隔离措施。投切汇流箱熔断器时，工作人员应使用绝缘工具，汇流箱内熔断器更换时需更换同容量的熔断器。更换汇流箱熔断器时，需断开汇流箱内断路器，并用专用保险夹钳取出熔丝。更换熔断器底座时，需断开汇流箱内断路器，并取下所对应支路熔断器，拔开电池组串的正负极插头，并用万用表测量无电压时方可更换。更换其他控制器件时，需断开汇流箱内断路器，并取下拔开汇流箱内全部支路熔断器，拔开汇流箱所对应全部电池组串的正负极插头，并用万用表测量无电压时方可更换。更换断路器时，需断开逆变器直流侧相应支路断路器，并取下拔开汇流箱内全部支路熔断器，拔开汇流箱所对应全部电池组串的正负极插头，并用万用表测量无电压时方可更换。

汇流箱整体完整，不得存在变形、锈蚀、漏水、积灰现象，箱体外表面安全警示标识应完整无破损，箱体上的防水锁启闭应灵活；若汇流箱有损坏、变形倒塌事故，应及时处理，并做好记录。汇流箱整体清洁无杂物，汇流箱内各个接线端子不应出现松动、锈蚀现象。箱内各熔断器无熔断、防反二极管无烧坏，采集板、防雷模块、断路器无异常。接地线连接良好，直流汇流箱内防雷器应有效。进出线电缆完好，无变色、掉落、松动、断线、绝缘破损现象。通信指示正常。

3. 并网逆变器

逆变器是将直流电转换成交流电的设备，逆变器在运行中，应保证逆变器风机运行正常，室内通风良好。正常运行时运维人员不得擅自更改逆变器的任何参数，退出运行再次投入时，应达到厂家规定的间隔时限。逆变器运行中应无异音、异味、异常震动、电气运行参数正常，与监控系统通信正常，输出功率正常。

逆变器应每周检查一次。检查各指示灯及信号指示正常，断路器位置正常，通风设备正常。检查逆变器的引线支持状态及接线端子，接线板等处的电气连接部分无松动及局部过热现象，内部母排连接牢固。检查逆变器的接地牢靠。检查设备的各电气元器件无过热、异味、断线等异常情况。检查逆变器功率模块运行正常。

检修后的光伏并网逆变器应经过试验合格后才能投入运行。各试验项目的技术要求、指标应按照有关设备的试验标准执行。设备试验不合格应重修或更换，不得带病运行。进行试验前应采取稳妥可靠的安全措施，防止人身伤害及设备损坏。试验中所使用的仪器、仪表应达到试验项目的要求和准确级且应按仪器、仪表的要求和规范使用，试验时仪器应稳妥放置，尽量减少震动和试验误差。为了保证试验数据的可信度，试验中应有足够的数据和录制量，并应保证数据采集的同步性。试验结论应参考原始记录数据，与原始数据有较大误差时应查明原因或重新试验。

第五节　风力发电系统

风电机组由塔架、机舱、风轮、制动系统、调向系统、控制系统、发电机、齿轮箱等组成。风电机组及其附属设备均应有制造厂的金属铭牌，应有新能源场站自己的名称和编号，并标示在明显位置。塔架应设攀登设施，中间应设休息平台，攀登设施应有可靠的防止坠落的保护设施，以保证人身安全。机舱内应有消声设施，并应有良好的通风条件，塔架和机舱内部照明设备齐全，亮度满足工作要求。塔架和机舱应满足到防盐雾腐蚀、防沙尘暴的要求，机舱、控制箱和筒式塔架均应有防小动物进入的措施。风轮应具有承受沙暴、盐雾侵袭的能力，并有防雷措施。风电机组至少应具有两种不同原理的能独立有效制动的制动系统。调向系统应设有自动解缆和扭缆保护装置。在寒冷地区，测风装置应有防冰冻措施。

风电机组的控制系统应能监测以下主要数据并设有主要报警信号：

（1）发电机温度、有功与无功功率、电流、电压、频率、转速、功率因数。

（2）风轮转速、变桨距角度。

（3）齿轮箱油位与油温。

（4）液压装置油位与油压。

（5）制动刹车片温度。

（6）风速、风向、气温、气压。

（7）机舱温度、塔内控制箱温度。

（8）机组振动超温和制动刹车片磨损报警。

（9）发电机。发电机防护等级应能满足防烟雾、防沙尘暴的需求。湿度较大的地区应设有加热装置以防结露。应装有定子绕组测温和转子测速装置。

（10）齿轮箱。齿轮箱应有油位指示器和油温传感器，寒冷地区应有加热油的装置。

风电场的控制系统应由两部分组成：一部分为就地计算机控制系统，另一部分为主控室计算机控制系统。主控制室计算机应备有不间断电源，主控制室与风电机组现场应有可靠的通信设备。

调度机构应根据电网安全稳定运行、新能源消纳、系统调峰需求，以公平、公正、公开为准则，在确保电网运行安全的前提下，综合各类系统调节资源能力，科学运用市场化手段，依法合规安排风电场的运行方式。事故情况下，若风电场的运行危及电网安全稳定运行，调度机构有权暂时将风电场解列。电网恢复正常状态后，风电场应尽快按调度机构调度指令恢复风电场的并网运行。电网出现特殊运行方式，可能影响风电场正常运行时，调度机构应及时将相关情况通知风电场。风电场在紧急状态或故障情况下退出运行，不得自行并网，须按调度指令有序并网恢复运行。

风电场正常运行时应具备的控制策略有有功控制模式、无功控制模式和调频控制模式三种。有功控制模式：调度机构依据电网（设备）峰谷段负荷情况，具备参与电力系统的调频和调峰的能力，应能够接收并自动执行电网调度机构下达的有功功率及有功功率变化的控制指令，风电场收到指令后进行功率调节。无功控制模式：调度机构依据并网母线电压情况，向风电场发送所需无功功率数值，风电场通过调整无功功率进行电压调整。调频控制模式：根据调度机构互联电网联络线功率控制策略向风电场发出功率调整指令，风电场收到指令后进行功率调整完成系统调频。

第六节 新 型 储 能

电源侧储能电站储能单元与所接入的常规电厂、风电场、光伏电站发电设备调管范围一致。220kV 及以上电压等级接入的电网侧储能电站，并网线路及两侧断路器由区调直接调管。110kV 及以下电压等级接入的电网侧储能电站，并网线路及两侧断路器由地市供电公司调度控制中心直接调管。储能电站内无功补偿设备由地调直接调管；母线、主变压器、汇集线由储能电站自行调管、地调许可。影响储能电站出力的运行方式改变须经所辖调控机构许可。

采用的储能设施及其管理控制系统、储能变流器和无功补偿装置等设备应通过有国家资质的检测机构的型式试验和并网检测，并向调控机构提供相应的检测报告。储能设备应按照国家质量、环境、消防有关规定，取得相关消防及质检备案手续，通过质检机构的质量监督检查，并取得质检机构出具的含发电设备及输变电工程内容的并网意见，并网容量应与项目核准备案容量保持一致，超出部分不得并网运行。储能电站消防设施应满足国家相关标准规范要求并通过验收，取得消防备案，具备确保电站安全稳定运行的能力。储能设备应具有参与一次调频的能力，并接入调度控制系统。储能设备具备自动接受并执行调度控制指令的能力，自动控制性能指标应确保满足相关标准要求。电网侧储能电站应具备电压/无功调节能力,具备就地充放电控制和远方遥控功能,调节范围、调节方式和调节性能应满足相关标准的要求。

储能电站变流器应具备一定的耐受系统频率、电压异常的能力,且满足相关标准要求。站内变压器、变流器和储能单元应具备可靠的保护功能,当发生故障时,保护装置应能正确动作,对故障进行隔离,故障信息应完整、准确上送。

储能电站应按照有关规程、规定对相应系统和设备进行正常维护和定期检验。储能电站一、二次系统设备变更时,应征得调控机构同意,并将变更情况及时报送调控机构备案。

调控机构应根据电网安全稳定运行、新能源消纳、系统调峰需求,以公平、公正、公开为准则,在确保电网运行安全的前提下,在政策允许范围内,综合各类系统调节资源能力,科学运用市场化手段,合理安排储能电站的运行方式。

储能电站的启停、充放电切换和充放电功率应统一执行调控机构下发的调度指令。日内运行阶段,调控机构按照交易规则及交易结果组织各储能电站进行充放电。未参与市场交易的储能电站充放电曲线应经调控机构同意后方可执行。

储能电站的自动发电控制策略由调控机构根据电网运行需要确定,未经调控机构同意,不得擅自更改自动发电控制策略及退出自动发电控制的储能单元或中断自动发电控制系统信道。

储能电站正常运行时宜具备的控制策略有调峰模式、调频模式、调压模式和定时模式四种。调峰模式:调控机构依据电网(设备)峰谷段负荷情况,设置调峰限值,并根据电网实际负荷情况发送充放电指令,储能电站收到指令后进行功率调节。调频模式:根据调控机构互联电网联络线功率控制策略向电化学储能电站发出功率调整指令,储能电站收到指令后进行功率调整完成系统调频。调压模式:调控机构依据并网母线电压情况,向储能电站发送所需无功功率数值,电站通过调整无功功率进行电压调整。定时模式:储能电站或调控机构根据经营需要的充放电曲线进行定时、定量充放电的模式。

第七节 现场运行管理

1. 变电站运行管理

变电站现场运行规程是变电站运行的依据,每座变电站均应具备变电站现场运行规程。变电站现场运行规程分为"通用规程"与"专用规程"两部分。"通用规程"主要对变电站运行提出通用和共性的管理和技术要求,适用于本单位管辖范围内各相应电压等级变电站。"专用规程"主要结合变电站现场实际情况提出具体的、差异化的、有针对性的管理和技术规定,仅适用于该变电站。变电站现场运行规程应涵盖变电站一、二次设备及辅助设施的运行、操作注意事项、故障及异常处理等内容。

现场运行规程应包括:通用规程主要内容;规程的引用标准、适用范围、总的要求;

系统运行的一般规定；一次设备倒闸操作、继电保护及安全自动装置投退操作等的一般原则与技术要求；变电站事故处理原则；一、二次设备及辅助设施等巡视与检查、运行注意事项、检修后验收、故障及异常处理；专用规程主要内容：变电站简介；系统运行（含调度管辖范围、正常运行方式、特殊运行方式和事故处理等）；一、二次设备及辅助设施的型号与配置，主要运行参数，主要功能，可控元件（空气开关、压板、切换断路器等）的作用与状态，运行与操作注意事项，检修后验收，故障及异常处理等；典型操作票（一次设备停复役操作，运行方式变更操作，继电保护及安全自动装置投退操作等）；图表（一次系统主接线图、交直流系统图、交直流系统自动空气开关熔丝级差配置表、保护配置表、主设备运行参数表等）。厂站内含有的变电站参照执行。

变电站现场运行通用规程中的智能化设备部分可单独编制成册，但各智能变电站现场运行专用规程须包含站内所有设备内容。

新建（改、扩建）变电站投运前一周应具备经审批的变电站现场运行规程，之后每年应进行一次复审、修订，每五年进行一次全面的修订、审核并印发。

变电站现场运行规程应依据国家、行业、公司颁发的规程、制度、反事故措施，运检、安质、调控等部门专业要求，图纸和说明书等，并结合变电站现场实际情况编制。变电站现场运行规程编制、修订与审批应严格执行管理流程，并填写《变电站现场运行规程编制（修订）审批表》，《变电站现场运行规程编制（修订）审批表》应与现场运行规程一同存放。

变电站现场运行规程审批表应按照"单位名称+运规审批+年份+编号"编号。变电站现场运行规程应在运维班、变电站及对应的调控中心同时存放。

变电站现场运行规程格式按照《电力行业标准编写基本规定》（DL/T 600 —2016）编排。

当发生下列情况时，应修订通用规程：

（1）当国家、行业、公司发布最新技术政策，通用规程与此冲突时。

（2）当上级专业部门提出新的管理或技术要求，通用规程与此冲突时。

（3）当发生事故教训，提出新的反事故措施后。

（4）当执行过程中发现问题后。

当发生下列情况时，应修订专用规程：

（1）通用规程发生改变，专用规程与此冲突时。

（2）当各级专业部门提出新的管理或技术要求，专用规程与此冲突时。

（3）当变电站设备、环境、系统运行条件等发生变化时。

（4）当发生事故教训，新的反事故措施提出后。

（5）当执行过程中发现问题后。

变电站现场运行规程每年进行一次复审，不需修订的应在《变电站现场运行规程编制（修订）审批表》中出具"不需修订，可以继续执行"的意见，并经各级分管领导签发执行；变电站现场运行规程每五年进行一次全面修订，经全面修订后重新发布，原规程同时作废。

2. 工作票管理

工作票应遵循有关规定,填写应符合规范。运维班每天应检查当日全部已执行的工作票。每月初汇总分析工作票的执行情况,做好统计分析记录,并报主管单位。工作票应按月装订并及时进行三级审核,保存期为1年。运维专职安全管理人员每月至少应对已执行工作票的不少于30%进行抽查。对不合格的工作票,提出改进意见,并签名。变电工作票、事故应急抢修单,一份由运维班保存,另一份由工作负责人交回签发单位保存。

3. 缺陷管理

缺陷管理包括缺陷的发现、建档、上报、处理、验收等全过程的闭环管理。缺陷管理的各个环节应分工明确、责任到人。

危急缺陷:设备或建筑物发生了直接威胁安全运行并需立即处理的缺陷,若不及时处理,则会随时可能造成设备损坏、人身伤亡、大面积停电、火灾等事故。

严重缺陷:对人身或设备有严重威胁,暂时尚能坚持运行但需尽快处理的缺陷。

一般缺陷:除上述危急、严重缺陷以外的设备缺陷,指性质一般、情况较轻、对安全运行影响不大的缺陷。

各类人员应依据有关标准、规程等要求,认真开展设备巡视、操作、检修、试验等工作,及时发现设备缺陷。检修、试验人员发现的设备缺陷应及时告知运维人员。

发现缺陷后,运维班负责参照缺陷定性标准进行定性,及时启动缺陷管理流程。在运维系统中登记设备缺陷时,应严格按照缺陷标准库和现场设备缺陷实际情况对缺陷主设备、设备部件、部件种类、缺陷部位、缺陷描述以及缺陷分类依据进行选择。对于缺陷标准库未包含的缺陷,应根据实际情况进行定性,并将缺陷内容记录清楚。对不能定性的缺陷应由上级单位组织讨论确定。对可能会改变一、二次设备运行方式或影响集中监控的危急、严重缺陷情况应向相应调控人员汇报。缺陷未消除前,运维人员应加强设备巡视。

设备缺陷的处理时限:危急缺陷处理不超过24h;严重缺陷处理不超过1个月;需停电处理的一般缺陷不超过1个检修周期,可不停电处理的一般缺陷原则上不超过3个月。发现危急缺陷后,应立即通知调控人员采取应急处理措施。缺陷未消除前,根据缺陷情况,运维单位应组织制订预控措施和应急预案。对于影响遥控操作的缺陷,应尽快安排处理,处理前后均应及时告知调控中心,并做好记录,必要时配合调控中心进行遥控操作试验。

缺陷处理后,运维人员应进行现场验收,核对缺陷是否消除。验收合格后,待检修人员将处理情况录入运维系统后,运维人员再将验收意见录入运维系统,完成闭环管理。

第五章 故障及异常处置

第一节 总 则

一、电力系统事故的定义和分类

1. 电力系统事故的定义

电力系统事故是指电力系统设备故障、稳定破坏、人员工作失误等原因导致正常的电网遭到破坏，从而影响电能供应数量或质量超过规定范围的，甚至毁坏设备、造成人员伤亡的事件。

2. 电力系统事故的分类

电力系统事故按照故障类型划分，可分为人身事故、电网事故、设备事故；按照事故范围划分，可分为全网事故和局部事故两大类。

电网故障按照范围大体可分为电气设备故障和系统故障两类。电气设备故障包括线路故障、母线故障、变压器故障、断路器及隔离开关故障、补偿装置故障、发电机故障。系统故障包括发电厂全停、电网电压频率异常、系统振荡、解列等。

二、常见的故障及危害

1. 常见的故障

在电网运行中，最常见同时也是最危险的故障是各种形式的短路，其中以单相接地短路为最多，而三相短路则较少；对于旋转电机和变压器还可能发生绕组的匝间短路；此外输电线路有时可能发生断线故障及在超高压电网中出现非全相运行；或电网在同一时刻发生几种故障，甚至出现复杂故障。

2. 故障造成的危害

发生故障后对电网的正常运行、供电的电能质量和电气设备寿命均有不同程度的影响，可能造成的危害有以下几项。

（1）电网中部分地区的电压大幅度降低，使广大用户的正常工作遭到破坏；电压过高会造成用户设备烧坏。

（2）短路点通过很大的短路电流，从而引起电弧导致故障设备被烧毁。

（3）电网中故障设备和某些无故障设备，在通过很大短路电流时产生很大的电动力和高温，使这些设备遭到破坏或损伤，从而缩短了使用寿命。

（4）破坏电力系统内各发电厂之间机组并列运行的稳定性，使机组间产生振荡，严重时甚至可能使整个电力系统瓦解。

（5）短路时对附近的通信线路或铁路自动闭塞信号产生严重的干扰。

3. 预控措施

为了降低故障后产生的各类影响，进一步减小故障的影响范围，缩短故障的持续时间、增强电网的应对故障能力，需提前制定相应的预控措施，具体措施有以下几项。

（1）提高电力系统设备元件的健康水平，加强断路器的运行维护和检修管理，确保故障元件能被快速、可靠地切除。

（2）配置完善的继电保护和可靠的自动装置。

（3）合理安排各种运行方式，做好电源与负荷分层分区平衡，并使系统运行有一定的旋转备用容量；禁止超极限运行。

（4）省网及大区网间要采取自动措施防止一侧系统发生稳定破坏事故时扩展到另一侧系统。

（5）提高调度、监控人员和厂（站）现场运维人员素质；运维人员能正确、熟练操作各种设备，对突然来临的特殊运行状态应能准确判断并正确处置；防止发生因人员责任引起的恶性误操作事故，同时具有高调度纪律性，相关人员严格遵守规程制度。

三、故障异常处置的原则

区调调度员在值班期间为宁夏电网故障异常处置的总指挥。区调、地调按调管范围划分故障处置权限和责任，区调调管设备的故障异常处置操作，除《宁夏电网调度控制管理规程》允许不待调令进行的操作以外，必须按照区调值班调度员的指令进行。区调许可设备的故障异常处置应以地调为主，在故障异常处置过程中应及时互通情况。

故障异常处置时应遵循以下原则：尽快限制故障发展，消除故障根源并解除对人身和设备安全的威胁；用一切可能的方法保持主网的正常运行及对用户的正常供电；尽快使各电网、发电厂恢复并列运行；尽快对已停电地区恢复供电，对重要用户应尽可能优先供电；调整系统运行方式，使其恢复正常。

四、故障汇报的要求

区调直调系统发生故障时，相关调控机构、超高压公司、厂站、运维单位应立即向区调汇报故障发生的时间，故障后厂站内一次设备状态变化情况，厂站内有无设备运行状态（电压、电流、功率）越限、有无需进行紧急控制的设备，周边天气及其他可直接观测现象。

1. 有人值守的厂站

5min 内，相关运维人员汇报保护、安控动作情况，汇报线路故障类型、断路器跳闸及断路器重合闸动作情况，依据相关规程采取相关处置措施。15min 内，相关运维人员汇报相关一、二次设备检查基本情况，确认保护、安控装置是否全部正确动作，明确相关断路器合闸电阻配备情况，明确是否需要退出重合闸，确认是否具备试送条件。30min 内，相关运维人员汇报站内全部保护动作情况，线路故障测距情况，按区调要求传送事件记录、故障录波图、故障情况报告、现场照片视频等材料。

2. 无人值守变电站

10min 内，相关监控值班员汇报保护、安控动作情况，汇报线路故障类型、断路器跳闸及断路器重合闸动作情况，依据相关规程采取相关处置措施，通知运维人员赶赴现场。20min 内，相关监控值班员汇报站内全部保护动作情况、线路故障测距情况，确认保护、安控装置是否全部正确动作，确认相关断路器合闸电阻配备情况，明确是否需要退出重合闸，确认是否具备远方试送条件。运维人员到达现场后20min 内，汇报相关一、二次设备检查基本情况，若故障设备尚未恢复运行，由现场运维人员确认是否具备试送条件，补充汇报站内全部保护动作情况，线路故障测距情况。按区调要求传送事件记录、故障录波图、故障情况报告、现场照片视频等材料。

五、故障异常处置的分工及职责

电力系统发生故障时，各级运行值班人员应根据继电保护、安全自动装置动作情况、调度自动化信息以及频率、电压、潮流等有关情况判断故障点及性质，迅速处置故障。故障处置时，必须使用标准的调控术语，接令人须复诵无误后方可执行，双方做好记录和录音。

1. 值班调度员

电力系统发生故障时，值班调度员应根据综合智能告警、继电保护、安全自动装置、调度自动化信息以及频率、电压、潮流等有关情况判断故障地点及性质，迅速进行故障处置，并将故障情况迅速报告有关领导，按电网重大事件汇报制度及时向上级值班调度员汇报故障简况。故障处置时，无关人员不得进入调控大厅。

交接班时发生故障，应立即暂停交接班，并由交班调度员进行处置，直到故障处置告一段落或处置完毕后方可交接班。接班调度员可按交班调度员的要求协助处置故障。交接班完毕后，系统发生故障，交班调度员亦可应接班调度员的请求协助处置故障。

故障处置期间，值班调度员有权要求系统运行、继电保护、调度计划、水电及新能源、通信、自动化等专业人员配合故障处置，提供必要的技术支持。为防止电网发生瓦解或崩溃，调控机构值班调度员可以下达下列调度指令：

（1）调整调度计划，包括发电计划、输电计划、设备停电计划。

（2）调整全网备用容量，必要情况下可申请西北网调进行跨省支援。

（3）调整发电机有功或无功出力，启停发电机组。

（4）下令停运设备恢复送电或运行设备停运。

（5）采取拉限电等措施。

（6）采取其他调整系统运行方式的措施。

故障处置完毕后，进行故障处置的调度员应详细记录故障情况，及时填写故障报告并按规定向上级调控机构报送。

2. 监控值班员

监控值班员必须严格遵守相关规章制度，服从各级值班调度员的指挥，迅速正确地执行各级值班调度员的调度指令，对事故汇报与操作的正确性负责，并遵守事故处置原则。监控值班员如认为值班调度员指令有错误时应予以指出并做出必要的解释，如值班调度员确认自己的指令正确时，监控值班员应立即执行。

电力系统发生故障时，监控值班员应迅速收集、整理相关故障信息（包括事故发生时间、变电站名称、主要保护及安全自动装置动作信息、断路器跳闸情况及潮流、频率、电压的变化等），并根据故障信息进行初步分析判断，按规定立即将有关信息汇报相关值班调度员，并及时通知运维人员进行现场设备检查，并做好相关记录。电网紧急操作时，监控值班员应按值班调度员指令进行遥控操作，操作后应汇报值班调度员并告知运维人员。故障处置期间，监控值班员要密切监视监控系统上相关厂（站）信息的变化，关注故障发展和电网运行情况，及时将有关情况报告值班调度员。

灾害或恶劣气候条件下连续发生多起事故时，监控值班员应逐一检查事故画面，不得不经检查随意关闭事故画面，并按照电压等级从高到低的顺序依次向各级调度汇报事故情况。变电站消防安防信号告警时，监控值班员应通过视频监控设法辨别信号真伪，确认站内发生火灾或遭非法入侵时应立即通知运维人员，无法辨别信号真伪时应通知运维人员现场检查。监控值班员可以自行将对人员生命有威胁的设备停电，事后必须立即汇报调度。

故障处置完毕后，监控值班员应与运维人员核对相关信号已复归，完成相关记录，做好事故分析与总结。

3. 运维人员

电力系统发生故障时，运维人员接到监控值班员的通知后，应按规定尽快将检查结果汇报值班调度员，并迅速正确地执行各级值班调度员的调度指令；必要时通知相关专业人员，以协助事故处置。在检查故障、整理信息时，必须随时保持与值班调度员的联系，主动汇报故障发展及处置进度。故障处置过程中，要特别注意人员和设备的安全。设备故障停电后，在未做好安全措施之前，现场任何人员不得触及停电设备。

运维人员向值班调度员汇报的内容应包括事故发生的时间、过程和现象，断路器的动作时间、相别，继电保护及安全自动装置的动作情况，故障点及设备检查情况，人身安全和设备运行异常情况，表计摆动、功率、频率、电压、潮流、设备过负荷等变化情况，故障录波信息，天气、现场作业及其他情况。

紧急情况下，为防止故障范围扩大，故障单位运维人员可不待值班调度员的指令进行以下紧急操作，但操作后应尽快报告区调值班调度员。

（1）将对人身、电网和设备安全有威胁的设备停电。

（2）确保安全情况下，将故障停运已损坏的设备隔离。

（3）当厂（站）用电部分或全部停电时，恢复其电源。

（4）现场规程规定可以不待调度指令自行处置的操作。

变电站发生火情时，现场人员除设法扑救外，应立刻报火警，当火势猛烈，需要切断电源时，应向值班调度员提出要求，若情况紧急，可自行切断电源，事后应向值班调度员汇报。切断电源应用断路器操作。

六、故障处置其他要求

1. 整体要求

各级值班调度员是事故处置的指挥者。故障处置时，监控值班员及运维人员必须坚守岗位，加强与值班调度员的联系，随时听候调度指挥。运行单位接受调度指令时应优先接受上一级调度指令。

故障处置时，区调值班调度员下令且明确为故障处置或紧急操作，相关单位值班员应在确保安全的前提下，简化操作流程并迅速执行调度指令，操作完成后及时汇报。故障处置可不开操作票，故障处置期间，调度系统运行值班人员必须严格执行发令、复诵、监护、汇报、录音及记录的相关规定，使用规范的调度用语，指令与汇报内容应简明扼要。值班调度员命令运行单位立即拉合断路器时，如情况紧急，可要求双方都不挂断电话，接令单位立即操作，立即回令。

故障处置时，各相关单位的领导有权对本单位值班人员发布指示，但其指示不得与上级调控机构值班人员的指令相抵触，如抵触时应执行值班调度员的指令。非事故单位不得在故障处置时向值班调度员询问故障情况和占用调度电话，而应密切监视本单位设备运行情况，防止事故扩大。事故处置期间，调度系统运行值班人员有权拒绝回答与处置事故无关的询问。

当设备发生异常时，设备的危急状况以及能否继续运行，以现场运维人员的报告和要求为准，值班调度员根据电网运行实际，在有条件的情况下，尽量调整运行方式，减少设备异常对电网的影响。断路器允许切除故障的次数应在现场规程中规定，断路器实际切除故障的次数，现场运维人员应正确记录。断路器跳闸后，能否送电或需停用重合闸，由厂（站）监控及运维人员根据设备检查结果和现场规程规定，向调度机构值班调度员汇报并提出要求。

当系统发生重大事故造成若干个厂（站）全停时，在同时满足以下条件时可以采取连带馈线及主变压器同时充电的事故处置方式加快事故处置速度。

（1）相关变电站馈线及主变压器下不带小系统运行，确保不会因充电导致小系统非同期并列。

（2）失电变电站供重要负荷，且调度员对于故障原因有初步判断，基本不会因充电导致系统稳定遭到破坏与暂态过电压问题。

相关设备运维单位、厂站应制定规程，明确线路故障后可开展试送的条件。

2. 协同处置要求

调控机构负责处置直调范围电网故障，故障处置期间下级调控机构应服从上级调控机构的统一指挥。为迅速处置事故和防止事故扩大，必要时上级调度机构值班调度员有权对下级调度管辖的设备越级发布调度指令，但事后应尽快通知有关下级调度机构值班调度员。上级调度机构委托下级调度机构调度管理的设备发生事故或异常，一般由受委托调度机构值班调度员负责处置，但发生与委托设备相关的复杂事故（如母线跳闸，全站失电压等），由委托方值班调度员视情况决定是否终止委托关系。

当事故涉及多级调度范围时，事故单位值班人员应首先向最高一级调度机构值班调度员报告全部事故情况，由上级调度机构的值班调度员决定处置的先后顺序。发生重大故障时，调控机构值班调度员在处置故障的同时，应将故障简要情况报告上级调控机构值班调度员；故障处置告一段落后，应及时向上级调控机构值班调度员汇报；故障处置完毕后，进行详细汇报。对于一般故障，可在故障处置完毕后，向上级调控机构值班调度员汇报。

当调度管辖范围内发生下列故障时，值班调度员应立即汇报上级调控机构：

（1）上级调控机构调度许可设备故障。

（2）需要上级调控机构配合处置的故障。

（3）影响上级调控机构调管稳定控制装置（系统）切机、切负荷量的故障。

（4）影响上级调控机构控制输电断面（线路、变压器）稳定限额的故障。

（5）影响上级调控机构直调发电厂开机方式或发电出力的故障。

（6）需要立即汇报的其他情况。

直接调管范围内电网发生故障，调控机构应按要求立即进行故障处置，若影响其他电网运行时，应及时通报相关调控机构；在进行一次设备试送电前，应及时通知相关调控机构；需上级或同级调控机构配合时，应由上级调控机构协调处置。直接调管范围内电网发生故障，调控机构可委托专业调查组对故障情况进行调查，相关厂站须积极配合。

第二节　系统频率异常处置

一、系统频率异常定义

系统额定频率为 50.00Hz，超过 50±0.20Hz 为异常频率。

《国家电网有限公司安全事故调查规程》（国家电网安监〔2020〕820 号）规定：在装机容量 3000MW 以上电网，频率偏差超出 50±0.2Hz，延续时间在 30min 以上或在装机容量 3000MW 以下电网，频率偏差超出 50±0.5Hz，延续时间在 30min 以上即构成五级电网事件。

《国家电网有限公司安全事故调查规程》（国家电网安监〔2020〕820 号）规定：在装机容量 3000MW 以上电网，频率偏差超出 50±0.2Hz 或在装机容量 3000MW 以下电网，频率偏差超出 50±0.5Hz 即构成六级电网事件。

二、系统频率异常的原因及危害

1. 系统频率异常的原因

系统频率异常主要是由于电网事故或运行方式安排不当造成的。

当发生电网解列事故后，送电端电网由于发电功率高于有功负荷使电网频率升高，受端电网由于发电功率低于有功负荷使电网频率降低；当发生发电机跳闸事故后，电网会出现发电功率的缺额，使电网频率降低。发生负荷线路或负荷变压器跳闸后，电网会出现有功负荷的缺额，使电网频率升高。

当运行方式安排不当时，若由于负荷预测的偏差，可能会导致电网发电功率安排不当使电网频率异常；若由于最小日负荷预计不准确，在最小负荷发生时，发电功率过剩，导致电网频率升高；若由于最大日负荷预计不准确，在最大负荷发生时，发电功率不足，导致电网频率降低。

2. 系统频率异常的危害

对于发电设备来讲，当电网频率异常运行时，受到危害最大的是发电设备，有可能会引起汽轮机叶片断裂、使发电机功率降低、使发电机端电压下降或使发电厂辅机功率受到影响，威胁发电厂安全运行。

对于用电设备来讲，当电网频率变化过大时，对在电网中运行的输出功率要求比较严格的用电设备可能会产生不良影响。例如，对电网频率变化敏感的同步电动机负荷、异步电动机负荷的影响。

对于电网运行来讲，当电网频率异常时可能会引起切机、切负荷，当电网频率升高可能将导致电网的损耗增加。

三、系统频率异常的处置原则

电网的频率特性取决于负荷频率特性（负荷随频率的变化而变化的特性）和发电机频率特性（发电机组的功率随频率的变化而变化的特性），由电网的有功负荷平衡决定，与网络结构（网络阻抗）关系不大。在非振荡情况下，同一电网的稳态频率相同。因此，电网的频率可以集中调整控制。

1. 宁夏电网与西北主网并网运行时的处置原则

频率异常由西北网调负责处置，区调按西北网调的指挥配合处置。

宁夏电网内发电厂均为频率监视厂，当频率变化超过 50±0.2Hz 时，宁夏电网内各发电厂不待调度指令退出 AGC 功能，按调度指令增减出力。当频率变化超过 50±0.5Hz

时，宁夏电网内各发电厂不待调度指令退出 AGC 功能，立即自行调整出力，直至频率恢复正常或调整设备达到额定出力或最小技术出力为止，并将调整情况尽快汇报区调。当频率低至低频减载装置整定值以下而装置拒动时，运行值班人员在核对无误后立即手动断开低频减载装置控制的线路，并尽快汇报区调。

2. 宁夏电网单独运行（包括局部电网解列）时的处置原则

（1）频率降低。频率低于 49.80Hz 时，各发电厂应不待调度指令退出 AGC 功能，按调度指令增加机组出力（当如无备用容量时可直接安排限电）。15min 后未达到 49.80Hz 时，可下令拉闸限电，使频率恢复到 50±0.20Hz 以内为止，各单位在接到限电指令后，必须在 5min 内限电完毕并汇报区调。

频率下降到 49.50Hz 时，各地调应立即限制部分负荷或按区调调度员指令限电，使频率恢复到 49.50Hz 以上，地调在接到区调限电指令后，必须在 5min 内限电完毕并汇报区调。当地调限电不力，频率仍未恢复正常，区调值班调度员按《宁夏电网紧急事故限电序位表》直接下令拉闸限电，造成的后果由限电不力的地调负责，并追究相关责任。

当频率下降到 49.00Hz 时，区调值班调度员按《宁夏电网紧急事故限电序位表》拉大馈路限电。

区调下令的限电或低频减载装置动作切除的负荷，在未得到区调解除限电指令时，禁止擅自恢复送电。各地调、发电厂、变电站在执行低频限电时，要严密监视频率的变化，防止造成多限电使频率偏高或窝电；限电时要迅速、准确，严防等待观望导致事故扩大。当频率降低危及电厂厂用电安全时，电厂可按保厂用电方案的规定解列部分发电机保厂用电。

（2）频率升高。系统频率高于 50.20Hz 时，调度指定调频厂应不待调令退出 AGC 功能，立即降低出力，使频率恢复正常，如果无法使频率恢复正常，应报告值班调度员。发电厂调整容量不足，值班调度员可采取解列机组的措施。装有高频切机装置的发电厂，当频率已高至动作值而装置未切机时，电厂运行值班人员应手动解列该发电机组。安控装置应动作切机而未切机的机组，电厂运行值班人员应立即手动解列该发电机组，并汇报值班调度员。当常规能源调整容量不足时，可采取限制新能源发电出力的措施。

3. 其他原则

当电网分成两个系统，并列时如频率差较大，频率低的系统可以通过限电提高频率；频率高的系统应该降低频率，但最低不准降至 49.5Hz 以下。

频率调整厂站的值长对于保证频率正常与区调调度员负有同等责任。

四、防止频率崩溃的处置原则

1. 频率崩溃的定义

电力系统运行中由于有功功率缺额使得频率低于某一临界频率，发电厂辅机输出功率显著降低，致使有功功率缺额更加严重，频率进一步下降，形成恶性循环，频率快速下降，直至造成大面积停电。

2. 原因及危害

在电源开断或负荷突然增大时，由于电源和负荷间功率的严重不平衡，会引起电力系统频率突然大幅度下降，威胁电力系统正常运行（如汽轮发电机叶片的强烈振动、发电机辅机机械的不正常工作）。

如果不立即采取措施，使频率迅速恢复，将会使整个电厂解列，严重时导致电网发生频率崩溃瓦解事故。

3. 处置措施

（1）电力系统运行应保证有足够的、合理分布的旋转备用容量和事故备用容量。正常运行时，除了调速器自动地进行相应的处置调节外，一般电网应保持有足够的、合理的旋转备用容量和事故备用容量。

（2）水电机组采用低频自启动装置和抽水蓄能机组装设低频切泵及低频自动发电的装置。

（3）采用重要电源事故联切负荷装置。

（4）电力系统应装设并投入足够容量的低频率自动减负荷装置。电力系统应装设并投入足够容量的低频率自动减负荷装置，使电力系统的频率恢复到正常水平，也可采用短时间降低电压的办法减小负荷，使系统有功功率的缺额减小，频率得以维持。

（5）制定保证发电厂厂用电及对近区重要负荷供电的措施。为了避免系统频率大幅度下降，给发电厂辅机机械的正常工作带来不正常影响，应制定保证发电厂厂用电及对近区重要负荷供电的措施，在系统频率下降到很低以前，使 1 台（或几台）发电机与系统解列，以保证全厂辅机机械及部分地区负荷供电，以及避免由于频率继续下降而使整个发电厂与系统解列，这将大大提高恢复系统正常状态的能力。

（6）制定系统事故拉电序位表，在需要时紧急手动切除负荷。

第三节 系统电压异常处置

一、系统电压异常定义

《国家电网有限公司安全事故调查规程》（国家电网安监〔2020〕820 号）规定："发电厂或者 220kV 以上变电站因安全故障造成全厂（站）对外停电，导致周边电压监视控制点电压低于调度机构规定的电压曲线值 20%并且持续时间 30min 以上或者导致周边电压监视控制点电压低于调度机构规定的电压曲线值 10%并且持续时间 1h 以上者"即构成较大电网事故（三级电网事件）。

《国家电网有限公司安全事故调查规程》（国家电网安监〔2020〕820 号）规定："发电厂或者 220kV 以上变电站因安全故障造成全厂（站）对外停电，导致周边电压监视控制点电压低于调度机构规定的电压曲线值 5%以上 10%以下并且持续时间 2h 以上者"即构成一般电网事故(四级电网事件)。

《国家电网有限公司安全事故调查规程》(国家电网安监〔2020〕820 号)规定："500kV以上电压监视控制点电压偏差超出±5%,延续时间超过 1h"即构成五级电网事件。

《国家电网有限公司安全事故调查规程》(国家电网安监〔2020〕820 号)规定："220kV电压监视控制点电压偏差超出±5%,延续时间超过 30min"即构成六级电网事件。

二、系统电压异常的原因及危害

1. 系统电压异常的原因

电网局部无功功率过剩会造成电压偏高。电网无功电源不足或无功功率分布不合理会造成电压偏低。

2. 系统电压异常的危害

电压偏高造成输变电设备绝缘寿命缩短甚至绝缘破坏、增加变压器损耗。电压偏低造成电炉等设备无法正常工作、线路和变压器的功率传输能力降低、增大网损。

三、无功电压的调整及电压异常的处置

1. 无功与电压的调整原则

无功调整应以分层、分区和就地平衡为原则,避免经长距离线路或多级变压器输送无功功率。无功电源应有足够的事故备用容量,主要储备于运行的发电机、调相机和无功静止补偿装置中,以便在发生因无功不足,可能导致电压崩溃事故时,能快速增加无功电源容量,保持电网稳定运行。

电压监视点电压应保持正常水平。发电厂、变电站应以区调发布的电压曲线和有关规定为准,进行电压监视和调整。现场运维人员、监控值班员对控制点应经常监视,保证按规定的电压曲线运行,保持全部变电站母线电压质量。当发现电压超出规定的电压范围时,应立即汇报值班调度员,当电压超出范围且全部调压手段用完后,变电站母线电压质量仍不能满足要求时,由值班调度员协助调整。

地区电网调度负责本地区内电容器组、电抗器组等无功补偿设备的调度管理,应根据电网运行方式、季节性负荷特点以及调压设备的调整能力,参照区调下达的电压曲线等,按逆调压原则编制电压曲线。即高峰负荷期间,各母线电压应维持在相应的高限值运行;低谷负荷期间,各母线电压应降至相应低限值运行。

发电机正常运行电压的变动范围在额定值的±5%以内,为了保持系统的静态稳定和保证电能质量,不得低于额定值的 90%;最高运行电压应遵守制造厂的规定,但最高不得高于额定值的 110%。变压器运行电压一般不应高于分接头电压的 5%,在特殊情况下应根据变压器构造特点(铁芯饱和程度等)经过试验或经制造厂认可,加至变压器一次侧的电压允许增高至该分接头额定电压的 10%。新投入或大修后的变压器分接头位置由

变压器所属调度选择,现场调整后应经测试接触电阻合格后方可执行。

发电机的自动励磁调节器、强行励磁装置、低励限制器和 AVC 应经常投入运行。在试验、调整和停用时,必须事先经调度批准。发生事故停用时,应立即报告值班调度员。电网内的电容器、SVC、AVC 在启停时应经区调批准,计划检修经区调统一平衡后方可进行。

2. 无功与电压的调整方法

无功与电压的调整方法有很多,应结合具体情况进行调整和操作,使无功和电压都保持在合适的区间,具体有以下几种方法:

(1)改变发电机无功功率,如调整发电机的励磁电流。

(2)投入和退出静止补偿器。

(3)投入和退出补偿电容器和低压电抗器。

(4)调整变压器的分接头位置。

(5)调整发电厂间及发电厂内部机组的功率分配。

(6)调整电网运行方式,投、停并列运行变压器。

(7)对运行电压低的局部地区限制用电负荷。

3. 电网电压异常的处置原则

电压偏高时应首先降低主电网电厂及中枢点的电压,然后再减少地区电厂的无功功率,此时若电网电压仍然偏高,则按从高电压等级到低电压等级的顺序切除容性无功补偿设备。具体内容如下。

(1)调整无功电源:①发电机提高功率因数运行,降低发电机无功功率,必要时让发电机进相运行。②切除电容器,投入电抗器。③调相机组改进相运行。

(2)调整无功负载:控制低压电网的无功电源上网,令电力用户退出无功补偿装置运行。

(3)调整电网运行方式:必要且条件允许时改变运行方式,如电网运行方式允许时可采用短时牺牲供电可靠性而断开某些线路等极端措施。

电压偏低时应先将电压最低地区的电厂及无功补偿设备调至最大,其中尤应以从低电压到高电压顺序优先投入容性无功补偿设备为原则,并按此顺序由受端电网到主电网的方向逐步调整,从而维持电网电压运行于较高的电压水平,同时使电网损耗最小。具体内容如下。

(1)调整无功电源:①迅速增加电网无功功率,条件允许时也可通过降低发电机有功功率,以增加无功功率。②切除电抗器,投入电容器。

(2)调整无功负荷:令电力用户投入无功补偿装置运行。

(3)调整电网运行方式:①必要时启动备用机组调压。②投入备用电源线路,增强电网结构,提高电网电压。③设法改变电网无功潮流分布。

四、防止电压崩溃的处置原则

1. 电压崩溃的定义

电压崩溃是指由电力系统各种干扰引发的局部电网电压持续降低的现象。

2. 原因及危害

影响系统电压不稳定甚至电压崩溃的因素主要有输电网络的强度、系统的负荷水平和特性、各种无功电压控制装置的特性、保护及安全自动装置的动作策略。

电压崩溃有可能使系统中大量电动机停止转动，大量发电机甩掉负荷，最后导致电力系统的解列，甚至使电力系统的一部分或全部瓦解。

3. 处置措施

（1）坚持无功功率分层、分区、就地平衡的原则，安装足够容量的无功补偿设备，保持系统较高的无功充裕度。电网各节点的电压通常情况下不完全相同，主要取决于各区的有功和无功供需平衡情况，与网络结构（网络阻抗）有较大关系。因此，电压不能全网集中统一调整，只能分区控制和调整。依照无功分层、分区、就地平衡的原则，同步进行无功电源及无功补偿设施的规划设计，安装足够容量的无功补偿设备，确保无功功率在负荷高峰和低谷时段均能分（电压）层、分（供电）区基本平衡，避免无功功率的远距离、大容量输送，这是做好电压调整，防止电压崩溃的基础。

（2）高电压、远距离、大容量的输电电网，应具有足够的无功储备和补偿能力。高电压、远距离、大容量的输电电网，在中途短路容量较小的受电端，设置静止无功补偿装置、调相机等作为电压支撑，在受端系统应具有足够的无功储备和一定的动态无功补偿能力，尤其在短路容量较小的受电端存在电压稳定问题时，应通过技术比较，设置静止无功补偿装置等作为电压支撑，以防电压稳定事故的发生。高电压、远距离、大容量的输电线路，适当采用串联电容补偿以加强线路两端的电气联系，从而提高系统的稳定性。

（3）电网要备有一定的可以瞬时自动调出的无功功率备用容量。在正常运行中电网要备有一定的可以瞬时自动调出的无功功率备用容量，并具有灵活的无功调整能力和足够的检修、事故备用容量，为此必须留有一定的无功储备，以保证正常运行方式下，突然失去一回线路、一台大容量无功补偿设备或一台大容量发电机（包括发电机失磁）时，能够保持电压稳定。无功事故备用容量，应主要储备于发电机组、调相机和静止型动态无功补偿设备，超高压线路的充电功率不能作为电网无功补偿容量使用。

（4）在供电系统中采用有载调压变压器时，必须配备足够的无功电源。发电厂、变电站电压监测系统和能量管理系统（EMS）应保证有关测量数据的准确性，当中枢点电压超出电压合格范围时，必须及时向监控或运维人员告警。在电网局部电压发生偏差时，首先应调整该局部厂站的无功功率，改变该点的无功平衡水平；当母线电压低于调度部门下达的电压曲线下限时，应闭锁接于该母线的变压器分头，以免电压持续降低，且在电网无功功率缺额较大时，因变压器分头的调整造成下一级供电网络从上一级电网吸收大量无功，会将无功缺额全部转嫁到主网，造成上一级电压的进一步下降，严重时甚至引起电网电压崩溃事故。

（5）为了保证系统静态稳定，各电压监测点电压不得低于电压稳定极限值。当电压监测点电压低于电压稳定极限值时，现场运行值班人员应不待调令立即动用发电机的事故过负荷能力增加无功出力、投切低压无功补偿装置等，同时报告值班调度员。值班调度员应迅速利用系统中所有的无功和有功备用容量，保持电压水平。如仍不能恢复时，应按事故限电序位表限制或切除部分负荷。

第四节 设备过负荷处置

一、变压器过负荷

1. 过负荷的原因

由于负荷突然增加、运行方式不合理或变压器容量选择不合理，都有可能会造成变压器过负荷；另外变电站其中一台变压器跳闸后，由于没有过负荷联切装置或备自投动作未联切负荷，也有可能造成运行的变压器过负荷。

2. 过负荷的影响

发生变压器过负荷，处置不及时将造成变压器发热，威胁变压器安全运行，轻则影响变压器使用寿命，重则有可能造成变压器烧坏，具体影响如下：

（1）变压器的损耗增大。因为变压器是按额定容量设计的，其经济运行平衡点在67%左右，当变压器的负荷超过额定容量时，变压器的铜损会按平方关系递加。

（2）变压器输出电压降低。当超过变压器的额定容量后，变压器二次输出电压将会降低，当输出电流达到短路电流时，电压也就降为零了。

（3）变压器的寿命减少。油浸变压器的绕组多由 A 级绝缘材料组成，其耐热温度在105℃左右，超过这个温度，会使绝缘材料老化加剧，长期过负荷运行会使变压器出现过热甚至烧毁。

3. 过负荷的处置

变压器过负荷允许值应按现场规程执行，并立即设法在规定时间内消除，风冷变压器还应投入全部冷却器。具体可采取受端增加发电出力、投入备用变压器、改变系统运行方式、受端转移负荷或限电等措施，此外提高运行电压也可有效降低变压器视在功率。

二、联络线（断面）过负荷

1. 过负荷的原因

与变压器过负荷类似，由于受端机组跳闸、负荷突增或者送端发电出力突增，以及日前机组运行方式安排不合理等原因，都有可能会造成联络线（断面）过负荷；三个及以上原件组成的联络线（断面），其中一个元件故障跳闸，会降低该联络线（断面）限值，应及时进行调整和控制。

2. 过负荷的处置

联络线（断面）负荷超过设备允许值或稳定允许值时可以采取令受端电网的发电厂增加有功出力（包括快速启动水电、燃气备用机组）或限制受端电网用电负荷，并提高电压；令送端电网的发电厂降低出力，并提高电压；调整系统运行方式，调整潮流分布等措施，涉及多级调控机构调管的输电断面，由最高一级调控机构按照既定原则统一进行指挥调整。

第五节 发电厂、变电站全停处置

一、发电厂、变电站全停故障定义

发生电网事故造成发电厂、变电站失去和系统之间的全部电源联络线（同时发电厂的运行机组跳闸），导致发电厂、变电站的全部母线停电，称为发电厂、变电站全停。

《国家电网有限公司安全事故调查规程》（国家电网安监〔2020〕820 号）规定："发电厂或者 220kV 以上变电站因安全故障造成全厂（站）对外停电，导致周边电压监视控制点电压低于调度机构规定的电压曲线值 5% 以上 10% 以下并且持续时间 2h 以上者"即构成一般电网事故（四级电网事件）。

《国家电网有限公司安全事故调查规程》（国家电网安监〔2020〕820 号）规定："变电站内 220kV 以上任一电压等级运行母线跳闸全停"或"三座以上 110kV（含 66kV）变电站全停"或"因电网侧故障造成发电厂一次减少出力 2000MW 以上"即构成五级电网事件。

《国家电网有限公司安全事故调查规程》（国家电网安监〔2020〕820 号）规定："变电站内 110kV（含 66kV）运行母线跳闸全停"或"三座以上 35kV 变电站全停"或"因电网侧故障造成发电厂一次减少出力 1000MW 以上"即构成六级电网事件。

《国家电网有限公司安全事故调查规程》（国家电网安监〔2020〕820 号）规定："因电网侧故障造成发电厂一次减少出力 500MW 以上"即构成七级电网事件。

二、发电厂、变电站全停的原因及现象

1. 全停的原因

发电厂、变电站全停，一般是因为母线故障或母线上所接元件保护、断路器误动造成的，但也可能是因外部电源全停电造成的，应根据系统潮流情况、仪表指示、保护和自动装置动作情况、断路器信号及事故现象（如火光、爆炸声等），判断事故情况，并迅速采取有效措施。

事故处置中应注意，切不可只凭站用电全停或照明全停而误认为是发电厂、变电站全停电。同时，应尽快查清是本站母线故障还是因为外部原因造成的。

2. 全停的现象

各电压等级的母线的电压表指示消失，各电压等级的母线的各出线及变压器负荷消失（电流表、功率表指示为零），各电压等级的母线所供厂用电或站用电失去。

三、发电厂、变电站全停造成的危害

发电厂、变电站全停严重威胁电网运行安全。

大容量发电厂全停时使系统失去大量电源，可能导致系统频率事故及相关联络线（断面）过负荷等情况。

枢纽变电站全停通常将使系统失去多回重要联络线，极易引起系统稳定破坏及相关联络线（断面）过负荷等严重问题，进而引发大面积停电事故。

末端变电站全停可能造成负荷损失，中断向部分电力用户的供电，如时间较长将产生较严重的社会影响。

变电站站用电全停会影响监控系统运行及断路器、隔离开关等设备的电动操作，同时发电厂失去厂用电会威胁机组轴系等相关设备安全，并会因辅机等相关设备停电对恢复机组运行造成困难。

四、发电厂、变电站全停处置原则

1. 变电站全停处置原则

由于站内设备故障或断路器拒动引起变电站全停，应立即隔离故障设备，然后联系调度恢复送电。

因为上级电源失去造成的全站停电，35、66、110kV 电压等级的各变电站应立即拉开负荷侧断路器，由地调组织配调进行中、低压侧负荷转供，运维人员负责检查本站设备有无问题并汇报值班调度员，待上级电源恢复送电后，恢复本站正常运行方式及负荷。双电源用户变电站全停时，若非本站故障，在汇报值班调度员后由调度员统一指挥进行倒换电源运行。

220kV 及以上变电站全停事故时，应按相关调度机构变电站全停预案进行处置。

2. 发电厂高压母线停电处置原则

当发电厂高压母线（包括各种接线形式）停电时，应依据规程规定和实际情况尽快处置。现场值班人员应按规程规定立即拉开母线上的全部断路器（视情况可保留一个外来电源线路断路器在合闸投运状态），同时设法恢复受影响的厂用电。检查停电母线及附属设备无故障后对其进行试送电，且尽可能用外来电源送电，必要时也可用本厂带有充电保护的母联断路器给停电母线充电。当有条件且必要时，可利用本厂一台机组对停电母线进行零起升压，升压成功后与电网同期并列。

3. 发电厂全停处置原则

发电厂发生全厂停电时，如有可能应尽量保持一台机带厂用电运行，使该机、炉的辅机由该机组供电，等待与电网并列或带负荷。

如果全厂停电的原因是厂用电、热力系统或油系统故障，值班调度员应迅速从电网恢复联络线送电，电厂应迅速隔离厂内故障系统，在联络线来电后迅速恢复主要厂用电。如有一台机带厂用电运行，则应该将机组并网运行，使其带上部分负荷（包括厂用电）正常运行，然后逐步启动其他机、炉；如无空载运行的机组，则应在可能的情况下，利用本厂的锅炉剩汽启动一台容量较小的厂用机组，启动成功后，即恢复厂用电，并设法让该机组稳定运行，尽快与主网并列。最后根据地区负荷情况，逐步启动其他机炉。

4. 防止枢纽变电站全停的措施

完善枢纽变电站一次设备，包括枢纽变电站在非过渡阶段应有三条以上输电通道，在站内部分母线或一条输电通道检修的情况下，发生 N-1、N-2 故障时不应出现变电站全停的情况。枢纽变电站宜采用双母分段结构或 3/2 接线方式，并根据电网的结构变化，应满足变电站短路容量，严格按照有关标准进行断路器设备选型，对运行不符合有关标准的断路器应及时进行改造，在改造以前应加强对设备的运行监视和定检。

防止直流系统故障造成枢纽变电站全停，枢纽变电站直流系统应充分考虑设备检修时的冗余，采用两组蓄电池、三台充电机的方案，直流母线应采用分段运行方式，每组蓄电池和充电机应分别接于一段直流母线上，即每段母线分别有独立的蓄电池供电，并在两端直流母线之间设置联络断路器，正常运行时该断路器处于断开位置，第三台充电装置（备用充电装置）可在两段母线之间切换，任意工作充电装置退出运行时，手动投入第三台充电装置。加强直流熔断器管理，直流熔断器应按有关规定分级配置，必须采用质量合格的产品。严格直流专用空气开关的分级配置管理，防止因直流断路器不正常脱扣造成事故扩大，保护装置应采用直流专用空气开关。严格蓄电池组的运行维护管理，防止运行环境温度过高或过低造成蓄电池组损坏。

防止继电保护误动造成枢纽变电站全停，包括为提高继电保护的可靠性，重要设备和线路必须坚持双重化配置互相独立保护的原则，传输两套独立的主保护通道相对应的电力通信设备也应为两套完整独立的、两种不同路由的通信系统，其相应的监控监测信息应被采集汇总到上一级通信机构的通信监控主站系统。在各类保护装置介于电流互感器二次绕组时，应考虑既要消除保护死区，又要尽可能减轻电流互感器本身故障时所产生的影响。继电保护及安全自动装置应选用抗干扰能力符合有关规程规定的产品，并采取必要的抗干扰措施，以防止继电保护及安全自动装置在外界电磁干扰下不正确动作造成枢纽变电站全停。

防止母线故障造成枢纽变电站全停，包括双母线接线方式的变电站在一条母线停电检修及恢复送电过程中，必须做好各项安全措施，防止全站停电。对检修或事故跳闸停电的母线进行试送电时，应首先考虑用外部电源送电。定期对枢纽变电站的支柱绝缘子，特别是母线支柱绝缘子、隔离开关支柱绝缘子进行检查，防止绝缘子断裂引起母线故障。变电站带电水冲洗工作必须保证水质符合要求，并严格按照规定操作，母线冲洗时要投入可靠的母差保护。

防止运行操作不当造成枢纽变电站全停，包括运行人员必须严格执行电网运行有关规程、规定。操作前要认真核对接线方式，检查设备状况；严格执行"两票三制"制度，操作中禁止跳项和漏项。加强防误闭锁装置的运行和维护管理，确保防误闭锁装置的正常工作，且必须按照有关规定严格管理微机五防闭锁装置的电脑钥匙。倒闸操作过程中，应避免用带断口电容器的断路器切带电磁式电压互感器的空母线，以防止产生谐振过电压。

5. 发电厂、变电站全停处置的注意事项

（1）全面了解发电厂、变电站继电保护动作情况、断路器位置及有无明显故障现象。

（2）了解厂用、站用电系统情况，有无备用电源等。

（3）全停发电厂有条件应启动备用柴油发电机，尽快恢复必要的厂用电负荷，保证设备安全。

（4）利用备用电源恢复供电时，应考虑其负荷能力和保护整定值，防止过负荷和保护误动作。必要时，只恢复厂用、站用电和部分重要用户供电。

（5）恢复送电时必须注意防止非同期并列，防止向有故障的电源线路反送电。

（6）利用中、低压侧母线上的备用电源恢复供电时，必须防止反充高压侧母线。

（7）发电厂、变电站全停故障，可能失去通信电源，失去与调度的联系。现场运维人员应按照相关运行规程进行处置，并严格执行本章第十六节相关要求。

（8）保证综合自动化监控系统与调控中心的信息通道畅通，及时恢复其电源正常工作。

第六节　变压器故障异常处置

一、变压器故障异常的分类

变压器的故障有内部故障和外部故障，以及由于保护误动或断路器误跳引起的停电等。内部故障可分为磁路故障、绕组故障、绝缘系统中的故障、结构件和组件故障等。外部故障可分为各种原因引起的严重漏油，冷却系统故障，分接开关及传动装置及其控制设备故障，变压器引线以及所属隔离开关、断路器故障；电网其他元件故障，该元件的断路器拒动，导致变压器后备保护动作等。

变压器常见的异常主要有变压器过负荷、运行声音异常、油温异常、油位异常、冷却系统故障、套管异常、油流故障、渗漏油等，其中变压器过负荷已在本章第四节讲述，本节重点讲述运行声音异常、油温异常、油位异常、冷却系统故障的处置原则。

二、变压器故障的主要原因和危害

1. 变压器故障的原因

运行或操作不当，如变压器过负荷运行、系统发生故障时承受故障的电流的冲击（特别是发生在变压器出口或近区的短路故障对变压器造成危害最大）；运行的外部条件恶劣，如运行环境污染严重、运行温度高等。维护管理不善或不充分也会造成变压器故障，如电气或机械部件连接松动及变压器的保护装置或安装不正确、冷却剂泄漏、污垢淤积及腐蚀。

绝缘老化或绝缘受潮会使变压器的绝缘受到破坏。雷击、大风等恶劣天气，会使变压器受到异物的侵害、动物危害等其他外力破坏。

此外制造缺陷（包括设计不合理、材料质量不高、工艺不佳等），运输、装卸和包装不符合要求（如受到较大的震动或撞击等），现场安装质量存在问题等都会造成变压器直接或间接的故障。

2. 变压器故障的危害

变压器故障跳闸都有可能造成变压器的损坏，同时还会对电网造成其他影响。

变压器跳闸后，其所带负荷全部转移到其他变压器，造成原来并列运行的变压器负荷增加甚至过负荷运行，同时降低了供电可靠性。当系统中重要的联络变压器跳闸后，还会导致电网的结构发生重大的变化，造成大范围潮流转移，使相关线路过稳定极限。某些重要的联络变压器跳闸甚至会引起局部电网的解列。大电流接地系统的中性点接地变压器跳闸后将造成零序网络参数的变化，影响相关零序保护配置和动作行为，并威胁设备绝缘。

三、变压器故障处置原则

变压器故障跳闸，应根据继电保护动作情况和事故当时外部现象判断故障原因并进行处置。首先立即进行必要的检查和应急处置，消除变压器跳闸对电网造成的危害；然后再对跳闸变压器进行检查、消缺和送电。

1. 检查及应急处置

变压器故障跳闸后，应首先检查相关设备有无过负荷及潮流转移问题，立即采取措施消除设备过负荷及断面过负荷。有备用变压器或备用电源自动投入的变电站，当运行的变压器跳闸时应先投入备用变压器或备用电源，然后再检查跳闸的变压器。

大电流接地系统中性点接地变压器跳闸后，应考虑系统中性点接地是否满足运行要求，必要时可将其他变压器中性点接地隔离开关合上。小电流接地系统中性线接有消弧线圈的变压器跳闸后，应考虑系统消弧线圈补偿是否满足运行要求，必要时可进行系统内消弧线圈的投入或退出的调整操作。

2. 故障排除及恢复送电

变压器主保护（重瓦斯或差动保护）动作跳闸，在未查明故障原因并消除故障前不允许试送电；在检查外部无明显故障、检查瓦斯气体和故障录波器动作情况，证明内部无明显故障后，可以试送一次；有条件时应进行零起升压。变压器后备保护动作跳闸，检查主变压器外观无异常且找到故障点并有效隔离，确定本体及引线无故障后，可试送一次。轻瓦斯动作发出信号后应注意检查并适当降低输送功率。变压器本体其他保护动作但原因不明，经检查变压器本体和故障录波情况，判明变压器内部无明显故障，经设备运行维护单位主管领导同意后可试送，有条件时也可进行零起升压。

当变压器发生近距离短路或故障时，在变压器送电前原则上应进行变压器绕组变形试验及相关的耐压试验。变压器故障跳闸，可能造成电网解列，在试送变压器或投入备用变压器时，要防止非同期并列。

四、变压器异常处置原则

变压器运行过程中发生异常情况时，运维人员、监控值班员应按规定汇报值班调度员及相关领导，并加强监视和采取必要的处置措施。

1. 变压器运行声音异常

正常运行变压器发生的"嗡嗡"声是连续的、均匀的。若"嗡嗡"声有变化，声音时大时小，但无杂声且规律正常，应该是由较大的负荷变化造成的声音变化，变压无异常。大容量动力设备启动时，变压器除发出"嗡嗡"声外，还会发出"哇哇"声。变压器过负荷时，铁芯磁通密度过大，将会使变压器发出沉重的"嗡嗡"声，但振荡频率不变。

变压器运行声音异常时应按以下原则处置：

（1）负荷变化造成的声音变化，变压器可继续运行；大容量动力设备启动引起的声音异常，变压器可继续运行；变压器过负荷引起的声音异常按变压器过负荷处置原则处置。

（2）变压器有较大杂声时，运维人员应汇报上级主管部门，申请计划检修，停电并尽快处置。

（3）单相金属性过电压或谐振过电压引起的声音异常，运维人员立即向值班调度员、监控值班员及上级主管部门汇报。

（4）变压器内部有爆裂声音或有变压器油沸腾声音，运维人员立即向值班调度员、监控值班员及上级主管部门汇报，并停电处置。

（5）变压器内部或外部有放电的"吱吱""噼啪"声音，运维人员立即向值班调度员、监控值班员及上级主管部门汇报，并停电处置。

2. 变压器油温异常

变压器油温异常的原因主要为内部故障或冷却装置故障，不及时处置将造成变压器内部故障加剧、损坏变压器、变压器迫停等。

变压器分接开关接触不良、绕组匝间或层间短路、线圈对围屏放电、内部引线接头发热、铁芯多点接地使涡流增大过热、铁芯硅钢片间短路、零序不平衡电流等漏磁通与铁件油箱形成回路等内部故障都会引起油温异常。此时在正常负载和冷却条件下，变压器油温不断上升，气体继电器可能积聚气体。

冷却器停运、风扇损坏、散热顺管道积垢、散热器阀门没有打开等冷却装置故障，或因自动启动风冷定值整定错误、冷却器投入数量不足、变压器室通风不良等因素也会引起油温升高或温度计指示失灵误报。

变压器油温异常时应按以下原则处置：

（1）检查校验油温测量装置；检查变压器冷却器或变压器室的通风情况及环境温度；检查变压器的负荷和绝缘油的温度，并与相同情况下的数据进行比较。

（2）因过负荷引起上层油温超过允许值时，应按变压器过负荷原则处置，降低变压器的功率。

（3）如果油温比平时同样的负荷和冷却条件下高出 10℃以上，或变压器负荷、冷却条件不变，而油温不正常并不断上升，油温表又无问题，则认为变压器已发生内部故障（如铁芯烧损、线圈匝间短路等），应立即将变压器停运，并进行油色谱分析和采用红外测温方法确定异常源。

（4）冷却装置运行不正常引起温度异常，应对冷却装置进行维护或冲洗，提高冷却效果，或相应降低变压器负荷，直到温度降到允许值为止。如冷却器全停，应按本站事故处置预案处置，如倒换备用变压器，将故障变压器退出运行。

3. 油位异常

如变压器温度变化正常，而变压器油标管内（或油位指示计）的油位变化不正常或不变，则说明是假油位。可能是因为油标管堵塞或储油柜呼吸器堵塞，使油位下降时空气不能进入，造成油位指示偏高，或指针式油位计出现卡针等故障使油位变化不正常或不变。假油位会影响监控值班员和运维人员对变压器运行工况的正常监视。

变压器内部故障、过负荷、冷却器运行不正常、大修后注油过满等都会引起油位异常升高。密封不良或砂眼造成变压器漏油、检修放油后未做补充、大修后注油不足、气温过低、胶囊或隔膜破裂等都会引起油位偏低。油位异常升高会使油位计损坏或喷油，不及时处置将造成变压器内部故障加剧、损坏变压器。油位低到一定限度时，会造成轻瓦斯保护动作，若为浮子式继电器，还会造成重瓦斯跳闸；严重缺油时，变压器内部线圈暴露在空气中，会使其绝缘降低，甚至造成因绝缘散热不良而引起损坏事故。即便是停运的变压器，如严重缺油，也会吸潮而使其绝缘降低。

变压器油位异常时应按以下原则处置：

（1）若判断为假油位，需要进行油、气路畅通或放气工作时，应汇报值班调度员、监控值班员，并将重瓦斯保护改投信号。

（2）若油位异常升高，如果是由于冷却器运行不正常或发生故障引起的，应对冷却装置进行维护或冲洗，提高冷却效果，根据具体情况决定是否采用放油措施；如果经过综合判断分析确认变压器异常有继续恶化的可能,应立即向值班调度员申请将变压器停运,并进行色谱分析和采用红外线测温方法,确定异常源。

(3)若油位降低,应汇报值班调度员、监控值班员,并将重瓦斯保护改投信号,对变压器补油;如运行变压器因漏油造成轻瓦斯动作时,应立即向值班调度员申请将变压器停运。

4. 变压器冷却系统故障

变压器冷却系统故障最严重的情况是冷却器全停,将导致变压器减负荷或退出运行,另外冷却器工作电源之一故障或运行冷却器、辅助冷却器、备用冷却器故障都需尽快处置,否则可能会造成变压器油温、油位迅速上升,严重威胁变压器安全运行。具体如下:

(1)变压器冷却器全停。变压器风冷控制箱或站内交流 0.4kV 交流屏工作电源跳闸、故障甚至烧损,交流屏至风冷箱之间的交流电缆故障,风冷箱工作电源熔断器、切换把手、切换装置损坏或导线接线端子接触不良、烧损等故障,以及站用变压器全停都会造成变压器冷却器全停。

(2)辅助冷却器启动。可能是变压器所在环境温度升高、变压器异常使温度升高、过负荷或冷却效果不良等原因使温度达到辅助冷却器启动定值,温度表电触点接通,辅助冷却器启动。

(3)备用冷却器启动。可能是运行的某组冷却器因电气回路、油回路或转动机械等部分故障退出运行,通过预先设定好的电气启动逻辑关系自动启动备用冷却器运行。

(4)备用冷却器启动后故障。可能是运行的某组冷却器因电气回路、油回路或转动机械等部分故障退出运行,通过预先设定好的电气启动逻辑关系,自动启动备用冷却器运行。但备用冷却器启动后也出现了电气回路、油回路或转动机械等部分故障,退出运行。

变压器冷却系统故障时应按以下原则处置:

(1)变压器冷却器全停。油浸风冷变压器风扇停止工作时,允许的负荷和运行时间,应按制造厂的规定和现场运行规程规定执行,运维人员和调控人员应根据变压器油温、负荷情况和运行时间及时按本站事故处置预案采取转移或减负荷措施,如在规定的时间内变压器冷却系统仍不能工作,应按值班调度员指令退出该变压器。

(2)辅助冷却器启动。运维人员需将变压器风冷控制箱内启动辅助冷却器方式把手切至运行位置,如果是变压器过负荷或变压器异常致使油温升高应按相关处置方案处置,如因冷却器或变压器外表脏污造成冷却效果达不到要求时,应对变压器采用带电水冲洗措施。

(3)备用冷却器启动。运维人员需将变压器风冷控制箱内故障冷却器方式把手切至停用位置,将备用冷却器方式把手切至运行位置,如果还有备用冷却器可用,可将其他备用冷却器方式把手切至备用位置。

(4)备用冷却器启动后故障。如果还有备用冷却器可用,可将其他备用冷却器投入运行。如果没有备用冷却器可用，应加强对变压器油温、油位、负荷的监视，并立即向值班调度员及上级主管部门汇报，及时维修。

（5）变压器冷却系统两路工作电源之一故障时，应立即向值班调度员及上级主管部门汇报，及时维修。

5. 变压器须立即停电处置的情况

变压器冒烟、着火或者对人身安全构成威胁时，应立即停电处置。

变压器一些严重缺陷如严重漏油或喷油、油色变化过甚、油内出现炭质、套管有严重的破损和放电现象、接头发热严重、变压器内部声响很不均匀且很大甚至有爆裂声或严重放电现象等，应立即停电处置。

在正常负荷和冷却条件下变压器油温不正常且不断上升，或者变压器冷却器全停，短时间内无法恢复，且油温呈上升趋势时，应立即停电处置。

此外，若发现变压器所有保护装置均故障时，也应立即进行停电处置。

第七节 母线故障异常处置

一、母线故障定义

《国家电网有限公司安全事故调查规程》（国家电网安监〔2020〕820 号）规定："变电站内 220kV 以上任一电压等级母线非计划全停"或"500kV 以上继电保护不正确动作致使越级跳闸"即构成五级电网事件。

《国家电网有限公司安全事故调查规程》（国家电网安监〔2020〕820 号）规定："变电站内 110kV（含 66kV）母线非计划全停"或"变电站内两条以上 220kV 以上母线跳闸停运"或"220kV（含 330kV）系统中，一次事件造成同一变电站内两条以上母线或同一输电断面两回以上线路同时停运"或"220kV（含 330kV）继电保护不正确动作致使越级跳闸"或"220kV 以上线路、母线或变压器失去主保护"即构成六级电网事件。

《国家电网有限公司安全事故调查规程》（国家电网安监〔2020〕820 号）规定："变电站内两条以上 110kV（含 66kV）以上母线跳闸停运"或"变电站内 220kV 以上任一条母线跳闸停运"或"110kV（含 66kV）及以下继电保护不正确动作致使越级跳闸"即构成七级电网事件。

《国家电网有限公司安全事故调查规程》（国家电网安监〔2020〕820 号）规定："10kV（含 20kV、6kV）供电设备（包括母线、直配线）异常运行或被迫停止运行，并造成减供负荷者"即构成八级电网事件。

二、母线常见的故障

母线故障是指由于各种原因导致母线保护动作，切除母线上所有断路器，包括母联断路器。由于母线是变电站中的重要设备，通常其运行维护情况比较好，相对线路等其他电力元件，母线本身发生故障的概率较小。

导致母线故障的原因主要有母线及其引线的绝缘子闪络或击穿，或支持绝缘子断裂倾倒；直接通过隔离开关连接在母线上的电压互感器和避雷器发生故障；某些连接在母线上的出线断路器、隔离开关本体发生故障；气体绝缘开关设备（gas insulated switchgear，GIS）母线故障。

实际运行中，导致母差保护动作的大部分是绝缘子闪络、击穿或支持绝缘子断裂倾倒；而 GIS 母线 SF_6 气体泄漏严重时，也会导致短路事故发生，此时泄漏的气体会对人员安全产生严重威胁。

三、母线电压消失的原因

母线电压消失是指由于各种原因导致母线电压为零，除了因一次设备故障或保护误动、拒动造成母线失压，还有可能是因电压互感器二次接线等原因造成的测量电压消失，下面重点介绍造成前者的原因。

母线及连接在母线上运行的设备（包括断路器、避雷器、隔离开关、支持绝缘子、引线、电压互感器等）发生故障，这类故障点一般在母线差动保护范围之内，发生故障后差动保护动作，跳开故障母线上所有运行断路器。若母线差动保护拒动时，依靠相邻元件的后备保护动作切除故障，导致母线停电。

单电源变电站的上级电源失去或电源线路故障会造成该变电站全停，站内所有母线停电。如果母线上的出线故障，该线路连接在母线上运行的断路器拒动时，会导致断路器失灵保护动作使母线停电。

保护及二次回路误接线、误整定、误碰所引起的母差保护误动或运维人员误操作造成母差保护动作等情况都会造成母线停电。

此外，发电厂内部事故使联络线跳闸导致全厂停电母线失压。

四、母线停电造成的危害

母线是电网中汇集、分配和交换电能的设备，一旦发生故障会对电网产生重大不利影响。母线故障后，连接在母线上的所有短路器均断开，电网结构会发生重大变化，尤其是双母线同时故障时会直接造成电网解列运行，电网潮流发生大范围转移，电网结构较故障前薄弱，抵御再次故障的能力大幅度下降。母线故障后连接在母线上的负荷变压器、负荷线路停电，可能会直接造成用户停电。对于只有一台变压器中性点接地的变电站，当该变压器所在的母线故障时，该变电站将失去中性点运行。

3/2 接线方式的发电厂、变电站，当所有元件均在运行的情况下发生单条母线故障，将不会造成线路或变压器停电。

五、母线电压消失故障处置原则

1. 母线电压消失的判断

母线电压消失后,监控值班员、厂站运行值班人员及变电设备运维人员应根据事故现象(如火光、爆炸声等)、断路器信号、仪表指示及保护、安全自动装置动作情况进行判断,立即报告值班调度员,并且迅速采取措施,不应仅凭站用电源全停或照明全停就认为是变电站全停。判别母线电压消失的依据是同时出现母线的电压表指示为零、母线的各出线及变压器负荷消失(主要看电流表指示为零)、母线所供厂用电或站用电失电。

经判断母线电压确已消失后,监控值班员、厂站运行值班人员及变电设备运维人员应不待调令,立即拉开失压母线上的所有断路器,同时设法恢复厂用电,并报告值班调度员;若为母差保护误动造成母线电压消失,则值班调度员令现场退出误动母差保护后即可对母线送电。

2. 检查与试送

母线电压消失后,未经检查不得试送。经过检查找到故障点并已隔离或属瞬间故障且已消失,可对停电母线恢复送电。经过检查找到故障点但不能很快隔离的,若系双母线中的一条母线失压,应对接于失压母线的各元件进行检查,确认无故障的元件可倒至运行母线并恢复送电,并将故障母线或故障元件转为冷备用或检修状态。经过检查不能找到故障点时,一般不得对停电母线试送电。GIS 母线由于母差保护动作失压后,在故障查明并做有关试验以前母线不得送电。

因断路器失灵保护或出线、主变后备保护动作造成母线失压,应迅速将故障点隔离,确认母线无故障后,先对母线恢复送电,然后再对非故障线路恢复送电。母线故障后因未配置母差保护而靠线路对端保护跳闸造成母线电压消失后,在试送前应将线路对端重合闸停用。

对停电母线进行试送,应尽可能用外来电源,试送断路器必须完好并有完备的继电保护,母差或变压器后备保护应有足够的灵敏度,有条件者可对故障母线进行零起升压。

封闭式 GIS 双母线一组母线故障,经外部检查,未查到故障点,应禁止各元件冷倒母线,必须查清并修复故障或隔离故障点后方能试送,有条件时可进行零起升压及升流。

3. 其他注意事项

在处置母线或变电站全停的事故时,应注意变电站内有关设备上有无作业或其他原因使得该处可能有人等情况,母线带电作业时电压消失,应先进行母线检查,不得立即试送。母线上连接有双重调度设备,在处置母线事故时,各级调度之间应相互配合。

在事故处置中应特别注意防止非同期合闸而扩大事故。

第八节 线路故障、异常处置

一、线路故障的分类及特点

输电线路的故障有短路故障和断线故障，以及由于保护误动或断路器误跳引起的停电等。短路故障又可按故障相别和故障性质进行分类。

1. 按故障相别划分

按故障相别可划分为单相接地故障、两相短路故障、两相接地短路故障和三相短路故障。

发生单相接地故障时，系统三相不对称，将产生零序电流。小电流接地系统保护不会动作，断路器不跳闸，按规程规定可以带接地点运行 2h。大电流接地系统故障相电流增大，电压降低；非故障相电压、电流升高，出现负序、零序电压或电流。

发生两相短路故障时，故障相电流增大，电压降低，非故障相电压、电流升高，出现负序电压或电流。两相接地短路故障较两相短路故障时，还会出现零序电压或电流。发生线路异相同时单相接地故障时，由于线路重合闸动作特性，通常会判断为两相接地短路故障，小电流接地系统通常情况下会判断为两相短路故障。

发生三相短路故障时，系统保持对称性，电流增大、电压降低，系统中将不产生负序、零序电压和电流。

2. 按故障形态划分

按故障形态可划分为短路故障、断线故障。

短路故障是线路中最常见也是最危险的故障形态，发生短路故障时，根据短路点的接地电阻大小以及距离故障点的远近，系统的电压将会有不同程度的降低。在大接地电流系统中，短路故障发生时，故障相将会流过很大的故障电流，通常故障电流会达到负荷电流的十几甚至几十倍。故障电流在故障点会引起电弧危及设备和人身安全，还可能使系统中的设备因为过电流而受损。

断线故障发生概率较低，发生断线故障时，各相对地电压不平衡，个别相电压升高。大电流接地系统断线运行会产生零序和负序电压、电流。

3. 按故障性质划分

按故障性质可分为瞬时性故障和永久性故障等。

线路故障大多数为瞬时性故障，占线路故障的 70%～80%，发生瞬时性故障后，线路重合闸动作，断路器重合成功，不会造成线路停电。永久性故障发生概率相对较低，发生永久性故障后，线路重合闸动作，断路器重合失败，造成线路停电。

二、线路故障的原因和危害

1. 故障原因

线路故障原因主要有外力破坏、恶劣天气影响和鸟害、小动物短路或绝缘材料老化等。

外力破坏主要是因为违章施工作业（如野蛮施工造成挖断电缆、撞断杆塔、吊车碰线、高空坠物等），盗窃、蓄意破坏电力设施，超高建筑、超高树木、交叉跨越公路以及输电线路下焚烧农作物、山林失火、有漂浮物（如风筝线、大棚塑料）等造成的危害电网安全、线路跳闸的事故。

恶劣天气影响主要是输电线路覆冰、污闪、遭雷击或者大风造成线路风偏闪络等导致线路跳闸的事故。雷击跳闸是输电线路最主要的跳闸原因；覆冰会造成线路舞动、冰闪，严重时会造成杆塔变形、倒塔、导线断股等，最近几年由覆冰引起的输电线路跳闸事故逐年增加；污闪通常发生在高湿度、持续浓雾且污染严重的地区，一般能见度较低，温度在$-3\sim7℃$，空气质量差；风偏跳闸的重合成功率较低，一旦发生风偏闪络跳闸，造成线路停运的概率较大。

2. 故障危害

线路故障跳闸将对电网的稳定运行造成影响。负荷线路跳闸后，将直接导致线路所带负荷停电；带发电机运行的线路跳闸后，将导致发电机与系统解列；环网线路跳闸后，将导致相邻线路潮流加重甚至过负荷，相关运行线路的稳定极限下降；系统联络线跳闸后，将导致两个电网解列。

三、线路故障处置原则

1. 总则

线路故障跳闸后，厂站运行值班人员、监控值班人员及输变电设备运维人员应立即收集故障相关信息并汇报值班调度员，由值班调度员综合考虑跳闸线路现场设备状况、继电保护及安全自动装置动作情况、故障录波器的动作情况、天气等情况并决定是否试送。一般情况下，对于无人值守变电站，故障停运线路试送应由监控值班员进行监控远方操作。

线路故障跳闸后，若断路器的故障切除次数已达到规定次数，或出现断路器受遮断容量、合闸电阻或其他原因限制不允许使用重合闸或不允许试送的情况，厂站运行值班人员、监控值班员及输变电设备运维人员应及时向相关调控机构汇报，并提出运行建议。

当线路保护和高压电抗器保护同时动作跳闸时，应按线路和高压电抗器同时故障来考虑故障处置，在未查明电抗器保护动作原因和消除故障之前不得进行试送；在线路允许不带电抗器运行时，如需要对故障线路试送电，在试送前应先将高压电抗器退出运行。

线路跳闸造成电网解列时，厂站运行值班人员、监控值班员以及输变电设备运维人员应立即向值班调度员扼要汇报，经检查后若线路有正常运行的电压且设备无异常时，在电网具备同期并列条件后，应立即按调度指令进行同期并列。

在线路故障发生后，值班调度员应及时通知查线，并将继电保护、安全自动装置动作情况、断路器跳闸情况、故障测距通知查线单位；查线人员未经调度许可，不得进行任何检修工作；查线结束后，无论是否发现故障点，均应及时汇报区调值班调度员。区调值班调度员通知的查线，查线人员都应认为线路带电。

2. 试送原则

（1）试送一般要求：

线路故障跳闸后，一般允许试送一次，若试送失败后，如无特殊要求或无电网紧急需要，原则上不再进行第二次试送。

在试送前，要检查重要线路的输送功率在规定的限额之内，必要时应降低有关线路的输送功率或采取提高电网稳定的措施；还应按有关规定控制试送端电压，使试送后首端、末端电压不超过允许值。若断路器遮断次数已达规定值，一般不允许试送。

线路试送断路器必须完好，且具有完备的继电保护，试送断路器所接厂站变压器中性点必须接地。试送端一般应选择远离主要发电厂，且对系统稳定影响较小的一端；在局部电网与主网联络线跳闸后试送时，一般选择由主网侧试送。

带电作业的线路跳闸后，现场人员应视设备仍然带电，在线路无论任何原因停电后，应迅速与值班调度员联系，说明能否送电。值班调度员未与工作负责人取得联系前不得试送线路，在与相关单位确认线路具备试送条件后，方可按上述有关规定进行试送。

（2）查明原因后方可试送的情况：

线路故障跳闸后，首先应考虑可能有永久性故障存在而影响系统的稳定，或者试送有可能对人身安全造成威胁及可能引起设备、电网不正常运行甚至产生事故的情况。因此当发生空充电线路、电缆线路、试运行线路、运行人员已发现明显故障的线路、线路断路器有缺陷或遮断容量不足的线路或已被掌握有严重缺陷的线路（水淹、杆塔倾斜、导线严重断股等）跳闸时，应先查明原因后再考虑能否试送。线路故障时伴随有明显的故障现象或特征（如火花、爆炸声、电网振荡、冲击波及较远厂站等）、线路变压器组跳闸后重合不成功或者线路跳闸后经备用电源自动投入已将负荷转移到其他线路上且不影响供电时，也需查明原因后再考虑能否试送。

（3）不得远方试送的情况：

若监控值班员汇报站内设备不具备远方试送操作条件，则不得进行远方试送。

故障发生在站内、电缆段范围内或者输电设备运维人员已汇报线路不具备恢复送电条件（如因严重自然灾害、外力破坏等导致出现断线、倒塔、异物搭接等明显故障点）时，不得进行远方试送。

线路有带电作业且未经相关工作人员确认具备送电条件的情况或者相关规程规定明确要求不得试送的情况，也不得进行远方试送。

四、线路异常及处置

输电线路常见的异常主要有断股、覆冰、杆塔倾斜、安全距离不足、绝缘子破损、异物挂接、小电流接地系统单相接地等。输变电设备运维单位应结合线路实际情况申请带电作业、停运紧急消缺或者报计划检修。

第九节　发电机故障处置

一、总体原则

发电机故障包括跳闸、失磁、非全相及非同期并列。

发电机故障或异常时，发电厂运行值班人员应立即汇报值班调度员，并按现场规程进行处置。发电厂运行值班人员现场检查跳闸机组相关设备后，应立即向值班调度员汇报跳闸机组是否可以恢复运行，值班调度员根据现场汇报情况以及系统运行要求确定机组是否并网。

发电机失磁而失磁保护装置拒动时，发电厂运行值班人员应立即将其解列。当发电机进相运行或功率因数较高引起失步时，发电厂运行值班人员应立即减少发电机有功，增加励磁，以使发电机重新拖入同步。若无法恢复同步，应将发电机解列。发电机对空载线路零起升压产生自励磁时，发电厂运行值班人员应立即将发电机解列。

大型机组出现严重缺陷需要停机前，相关工作人员应及时汇报相关调度，待值班调度员采取紧急措施后再安排停机，防止突然停机造成事故扩大。

二、发电机组跳闸

发电机组跳闸是指发电机组高压侧断路器跳闸。

1. 故障现象

发电机主断路器及励磁断路器跳闸，警铃响，发电机各表计指示变为零，发电机主断路器、励磁断路器控制把手闪光。

2. 原因分析

当发电机、发电机的升压变压器、汽轮机（水轮机）、锅炉等设备发生故障时，相关保护会动作导致发电机跳闸。

3. 造成危害

发电机跳闸后将造成电网有功、无功缺额，某些发电机跳闸也可能引起相关线路或变压器过负荷。

4. 处置原则

应调整相邻机组的有功和无功功率以维持电网输出功率平衡。然后根据发电机跳闸原因进行处置，如果是外部故障导致机组跳闸，经检查机组无异常，则应在外部故障消除后，尽快发布机组并网指令。

三、发电机失磁

当发电机由于励磁回路开路、励磁绕组灭磁断路器误动作等原因而导致失磁后，发电机机端电压下降、电流增加，如果不立即解列发电机，发电机很快转入异步运行状态。

1. 故障现象

发电机失磁后转子励磁电流突然降为零或接近于零，励磁电压也接近为零，且有等于转差率的摆动，发电机电压及母线电压均较原来降低，定子电流表指示升高，功率因数表指示进相，无功功率表指示为负，表示发电机从系统中吸取无功功率，各表计的指针都摆动，摆动的频率为转差率的 1 倍。

2. 原因分析

转子材质缺陷问题及运行中的发电机由于灭磁断路器受振动或误动而跳闸、磁场变阻器接触不良、励磁机磁场线圈断线或整流子严重打火、自动电压调整器故障等原因造成励磁回路断路时，都将使发电机失磁。

3. 造成危害

发电机失磁瞬间，转子绕组两端将有过电压产生，转子绕组与灭磁电阻并联时，过电压数值与灭磁电阻值有关，灭磁电阻值大，转子绕组的过电压值也大。试验表明，如果灭磁电阻值选择为转子热态电阻值的 5 倍时，则转子的过电压值为转子额定电压值的 2～4 倍。

发电机失磁后，就从同步运行变成异步运行，发电机的转速将高于系统的同步转速，可能使电网发生振荡。发电机从原来向系统输出无功功率变成从系统吸取大量的无功功率，引起电网电压降低，破坏电网无功平衡，威胁电网的稳定运行。由定子电流所产生的旋转磁场将在转子表面感应出频率等于转差率交流感应电动势，它在转子表面产生感应电流，使转子表面发热。发电机所带的有功负荷越大，则转差率越大，感应电动势越大，电流也越大，转子表面的损失也越大。

发电机失磁还可能造成其他发电机因定子电流过高而跳闸，使事故进一步扩大。

4. 处置原则

发电机失磁后，是否可以继续运行，与失磁运行的发电机容量和系统容量的大小有关。

大容量发电机失磁后，应立即从电网中切除，停机处置，以免造成电网事故。若发电机无法解列，则应该迅速降低发电机有功功率，同时增加其他发电机的无功功率，必要时在合适的解列点将机组解列。

小容量发电机失磁后，电网容量较大，一般允许发电机在短时间内，低负荷下失磁运行，以待处置失磁故障。对于允许无励磁运行的发电机，发生失磁故障后，应立即减小发电机负荷，使定子电流的平均值降低到规定的允许值以下，然后检查灭磁断路器是否跳闸。如已跳闸就应立即合上，如灭磁断路器未跳闸或合上后失磁现象仍未消失，则应将自动调节励磁装置停用，并转动磁场变阻器手轮，试增加励磁电流。此时若仍未能恢复励磁，可以再试行换用备用励磁机供给励磁。经过这些操作后，如果仍不能使失磁现象消失，就可以判断为发电机转子发生故障，必须在规定时间内安排停机处置。

允许无励磁运行的发电机失磁运行若发生振荡，应立即减小其有功功率，并设法恢复励磁。若经减负荷直至为零仍发生振荡，则将该机组解列。

四、发电机非同期并列

发电机准同期并列必须满足电压、频率和相位相同三个条件，若不满足，发电机便处于非同期运行，非同期运行可能损坏发电机，也会对系统供电系统造成强烈的冲击，影响系统正常运行。

1. 故障现象

发电机非同期并列时，发电机转子会产生强大的电流冲击，定子电流表剧烈摆动，定子电压表也随之摆动，发电机剧烈振动并发出轰鸣声，其节奏与表计摆动相同。

2. 原因分析

电压、相位、频率不满足并列条件，或者自动准同期装置故障都有可能造成发电机非同期并列。新安装或大修后的机组投入运行前没有进行发电机相序检查核相、有关的电压互感器二次回路检修后没有进行核相，也可能造成发电机非同期并列。

3. 造成危害

非同期并列时，由于合闸时冲击电流很大，巨大的冲击电流对发电机和变压器及系统造成严重冲击，使待并机组轴系因造成冲击而产生扭振。机组发出强烈的振动，发电机绕组变形，扭弯绝缘崩裂，定子绕组并头套熔化，甚至将绕组烧毁，即使当时没有损坏，也会造成严重的隐患。

对于电力系统来讲，如果一台大型发电机组发生非同期并列，这台发电机组与系统发生功率的振荡会严重影响系统的正常安全运行，甚至会造成电网的崩溃。

4. 处置原则

发电机非同期并列应根据事故的现象正确判断处置。

当同期条件相差不悬殊时，发电机无强烈振动和轰鸣声，且表计摆动能很快趋于缓和，则不必停机，机组会很快被系统拉入同步，进入稳定运行状态。

若非同期并列对发电机产生很大的冲击和引起剧烈振动，且表计摆动不衰减时，应立即解列停机，待试验检查确认机组无损坏后，方可重新启动并列。

第十节 断路器、隔离开关及气体绝缘开关设备故障异常处置

一、断路器故障异常处置

1. 一般处置原则

断路器异常一般可分为分相操作断路器非全相运行、断路器拒合闸、断路器拒分闸等类型。

断路器不得非全相运行。因为发生断路器非全相运行时，各相对地电压不平衡，个别相升高，易造成绝缘击穿；零序电流可能引起零序保护动作；系统两部分间连接阻抗增大，造成异步运行。当发现非全相运行时，厂站运行值班人员、监控值班员以及输变电设备运维人员应不待调令立即断开该断路器，并立即汇报值班调度员。若非全相运行断路器断不开，则立即将该断路器的功率降至最小，然后将该断路器隔离。

断路器的液压、气压、油位异常，监控值班员、厂站运行值班人员以及输变电设备运维人员应尽快报告区调值班调度员，并通知设备运维单位。当断路器油位低、空气压力低、SF_6 密度低或真空断路器真空遭到破坏，且超过允许值时，严禁用该断路器切负荷电流及空载电流，厂站运行值班人员以及输变电设备运维人员应不待调度指令立即采取防跳闸措施并汇报值班调度员。

断路器因本体或操动机构异常出现"合闸闭锁"，尚未出现"分闸闭锁"时，值班调度员可根据情况下令断开此断路器。

断路器因本体或操动机构异常出现"分闸闭锁"时，现场应停用断路器的操作电源，值班调度员应立即设法将该设备隔离。

断路器允许切除故障的次数应在现场规程中规定，厂站运行值班人员以及输变电设备运维人员应对断路器实际切除故障的次数做好记录，若因切除故障的次数不满足送电条件，应及时汇报值班调度员。

2. 断路器拒合闸的处置

断路器拒合闸通常发生在合闸操作和线路断路器重合闸过程中，拒合闸的原因也分为电气原因和机械原因两种。

若正常合闸操作过程中发生断路器"拒合闸"，则无法通过该断路器恢复设备送电。若线路发生瞬间故障跳闸后重合时发生断路器"拒合闸"，将造成该线路停电。

断路器出现拒合闸时，现场人员若无法查明原因，则需将该断路器转检修进行处置，有条件采用旁路代路方式送出设备。

3. 断器拒分闸的处置

断路器拒分闸也分为电气原因和机械原因。电气方面的原因有保护装置故障、断路器控制回路故障、断路器跳闸回路故障等；机械方面的原因有断路器本体大量漏气或漏

油、断路器操动机构故障、传动部分故障等。

断路器拒分闸对电网安全运行危害很大，因为当某一元件故障后，断路器拒分闸，不但故障不能消除，还将会造成上一级断路器跳闸即"越级跳闸"，或相邻元件断路器跳闸。这将扩大事故停电范围，通常会造成严重的电网事故。

断路器在运行中发生故障不能进行分闸操作时，值班调度员可采取下列措施使故障断路器停电：

（1）凡有专用旁路断路器或母联兼旁路的发电厂、变电站，采用代路的方法使故障断路器脱离电网。

（2）具有母联断路器的厂站，可采用母联断路器串联故障断路器使故障断路器停电。

（3）直馈线路的受端断路器，将负荷转移后，用断开对侧电源断路器的方法使故障断路器停电。

（4）对于母联断路器可将部分元件两个母线隔离开关同时合上，再拉开母联断路器的两侧隔离开关。

（5）用拉开本站和其他厂、站断路器的办法，使与故障断路器连接的回路断开，从而使故障断路器停电。

（6）无论采取何种方式，隔离开关的操作必须符合隔离开关操作原则。

4. 断路器须立即停运的情况

断路器异常运行危及人身、电网及设备安全或断路器内部有放电声音或其他异常声音时须立即停运。

断路器液压机构大量漏油造成液压机构打压频繁且压力无法保持、SF_6 断路器严重漏气且无法带电补气或已达闭锁值时须立即停运。

断路器支撑绝缘子断裂或严重放电、断路器引接头严重过热、达到危急缺陷时须立即停运。

此外，断路器分合闸后有冒烟及刺激性气味、运行中断路器发生非全相运行或因受外力因素影响无法继续运行等情况也须立即停运。

二、GIS 组合电器故障异常处置

1. GIS断路器拒绝合闸（分闸）处置

若是断路器分闸电源断电，运维人员应检查断路器操作电源空气开关是否断开，并试合空气开关。还应检查汇控柜内的断路器"远方/就地"选择断路器确在远方位置，若是汇控柜内"远方/就地"把手位置在就地位置，应将把手放在对应的位置，若是把手辅助触点接触不良，应通知专业人员进行处置。

若是控制回路问题，应重点检查控制回路易出现故障的位置，如控制开关、合闸（分闸）线圈、分相操作箱内继电器等，在确定故障后应通知专业人员进行处置。

若是断路器 SF_6 压力降低闭锁断路器分合闸，运维人员应断开断路器操作电源空气开关，汇报值班调度员并通知专业人员处置，根据调度指令处置。

断路器拒绝合闸时，还应检查弹簧机构储能情况，应检查其电源是否完好，若属于机构问题应通知专业人员处理。

2. GIS断路器SF$_6$气压低处置

厂站运行值班人员、监控值班员以及输变电设备运维人员发现 GIS 组合电器设备 SF$_6$ 气体压力降低至报警值时应立即向值班调度员及上级主管部门汇报。若压力继续降低至断路器"合闸闭锁"，尚未出现"分闸闭锁"时，值班调度员可根据情况下令断开此断路器。若因压力下降过快造成断路器"分闸闭锁"时，厂站运行值班人员、输变电设备运维人员应立即将操作电源断开、汇报值班调度员并通知专业人员处置，根据调度指令处置。

三、隔离开关故障异常处置

隔离开关常见的异常主要有隔离开关分、合闸不到位，隔离开关发热，绝缘子外伤等，此外倒闸操作时一定要避免带负荷拉、合隔离开关。

1. 隔离开关分、合闸不到位

隔离开关分、合闸不到位的主要原因是由于电气方面或机械方面的原因，隔离开关在合闸操作中会发生三相不到位或三相不同期、分合闸操作中途停止、拒分拒合等异常情况，其中机械原因造成隔离开关操作不到位是最常见的情况。

隔离开关合上后，触头接触不到位时若为单相或差距不大时，隔离开关可采用相应电压等级的绝缘杆调整处置，并应注意绝缘杆与带电设备的角度，防止造成相间或单相接地短路故障。如果为三相或单相差距较大时，应停电处置。

隔离开关分合闸时如发现卡涩，应检查传动机构，找出故障原因并消除后方可继续操作。如果是操作电源、电动操动机构、电动机失电等原因造成隔离开关分、合闸不到位且不能及时修复时，则在条件允许的情况下改为手动操作。如果因闭锁装置失灵造成隔离开关分、合闸不到位且不能及时修复时，则应执行防误装置解锁程序后解锁操作。

如果因操动机构冰冻，机构锈蚀、卡死，隔离开关动静触头熔焊变形，瓷件破裂、断裂等原因造成隔离开关分、合闸不到位时，往往需要停电处置。

2. 隔离开关发热

隔离开关的动静触头及其附属的接触部分是其安全运行的关键部分。因为在运行中，经常的分合操作、触头的氧化锈蚀、合闸位置不正等各种原因均会导致接触不良使隔离开关的导流接触部位发热，一旦隔离开关发热，该设备已不再是可靠设备，若不及时处置，可能会造成隔离开关损毁。

运行中的隔离开关接头发热，值班调度员应设法减少负荷，同时要求现场加强测温、汇报。若隔离开关过热属于导电部分接触不良，刀口和触头变色，且无法带电处置或隔离开关已全部烧红，应停运处置。发热隔离开关停运时，双母接线中，可将该元件倒至另一条母线运行；有专用旁路断路器接线时，可用旁路断路器代路运行。

3. 绝缘子外伤

绝缘子因表面污秽放电或外力损伤、冰冻、操作卡滞等都会造成外伤。

对绝缘子不严重的放电痕迹、表面龟裂掉釉等，可暂时不停电，加强监视包计划检修处置。与母线连接的隔离开关绝缘子损伤，应尽可能停止使用。隔离开关绝缘子外伤严重时，如绝缘子掉盖，对地击穿，绝缘子爆炸、断裂，刀口熔焊等，严禁操作此隔离开关，应按现场规定采取停电或带电作业处置。

4. 带负荷拉、合隔离开关的处置原则

带负荷合隔离开关时，即使发现合错，也不准将隔离开关再拉开，因为带负荷拉隔离开关，将造成三相弧光短路事故。带负荷错拉隔离开关时，在刀片刚离开固定触头时便发生电弧，这时应立即合上，可以消除电弧，避免事故；但如隔离开关已全部拉开，则不许将误拉的隔离开关再合上。

第十一节 无功补偿装置故障异常处置

一、并联电容器故障及异常

1. 常见故障及异常

并联电容器常见的故障及异常主要有声音异常、电容器渗漏油、电容器的温升过高、电容器外壳膨胀变形、电容器过电压、电容器过电流、电容器套管发生破裂并有闪络放电、自动投切的电容器组自动装置失灵、电容器爆炸等。电容器因故退出运行后会影响电力系统调压能力。本部分主要介绍电容器故障及电容器声音异常、渗漏油、温升过高等。

2. 故障处置原则

电容器故障一般为速断、过电流、过电压、失电压保护或差动保护动作，电容器跳闸后不允许试送。

电容器跳闸后运维人员应检查保护动作情况及相关一次回路设备，根据保护动作情况进行分析判断，若经检查具备送电条件时，则经电容器放电 5min 后方可试送。否则应进一步做一、二次全面试验，必要时拆开电容器组进行试验，未查明原因之前不得试送。

电容器因故退出运行后，厂站运行值班人员、监控值班员应关注系统电压情况，必要时投入备用无功设备。

3. 异常处置原则

如运维人员发现并联电容器有影响运行的异常情况时，应立即汇报值班调度员、监控值班员及上级主管部门，并尽快采取措施处置。

（1）声音异常。电容器运行声音异常时，若因电容器非内、外部放电原因，而是由于外部固定部件或支架松动等外部原因造成异常声响，应尽快上报上级主管部门，并申请计划检修。若因电容器内、外部放电原因造成异常声响，应立即申请停电处置，否则将可能造成击穿接地或电容器爆炸故障。

（2）电容器渗漏油。电容器渗漏油往往是由于安装或检修时造成的法兰或焊接处损伤、接线时拧螺钉过紧、瓷套焊接处损伤、产品制造缺陷、受温度急剧变化热胀冷缩使外壳开裂等原因造成的，在长期运行中外壳锈蚀也可能引起渗漏油。渗漏油会使浸渍剂减少，外界空气和潮气将渗入电容器内部使绝缘降低，从而导致局部绝缘击穿。

当渗漏情况较轻时，需要加强监视，但不宜长期运行，根据渗漏情况尽快上报上级主管部门，并申请计划检修。当渗漏情况较严重时，必须申请停电处置。

（3）电容器温升过高。系统中高次谐波电流影响，频繁投切电容器使其反复承受过电压作用，电容器内部元件损坏、介质老化、介质损耗增加，电容器组过电压或过电流运行，电容器冷却条件变差（如环境温度过高、电容器布置过密、室内电容器室通风不良等）都有可能造成电容器温升过高。若电容器组由于过电压、过负荷、介质老化、介质损耗增加、电容器冷却条件变差等原因造成其温升过高，会影响使用寿命甚至导致击穿事故。

电容器的温升过高时必须严密监视和控制环境温度，或通过采取冷却措施以控制温度在允许范围内，如控制不住则应停电处置。在高温、长时间运行的情况下，应定时对电容器进行温度检测，发现电容器本身或电器接触部分温度过高应停电处置。

二、低压电抗器故障及异常

1. 故障处置原则

电抗器故障一般为过电流、差动保护动作，电抗器跳闸后不允许强送，运维人员应检查保护动作情况及相关一次回路设备。电抗器退出运行后，监控值班员应关注系统电压情况，必要时投入备用无功设备。

2. 常见的异常

干式电抗器常见的异常主要有支持绝缘子倾斜变形或位移、绝缘子裂纹，金属体包封表面存在爬电痕迹、裂纹或沿面放电，金属体匝间撑条松动或脱落，声音异常，温度异常（干式电抗器接头及包封表面过热、冒烟）、接地体发热等。

油浸式电抗器常见的异常主要有呼吸器硅胶变色过快，油位异常，声音异常，温度异常，套管闪络放电等。

低压电抗器退出运行后会影响电力系统调压能力，当系统电压偏高时缺乏必要的调整措施。

3. 干式电抗器异常处置原则

如运维人员发现干式并联电抗器有影响运行的异常情况时，应立即汇报值班调度员、监控值班员及上级主管部门，并尽快采取措施处置。

电抗器有导线散股或有不严重的断股、金属体包封表面存在不明显变色或轻微振动现象、支持绝缘子或金属体包封表面不清洁或金属部分有锈蚀现象、电抗器内有异物或有鸟巢影响通风散热时，厂站运行值班人员、输变电设备运维人员应加强监视，尽快上级主管部门，并申请计划检修。

电抗器支持绝缘子因受力不均匀、基础沉陷、地震等原因造成支持绝缘子倾斜变形、绝缘子裂纹，或者绝缘子受到冰雹或大风刮起的杂物碰撞造成破损裂纹时，可能造成电抗器倾倒或支持绝缘子绝缘强度降低。若对安全运行暂时没有影响，尽快上级主管部门，并申请计划检修；若情况较严重时，应立即申请停电处置。

电抗器因热胀冷缩可能会在运行和分合后经常发出"咔咔"声音，如果发出其他的声音，可能是固件、螺钉等部件松动或是电抗器放电造成的，若不及时处置可能造成电抗器机械损伤或因放电原因造成电抗器损坏。电抗器运行声音较正常的均匀响声有所变化或明显增大，应监视并分析查找原因；如发生放电时，应立即申请停电处置。

4. 油浸式电抗器异常处置原则

如运维人员发现油浸式并联电抗器存在影响运行的异常情况时，同样应立即汇报值班调度员、监控值班员及上级主管部门，并尽快采取措施处置。

呼吸器硅胶变色过快可能是因为硅胶罐裂纹破损、呼吸管道密封不严、油封罩内无油或油位较低、密封胶垫龟裂漏气、呼吸器及连接管道螺钉松动等原因造成湿空气未经过滤进入到硅胶罐内。若不及时处置将会导致电抗器油质劣化，影响电抗器绝缘，因此应尽快报缺陷处置，并及时查找原因。

电抗器因严重渗漏、气温过低、储油柜储量不足、气囊漏气等造成油位过低；因气温过高、储油柜储量过多造成油位过高。油位过低可能使潮气进入油箱，降低电抗器内部绝缘水平；油位过高可能使电抗器内部压力增高，造成跑油或压力释放阀动作。因此油位偏高或偏低时，都应报缺陷处置，及时查找原因。如果油位偏低是由于渗漏油造成的，应申请停电处置。

电抗器运行声音异常可能是比平时明显增大的均匀响声、可能是杂声、也可能是外部放电或内部放电的声音。运行声音异常可能造成电抗器机械损伤或因放电原因造成损坏。因此运行声音较正常的均匀响声明显增大时，应加强监视并分析查找原因；电抗器有杂声时应检查有无零部件松动，查看电流、电压指示是否正常，如无上述异常现象，有可能是内部原因造成的，应加强监视并分析查找原因，及时上报处置；如果是由于污秽严重或导体接触部分接触不良造成的外部放电时，应申请停电处置；如果是由于不接地部件静电放电、线圈匝间放电等原因造成的内部放电时，应加强监视并及时上报处置。

第十二节　互感器故障异常处置

电流互感器和电压互感器因其结构有相同和不同部分，因此有些异常是相同的，有些异常是特有的。厂站运行值班人员、输变电设备运维人员发现互感器有影响运行的异常情况时，立即向值班调度员及上级主管部门汇报，并加强监视，尽快采取措施处置。

线路任一侧电压互感器发生异常情况影响线路保护时，线路应配合停运。

母线电压互感器故障，应及时通知厂站运行值班人员或输变电设备运维人员按厂站规程规定进行处置，并采取倒母线等措施尽快隔离故障电压互感器。

电流互感器故障时，应将相应一次设备停电或将相关保护装置退出运行。

一、互感器常见的异常及处置原则

1. 互感器存在的共性异常

下列异常在电流互感器和电压互感器中都有可能发生，其影响和处置原则相同。

（1）油位异常。油位降低和油位升高都是油位异常的表现。

油位降低的原因可能是由于渗、漏油或长期取油样未及时补油所致，可能会使线圈或绝缘部件暴露在空气中引发受潮、绝缘降低，造成接地事故。互感器漏油情况不严重，尚能坚持运行的话，应及时汇报，尽快安排计划停电处置；互感器漏油严重且已看不见油位，应及时汇报，申请停电处置。

油位升高的原因可能是互感器内部存在放电故障，造成油过热或使油分解为气体而膨胀，严重时会造成金属膨胀器异常膨胀变形，可能造成接地短路或爆炸起火故障。油位异常升高时应设法判断互感器温升或取油样进行色谱分析，如确定内部发生故障，应及时汇报，申请停电处置；如发现电流互感器金属膨胀器变形，应及时汇报，申请停电处置。

（2）声音异常。互感器运行声音异常可能是内部发出异常放电声或振动声，也可能是外绝缘污秽严重发出电晕或放电声音。前者可能造成接地短路或爆炸起火故障，后者可能造成外绝缘损坏进而发展为更为严重的故障。

若因电流互感器二次开路或电压互感器二次短路造成异常声音，则可按各自处置方法进行处置；若非二次回路问题而是本体故障，应结合异常声音大小和现场实际情况申请停电处置。

若因互感器外绝缘污秽严重发出电晕或放电声音，应及时汇报，尽快安排计划停电处置（清扫、涂防污涂料或更换），否则可能造成外绝缘损坏进而发展为更为严重的故障。

（3）外绝缘异常。互感器瓷套受到外力作用有可能会造成外绝缘异常，由于裂纹处绝缘降低，会引起放电，同时也有渗、漏油危险。因此应根据破损的大小和对瓷套强度的影响情况及时汇报，尽快安排计划停电或立即停电处置。

（4）过热异常。互感器接线端子和本体过热严重可能是由于内/外接头松动、一次过负荷、绝缘介损升高或绝缘放电造成的，也有可能是由于电流互感器二次开路或电压互感器二次短路造成的。长时间过热将会造成接线端子烧损、熔断或互感器内部绝缘损坏而引发事故。

运维人员应根据互感器接线端子过热严重程度及时汇报，尽快安排计划停电或立即停电处置。若互感器本体过热严重，应申请停电处置。

（5）SF₆压力异常。互感器会因密封不良、焊缝渗漏、瓷套裂纹或破损造成 SF₆压力异常，进而导致互感器内部绝缘强度将严重下降，可能造成放电故障。

若能互感器无明显漏气现象，且可以采取带电补气时，应尽快实施；若无法进行带电补气或压力持续下降时，应申请停电处置。

2. 电流互感器二次开路

电流互感器不允许二次开路。

电流互感器二次回路开路时可能造成继电保护及自动装置发生误动或拒动，表计指示不正常、监控系统相关数据显示不正确，电流互感器本体及保护装置、仪表、二次回路放电、冒烟甚至烧坏，此外对人身安全也存在严重的威胁。

因此电流互感器二次回路开路时，首先要解除对人身与设备安全的威胁，必要时停用有关保护；在进行检查、短接处置过程中，必须注意安全，应注意开路的二次回路有异常的高电压，应戴绝缘手套，穿绝缘靴（或站在绝缘垫上），使用合格的绝缘工具，在严格监护下进行。

3. 电压互感器二次短路

电压互感器不允许二次短路。

电压互感器二次回路短路时其阻抗减小，通过二次回路的电流增大，导致二次侧熔断器熔断影响表计指示，引起保护误动作，还会烧坏电压互感器二次绕组；此时若电压互感器内部发生匝间、层间短路等，高压熔断器不一定熔断，一次线圈上长时间流过大于额定电流很多的故障电流，会造成线圈过热、冒烟甚至起火。

电压互感器仅二次回路短路但内部无故障时，若一次侧熔断器未熔断，则可拉开其一次侧隔离开关，停用故障电压互感器；若电压互感器内部有故障时，不得直接用拉一次侧隔离开关的方法隔离故障互感器，只能通过断开其上级电源后方可拉隔离开关。正常的电压互感器不得与故障的电压互感器并列运行。

二、互感器须立即停运处置的情况

当互感器发生喷油燃烧或流胶，严重漏油、瓷质损坏或有放电现象，膨胀的伸长明显超过环境温度时的规定值，SF₆气体绝缘互感器严重漏气，红外测温检查发现内部过热，干式互感器出现严重裂纹、放电，充油互感器色谱分析证明内部有严重的放电故障以及内部发出异声、过热，并伴有冒烟及焦臭味时，应立即停运处置。

电压互感器高压熔断器连续熔断两次时，也应立即停运处置。

此外，还应防止电流互感器内部故障可能引起的爆炸或继电保护误动、拒动而导致的事故扩大。

第十三节 二次设备异常处置

一、常见的异常

二次设备常见异常主要有装置异常、二次回路异常、通信异常和其他异常等。

1. 装置异常

装置异常主要有装置电源故障、插件故障、显示屏故障、装置死机等。

2. 二次回路异常

二次回路异常主要有保护出口跳闸、合闸回路异常，直流回路接地、直流空气开关（或熔断器熔断）断开、交直流混线，电压互感器、电流互感器二次回路开路、回路接地短路、继电器触点接触不良、接线错误等。

3. 通信异常

通信异常主要是指线路纵差保护、远方跳闸、电网安全自动控制装置通信异常和智能变电站通信网络异常。

4. 其他异常

主要有软件逻辑缺陷、整定值不符合要求、现场人员误触误碰、继电保护室施工振动过大、高频波干扰等。

二、造成的危害

二次设备异常将造成保护及安全自动控制装置停用、误动或拒动，可能造成或扩大事故，给电力系统安全稳定运行带来极大的威胁。

1. 保护停用

若配置唯一一套保护，则相应的一次设备将失去保护运行，一旦发生故障无法切除。若双重化配置的保护之一停用，增加了电网的风险，因为一旦另一套保护也退出，则相应的一次设备将失去保护运行，一旦发生故障无法切除。除系统运行方式和检查工作的需要，以及允许退出的继电保护及安全自动控制装置外，凡带有电压的一次设备均不得无保护运行。

2. 保护误动或拒动

电网一次系统未发生故障，由于继电保护装置发生动作跳闸，称"保护误动"。保护误动使无故障的元件切除，破坏电网结构，在电网薄弱地区可能影响电网安全。

电网一次系统发生故障，由于继电保护的原因使断路器不能动作跳闸，称为"保护拒动"。保护拒动时保护失去了选择性，使应该切除故障的保护未动作，靠近后备或远后备保护切除故障。保护拒动造成事故扩大和多元件跳闸，影响电网的稳定。

3. 安全自动装置停用

安全自动装置停用使电网的安全稳定水平降低。

4. 安全自动装置误动或拒动

安全自动装置误动会切除机组、负荷或多个运行元件,动作行为与保护误动行为相似。如果是涉及面较广的多厂(站)联合型的安全自动装置误动,可能切除多个元件,对电网影响很大。

安全自动装置拒动可能使电网发生较大事故时失去稳定,不能及时控制事故形态,使事故扩大甚至电网崩溃。

三、处置原则

厂站运行值班人员、监控值班员以及输变电设备运维人员发现继电保护和安全自动控制装置、测控装置异常或缺陷时,现场应立即按运行规程规定积极处理,并应及时向值班调度员汇报,异常或缺陷应在装置退出运行后及时处理。

当保护误动或拒动时,值班调度员应通过综合分析断路器状态、相邻元件的保护动作情况、同一元件不同保护动作情况、故障录波器动作情况、保护动作原理等信息来判断保护是否拒动或误动。运行中若明确判断保护为误动,可将误动保护停用。

安全自动控制装置停用时,应制定相应的控制策略,及时限制某些电源点的功率或断面潮流,并做好事故处置预案。电网发生事故后如明确为安全自动控制装置误动时,应将误动的安全自动控制装置退出,将所切机组并网、尽快恢复所切负荷。电网发生事故后如明确为安全自动控制装置拒动时,值班调度员、厂站运行值班人员、监控值班员,以及输变电设备运维人员应迅速采取措施,将电网控制在安全范围内;同时,应将拒动的安全自动控制装置退出检查。

保护通道或安全自动装置通道发生异常导致保护功能失去或安全自动装置无法正常运行时,应退出受影响的保护或退出受影响的安全自动装置相应功能,待通道恢复正常后再投入。线路一侧纵联保护异常时,应在两侧纵联保护功能退出后,方能开展检查处理工作。按断路器单套配置的断路器失灵保护异常退出运行时,该断路器应停运。

远动装置、调度数据网设备异常时,需确认相关业务已切换至另一套设备并运行正常后,方可开展异常处置工作。

投入 AGC 功能的机组发生异常或 AGC 功能不能正常运行时,电厂值班人员可停用 AGC 设备,将机组切至"就地控制",并汇报调度。异常处理完毕后,应立即向调度汇报并由调度下令恢复 AGC 运行。

AVC 系统异常不能正常控制变电站无功电压设备时,调控机构监控值班员、厂站运行值班人员及输变电设备运维人员应汇报相关调控机构,退出相关变电站 AVC 系统控制装置,并通知运维单位进行处理。

四、智能变电站二次设备缺陷分类

智能变电站二次设备出现异常时，按缺陷严重程度和对安全运行造成的威胁大小，判断缺陷性质，分为危急、严重、一般三个等级。

1. 危急缺陷

危急缺陷是指性质严重，情况危急，直接威胁电网或设备安全运行的隐患，应当立即采取应急措施，并积极组织力量予以消除。一次设备失去主保护时，一般应停运相应设备；继电保护存在误动风险时，一般应退出该保护；继电保护存在拒动风险时，应保证有其他可靠保护作为运行设备的保护。

合并单元故障、交流光纤通道故障、开入量异常变位可能造成保护不正确动作、保护装置故障或异常退出、GOOSE 交换机故障、GOOSE 断链、光功率发生变化导致装置闭锁、智能终端故障、控制回路断线或控制回路直流消失以及其他直接威胁安全运行的情况的缺陷都属于危急缺陷。

2. 严重缺陷

严重缺陷是指设备缺陷情况严重，有恶化发展趋势，影响保护正确动作，对电网和设备安全构成威胁，可能造成事故的缺陷。严重缺陷可在专业维护人员到达现场进行处理时再申请退出相应装置。缺陷未处理期间，现场运维人员应加强监视，保护有误动风险时应及时处置。

保护通道异常告警、保护装置异常或告警、录波器故障、录波器频繁启动或电源消失、保护装置液晶显示屏异常、操作箱指示灯不亮但造成控制回路断线、母线保护隔离开关辅助触点开入异常但不影响母线保护正确动作、异常信息频繁动作复归以及无人值守站的保护信息通信中断等缺陷都属于严重缺陷。

3. 一般缺陷

一般缺陷是指上述危急、严重缺陷以外的，性质一般，情况较轻，保护能继续运行，对安全运行影响不大的缺陷。一般缺陷可列入检验计划中予以消除，但一般不超过一个月。

时钟装置失灵或时间不对、保护装置时钟无法调整、有人值守站的保护信息通信中断以及其他对安全运行影响不大的缺陷都属于一般缺陷。

第十四节 系统振荡故障处置

一、系统振荡故障定义

《国家电网有限公司安全事故调查规程》（国家电网安监〔2020〕820号）规定："220kV以上系统中，并列运行的两个或几个电源间的局部电网或全网引起振荡，且振荡超过一个周期（功角超过 360°），不论时间长短，或是否拉入同步"即构成五级电网事件。

《国家电网有限公司安全事故调查规程》（国家电网安监〔2020〕820 号）规定："220kV 以上电网发生振荡，导致机组跳闸或安全自动装置动作"或"110kV（含 66kV）以上局部电网与主网解列运行"即构成六级电网事件。

《国家电网有限公司安全事故调查规程》（国家电网安监〔2020〕820 号）规定："电网发生振荡，导致电网异常波动；或因电网侧原因造成电厂出现扭振保护动作导致机组跳闸"即构成七级电网事件。

系统振荡是指发电机与电网电源之间或电网两部分电源之间功角 δ 的摆动现象。电力系统的振荡包括同步振荡、异步振荡、低频振荡、次同步振荡等。

1. 同步振荡

当发电机输入或输出功率变化时，功角 δ 将随之变化，但由于机组转动部分的惯性，δ 不能立即达到新的稳态值，需要经过若干次在新的 δ 值附近振荡后，才能稳定在新的 δ 下运行。这一过程即发电机仍保持在同步运行状态下的振荡，即为同步振荡。

2. 异步振荡

在系统发生异步振荡时，电网频率不能保持在同一个频率，同步发电机的功角 δ 在 0°～360°的范围内周期性变化，所有电气量和机械量波动明显偏离额定值，发电机与电网失去同步运行的状态，发电机、变压器和电网联络线上的电流、电压、功率周期性地大幅度摆动。在异步振荡时，发电机一会儿工作在发电机状态，一会儿工作在电动机状态。

3. 低频振荡

并列运行的发电机间在小扰动下发生的频率在 0.2～2.5Hz 的范围内持续振荡的现象。

4. 次同步振荡

当发电机经串联电容补偿的线路接入电网时，如果串补偿较高，网络的电气谐振频率容易和大型汽轮发电机的轴系自然扭振频率产生谐振，造成发电机大轴扭振破坏。通常次谐振频率低于同步频率。

二、系统振荡时的现象

1. 同步振荡现象

当发生同步振荡时，电网频率可以保持相同，各电气量的波动范围不大（发电机、联络线电流表和有功表周期性摆动，电压表摆动不大，发电机有功和无功不过零），功角随之波动，经过若干次波动后，振荡在有限的时间内衰减，随后重新进入新的平衡运行状态。

2. 异步振荡现象

发电机、变压器和线路的电压、电流、功率表的指针周期性的剧烈摆动，发电机、调相机发出周期性的嗡鸣声。电压波动大，电灯忽明忽暗，振荡中心附近摆动最大，电压周期性地降至接近于零。失去同期的发电厂或系统间联络线的输送功率、运行功率则往复摆动，每个振荡周期内的平均有功功率接近于零。失去同期的发电厂或系统间出现明显频率差异，送端频率升高，受端频率降低，并略有摆动。

3. 低频振荡现象

在电力系统中，发电机经输电线路并列运行时，在负荷突变等小扰动的作用下，发电机转子之间会发生相对摇摆，这时电力系统如果缺乏必要的阻尼就会失去动态稳定。由于电力系统的非线性特性，动态失稳表现为发电机转子之间的持续的振荡，同时输电线路上功率也发生相应的振荡，影响了功率的正常输送。由于这种持续振荡的频率很低，一般为 0.2～2.5Hz，故称为低频振荡。

4. 系统振荡与短路的区别

振荡时电网各点电流和电压均做往复性摆动，电流、电压值的变化速度较慢，而短路时，电流、电压是突变的，即电流、电压值的突然变化量很大。振荡时电网任何一点电流与电压之间的相位角都随功角 δ 的变化而变化，而短路时电路电流与电压之间的相位角是基本不变的。振荡时电网三相是对称的，而短路时电网可能出现三相不对称。

三、系统振荡的原因分析

在电力系统事故发生后，若不及时采取有效措施，可能导致电力系统暂态稳定破坏；一些结构薄弱的电力系统中也可能发生静态稳定破坏事故。电力系统稳定破坏或其他一些原因（如发电机失磁或电源的非同期合闸等）均可能引起电力系统振荡。

1. 同步、异步振荡原因分析

（1）输电线路输送的功率超过极限值造成静态稳定破坏。

（2）电网发生短路故障，切除大容量的发电、输电或变电设备（如发生事故时断路器或继电保护拒动、误动，无自动调节装置或虽有而失灵），负荷瞬间发生较大突变等造成电力系统暂态破坏。

（3）输变电设备故障跳闸后（如送、受端之间的大型联络变压器突然断开或电网大型机组突然切除、环状网络或并列双回线突然解环），使系统间的联系阻抗突然增大，引起动稳定破坏而失去同步。

（4）大容量机组（特别是送端发电厂）调速器失灵、进相运行、跳闸或失磁、大型调相机欠励磁运行，使电网联络线负荷增大或使电网电压严重下降，造成联络线稳定极限降低，导致稳定破坏。

（5）电网发生非同期并列未能拖入同步。

（6）多重故障。

（7）弱联系统阻尼不足或其他偶然因素。

2. 低频振荡原因分析

低频振荡产生的原因是电力系统的阻尼效应，常出现在弱联系、远距离、重负荷的输电线路上，在采用快速、高放大倍数励磁系统的条件下更容易发生。

一般认为，现代电力系统中大容量发电机的标幺值电抗增大，造成了电气距离的增大，再加之远距离重负荷输电，造成系统对于机械模式（其频率由等值发电机的机械惯性决定）的阻尼减少了；同时由于励磁系统的滞后特性，使得发电机产生一个负的阻尼转矩，导致低频振荡的发生。

3. 次同步振荡原因分析

次同步振荡产生的主要原因是当发电机经串联电容补偿的线路接入电网时，如果串联补偿较高，对高压直流输电线路（high voltage direct current，HVDC）或 SVC 的控制参数选择不当时，也可能激发次同步振荡。

四、系统振荡造成的危害

发电机不能维持正常运行，电网的电流、电压和功率将大幅度波动，且离振荡中心越近振荡幅度越大，严重时将使电网解列，并造成部分发电厂停电及大量负荷停电，从而造成巨大的经济损失。

电力系统振荡时，对继电保护装置的电流继电器、阻抗继电器都会有影响。

1. 对电流继电器的影响

当振荡电流达到继电器的动作电流时，继电器动作；当振荡电流降低到继电器的返回电流时，继电器返回。因此电流速断保护肯定会误动作。一般情况下振荡周期较短，当保护装置的时限大于 1.5s 时，就可能躲过振荡而不误动作。

2. 对阻抗继电器的影响

周期性振荡时，电网中任一点的电压和流经线路的电流将随两侧电源电动势间相位角的变化而变化。振荡电流增大，电压下降，阻抗继电器可能动作；振荡电流减小，电压升高，阻抗继电器返回。如果阻抗继电器触点闭合的持续时间长，将造成保护装置误动作。

五、系统振荡时处理原则

1. 总则

当出现电力系统振荡现象时，要迅速采取有效措施，使之尽快平息。目前广泛采用的措施是恢复同步和系统解列，一般处理原则如下：

当系统发生振荡时，各发电厂及装有调相机的变电站，应不待调度指令立即充分利用发电机、调相机的过负荷能力增加励磁，提高电压至最大允许值，直至设备达到过负荷承受极限为止。且不得任意将发电机或调相机解列，若发电机失磁应立即降低有功功率，并恢复发电机励磁，否则将失磁机组解列。

频率降低的发电厂，应充分利用备用容量（包括启动备用水轮机组）和事故过负荷能力提高频率、电压直至消除振荡或恢复到正常频率为止；必要时值班调度员可下令切除部分用电负荷。频率升高的发电厂，迅速降低发电机功率，提高电压，使其频率降低至与受端系统频率接近；同时注意保证火电厂厂用电系统的正常运行。

如仍无法消除振荡，值班调度员有权根据振荡现象，采用手动切除设备、负荷或解列系统的方式进行处理。

2. 同步、异步振荡处理原则

发电厂、变电站应迅速采取措施提高系统电压。在系统振荡时，除现场事故处置规定者外，发电厂运维人员不得解列任何机组。若由于机组失磁而引起系统振荡时，应立即将失磁机组解列，但应注意与汽轮机发生失磁异步运行状况时的区别，汽轮机失磁异步运行时功率、电流也有小的摆动现象。

不论频率升高或降低，各电厂都要按发电机事故过负荷规定，最大限度地提高励磁电流。发电厂应迅速采取措施使电网恢复正常频率（一般不低于49.5Hz）。频率升高的电厂，应迅速降低发电功率，直到振荡消除或恢复到正常频率为止。频率降低的电厂，应充分利用备用容量和事故过负荷能力提高频率，直到消除振荡或恢复到正常频率为止。必要时，值班调度员可以发布命令使受端切除部分负荷。

值班调度员应争取在3～4min内消除振荡，否则应在适当地点将部分电网解列。环状系统解列操作引起系统振荡时，应立即投入解列的断路器。

3. 低频振荡处理原则

采用励磁控制系统的附加控制构成的电力系统稳定器或其他方式，可以补偿负的阻尼转矩，抑制低频振荡。

当系统发生低频振荡后，一般情况下能自行消失，若长时间不消失，且振荡功率有增大趋势，首先判断出发生低频振荡的系统位置，其次判断出振荡系统的送端和受端。发生低频振荡的发电机应退出快速励磁而改为手动或常规励磁。

值班调度员立即降低振荡时送端系统主要发电机组（对系统稳定影响最大的机组）的有功功率，降低联络线的有功潮流，同时提高送端系统主要发电机组的无功功率和母线电压；还应立即增加受端系统机组有功功率和无功功率，提高受端系统母线电压。

如线路、变压器等设备停电操作引起低频振荡，应立即恢复线路、变压器等停电设备运行。如发电机并列操作引起系统低频振荡，应立即解列该发电机组。如线路、变压器等设备事故跳闸引起系统低频振荡，应立即按规定控制相关断面、联络线等潮流，有条件要尽快恢复跳闸设备运行。如因改变发电机励磁系统自动励磁调节器或 PSS 运行状态引起系统低频振荡，应立即恢复发电机自励磁调节器或 PSS 原运行状态。

如低频振荡导致系统稳定破坏，按系统稳定破坏事故处置原则处理。

4. 次同步振荡处理原则

附加和改造一次设备；降低串联电容器补偿度；通过二次设备提供对扭振模式的阻尼（类似于 PSS 的原理）。

5. 非同步运行处理原则

为了使失去同步的电力系统能够迅速恢复正常运行，并减少运行操作，在全部满足下列三个条件的前提下，可以允许失去同步的局部系统做短时间的非同步运行而后再同步。

（1）非同步运行时通过发电机，同期调相机的振荡电流在允许范围内，不致损坏系统重要设备。

（2）在非同步运行过程中，电网中枢变电站或重要负荷变电站的母线电压波动最低值不低于额定电压的 75%，因而不致甩掉大量负荷。

（3）系统只有两个部分之间失去同步，应通过预定的手动或自动装置调节，能使之迅速恢复同步运行。

第十五节　小电流接地系统单相接地故障处置

一、接地现象

小电流接地系统发生单相接地后，接地相电压降低或等于零，其他两相电压升高或为线电压，此时为金属性接地。金属性接地时，电压数值无波动，若数值不停地波动，则为间歇性接地。电压互感器开口三角电压 $3U_0$ 增大。发生弧光间歇性接地故障，非故障相的相电压有可能升高到额定电压的 2.5～3 倍。

二、接地性质判断

小电流接地系统中除单相接地外，铁磁谐振、TV 断线、线路断线都会使电压互感器开口三角电压 $3U_0$ 也增大，并可能导致绝缘监测装置动作。此时系统并没有真正接地，而装置却发出了接地信号，这种接地称为"假接地"，只有准确、快速地判断故障，才可能及准确地处理故障。小电流接地系统接地性质判断分析表见表 5-1。

表 5-1　　　　　　　　　小电流接地系统接地性质判断分析表

故障类型		故障后电压变化情况	
		三相相电压	开口三角电压
单相接地	金属性接地	一相为零，另两相电压升高为线电压	100V
	非金属性接地	一相降低，不为零；另两相电压上升，接近线电压	30～100V
铁磁谐振	分频谐振	三相电压依次轮换升高，且电压表指针在同范围内出现低频摆动，一般不超过 2 倍相电压	<100V
	基波谐振	一相（两相）降低，不为零；另两相（一相）升高，大于线电压，一般不超过 3 倍相电压	<100V
	高频谐振	三相同时升高，升高数值大于线电压，一般不超过 3～3.5 倍相电压	>100V

故障类型		故障后电压变化情况		
		三相相电压		开口三角电压
TV 断线	开口三角绕组一相或两相接反	三相正常		66.7V
	二次中性线断线，同时一次系统单相接地	三相正常		100V
	一次一相（两相）断线	一相（两相）降低，其他相正常		33.3V
单回线路断线及相继故障	单相断线	电源侧	一相上升，小于 1.5 倍相电压；两相下降，大于 86.6% 的相电压	两侧和为 50V
		负荷侧	一相降低，小于 50% 的相电压；另两相降低，大于 86.6% 的相电压	
	单相断线且电源侧相继接地	电源侧	一相为 0，另两相上升为线电压	100V
		负荷侧	一相上升为 1.5 倍相电压，另两相上升为线电压	150V
	单相断线且负荷侧相继接地	电源侧	一相上升为 1.5 倍相电压，另两相电压下降为 86.6% 的相电压	50V
		负荷侧	一相下降为 0，另两相下降为 86.6% 的相电压	0
	两相断线	电源侧	一相降低，另两相上升	两侧和为 100V
		负荷侧	三相降低	
	两相断线且电源侧相继接地	电源侧	一相为 0，另两相上升为线电压	100V
		负荷侧	三相上升为线电压	173V
	两相断线且负荷侧相继接地	电源侧	一相为 0，另两相上升为线电压	100V
		负荷侧	三相下降为 0	0

从小电流接地系统接地性质判断分析表中可以得出：TV 断线在某一时刻一般只发生在一个变电站的一段母线；单相接地时，整个小电流接地系统都将发生相同的电压变化；线路断线时，其两侧电压有较大区别，线路电流也有明显变化；铁磁谐振时，其电压变化特征特别突出。

三、原因分析

小电流接地系统单相接地故障发生的原因主要有：恶劣天气影响，如雷雨、大风、地震、泥石流等；线路断线后导线与金属支架或地面、树木接触；设备绝缘不良，如老化、受潮、绝缘子破裂、表面污秽等原因造成击穿接地；人员过失及小动物、鸟类等原因；线路走廊清理不彻底，如树木、违章建筑等；其他外力破坏，如吊车、超高车辆触碰带电导体或地下施工电力电缆遭到破坏等。

四、造成危害

小电流接地系统发生单相接地故障后造成的危害主要有:跨步电压危害生物的生命;非故障相对地电压升高,系统中的绝缘弱点可能击穿,造成短路故障;故障点产生电弧,会烧坏设备并可能发展成相间短路故障;可能发生间歇性弧光接地,造成谐振过电压(在一定条件下,产生串联谐振过电压,其值可达相电压的 2.5~3 倍),使故障系统内绝缘子绝缘击穿,造成严重的短路事故;可能破坏区域电网系统稳定,造成更大事故;长时间运行,电压互感器过热烧毁,影响供电可靠性。

五、小电流接地系统单相接地处理原则

因为当前宁夏电网小电流接地系统中变压器中性点经消弧线圈接地的情况不多见,因此本部分仅对中性点不接地系统发生单相接地处理原则进行分析。

1. 单相接地故障现象

中性点不接地系统发生单相接地时,接地故障相对地电压下降,其他两相电压升高,开口三角电压升高,接地信号装置发出信号,继电保护不动作。若为金属性接地故障,接地相对地电压下降至零,其他两相电压升至线电压,开口三角电压 $3U_0$ 接近 100V。

2. 单相接地事故处置方法

当系统发生单相接地故障时,为缩小受影响的范围,如系统可分割为几个独立部分,则应尽可能进行分割,以确定故障区域;确定故障区域后,结合接地选线装置告警信息进行拉路选线并确定接地线路。

系统分割时,应考虑分割后的线路或变压器是否会过负荷,并注意信号及保护装置的动作条件有无变更。

第十六节　调度通信联系中断处置

一、造成的危害

调度通信联系中断时,调度员、监控值班员无法和厂(站)联系,调度、监控业务无法进行;当电网发生异常或事故时,调度员、监控值班员无法了解电网状况,影响分析、判断、处理。

二、处置原则

调控机构、厂站运行值班单位及输变电设备运维单位因调度通信联系中断不能与上级调控机构直接联系时,应利用一切可能的通信方式进行联系,或设法委托其他单位联系,并立即通知有关部门积极采取措施尽快恢复通信联系。如不能尽快恢复,应保证具

备调度业务联系资质的人员在调度电话旁值守，待通信恢复后及时接听调度电话。

通信中断期间，上级调控机构可通过有关下级调控机构的通信联系转达调控业务。故障时凡能与区调通信畅通的调控机构、厂站运行值班单位及输变电设备运维单位有责任向与区调失去联系的单位转达区调指令和联系事项。

失去通信联系的发电厂，按给定的负荷、电压曲线运行，同时要注意频率、电压变化及联络线潮流情况。在通信中断期间，发电厂和变电站的运行方式尽可能保持不变，一切已批准但未执行的计划及临时操作应暂停执行。正在进行检修的设备，在通信中断期间完工，可以恢复运行时，只能待通信恢复正常后再恢复运行。

在失去通信联系期间，各单位要做好有关记录，通信恢复后尽快向值班调度员补报通信中断期间应汇报的事项。凡涉及电网安全问题或时间性没有特殊要求的调控业务联系，失去通信联系后，在与值班调度员联系前不得自行处理，紧急情况按厂站规程处理。在通信中断期间进行的故障处置情况，各单位应在事后尽快汇报区调。

当区调值班调度员下达操作指令后，受令方未重复指令或虽已重复指令但未经区调值班调度员同意执行操作前失去通信联系，则该操作指令不得执行；若已经区调值班调度员同意执行操作，可以将该操作指令全部执行完毕。在未取得联系前，通信联系中断的调控机构、厂站运行值班单位及输变电设备运维单位，应暂停可能影响系统运行的设备操作。区调值班调度员在下达了操作指令后而未接到完成操作指令的报告前，与受令单位失去通信联系，则仍认为该操作指令正在执行中。

通信中断期间，若出现电网故障，当电网频率异常时，各发电厂按照频率异常处理规定执行，并注意线路输送功率不得超过稳定极限；当电网电压异常时，监控值班员、厂站运行值班人员应及时按规定调整电压，视电压情况投切无功补偿设备。

根据相关规定要求，必要时启用备调。

第十七节　调度自动化系统主要功能失效处置

一、调度自动化系统的定义

调度自动化系统又称为信息集中处理的自动化系统，可以通过设置在各发电厂、变电站的远动终端（remote terminal unit，RTU）采集电网运行的实时信息，通过信道传输到设置在调控中心的主站上。它是调度员了解和监视电网运行状况（电网的连接状况-拓扑状态和电网潮流-功率流向）、控制和改变电网运行状态（自动和手动控制和调节）、维持电网运行质量和经济性（发电控制、电压无功控制和经济调度）、预防和处理电网事故的有力工具（状态估计、调度员潮流、安全分析、安全约束调度、稳定分析等）。

二、造成的危害

当调控中心调度机构的电网自动化系统异常时,会导致运行人员无法监视电网状态,影响正常的调度工作。当 AGC、AVC 等系统发生异常时,无法对现场设备发布命令,从而导致频率和电压偏离目标值。

厂(站)自动化设备异常时,该厂(站)的遥测、遥信信息无法上传,调度指令无法下达至该厂(站)。

三、处理原则

发电厂、变电站调度远动信息中断,调控人员无法监视现场运行情况时,调控机构和现场应加强电话联络,互通情况。区调调度自动化系统主要功能失效期间,除电网异常故障处置外,不允许进行系统操作。

应通知所有直调电厂,将区调给定模式的 AGC 均改为就地控制方式,保持机组出力不变;通知所有直调电厂、变电站,加强监视设备状态及线路潮流;通知监控站运维单位安排有人值守,发生异常情况及时汇报区调。

汇报国调、西北网调并通知各地调,区调调度自动化系统主要功能失效。各地调应严格按计划用电,并对地区内区调调管设备加强监视,发现重要断面潮流达到稳定限额时及时汇报。

调控人员和现场人员应及时同自动化(或通信)等相关部门联系,尽快恢复自动化信息系统。

根据相关规定要求,必要时启用备调。

第十八节　故障信息汇报

为提高调度系统对突发事件应对能力,强化电网运行统筹协调,确保发生重大事件时信息通报及时、准确、畅通,保障电网安全运行,国家电网有限公司依据《电力安全事故应急处置和调查处理条例》(国务院 599 号令)、《国家大面积停电事件应急预案》、《国家电网公司大面积停电事件应急预案》(2010 年修订版)(国家电网安监〔2010〕1482号)、《国家电网公司电网调度控制管理通则》、《国家电网有限公司安全事故调查规程》(国家电网安监〔2020〕820 号),制定了对于重大事件汇报的规定。

一、重大事件分类

电网重大事件按事件影响大小共分为特急报告类事件、紧急报告类事件、一般报告类事件三级。

1. 特急报告类事件

（1）《电力安全事故应急处置和调查处理条例》规定的特别重大事故、重大事故中涉及电网减供负荷的事故，以及《国家大面积停电事件应急预案》《国家电网公司大面积停电事件应急预案》规定的特别重大、重大大面积停电事件。

（2）《国家电网有限公司安全事故调查规程》（国家电网安监〔2020〕820 号）规定中涉及电网减供负荷的事件。

2. 紧急报告类事件

（1）《电力安全事故应急处置和调查处理条例》规定的较大事故、一般事故中涉及电网减供负荷的事故，以及《国家大面积停电事件应急预案》《国家电网公司大面积停电事件应急预案》规定的较大、一般大面积停电事件。

（2）《电力安全事故应急处置和调查处理条例》规定的较大事故、一般事故中涉及电网电压过低、供热受限的事故。

（3）《国家电网有限公司安全事故调查规程》（国家电网安监〔2020〕820 号）规定中涉及电网减供负荷、电压过低、供热受限的事件。

（4）除上述事件外的如下电网异常情况：①省（自治区、直辖市）级电网与所在区域电网解列运行故障。②区域电网内 500kV 以上电压等级同一送电断面出现 3 回以上线路相继跳闸停运的事件；因同一次恶劣天气、地质灾害等外力原因造成区域电网 500kV 以上线路跳闸停运 3 回以上，或省级电网 220kV 以上（西藏电网 110kV 以上）线路跳闸停运 5 回以上的事件。③北京、上海、天津、重庆等重点城市发生停电事件，造成重要用户停电，对国家政治、经济活动造成重大影响的事件。④电网重要保电时期出现保电范围内减供负荷、拉限电等异常情况。

3. 一般报告类事件

（1）《国家电网有限公司安全事故调查规程》（国家电网安监〔2020〕820 号）规定的五级电网事件及五级设备事件中涉及电网安全的内容。

（2）电网内出现四级以上的"电网运行风险预警通知单"对应的停电检修、调试等事件。

（3）除上述事件外的如下电网异常情况：①发生 110kV 以上局部电网与主网解列运行故障事件。②装机容量在 3000MW 以上电网，频率偏差超出 50 ± 0.2Hz；装机容量在 3000MW 以下电网，频率偏差超出 50 ± 0.5Hz。③因 220kV（西藏电网 110kV）以上电压等级厂站设备非计划停运造成负荷损失、拉路限电、稳控装置切除负荷、低频低压减负荷装置动作等减供负荷事件。④公司经营水电厂发生重大设备损坏，导致单机容量在 100MW 以上机组 14 天内不能正常运行的事件。⑤在电力供应不足或特定情况下，电网企业在当地电力主管部门的组织下，采取限电、拉闸等有序用电措施。⑥当举办党和国家重大活动、重要会议时，电网企业承办重要保电工作，接到保电任务后便开始编制调度保电方案。⑦厂站发生 220kV（西藏电网 110kV）以上任一电压等级母线故障全停或强迫全停事件。⑧通过 220kV（西藏电网 110kV）以上电压等级并网且水电装机容量在 100MW 以上或火电、核电装机容量在 1000MW 以上的电厂运行机组故障全停或强迫全停事件。⑨一次事件造成风电、光伏出现大规模脱网，脱网容量在 500MW 以上。⑩220kV（西藏电网 110kV）以上 TA、TV 着火或爆炸等设备事件。⑪单回 500kV 以上（西藏电网 220kV）电压等级线路故障停运及强迫停运事件。⑫电网发生低频振荡、次同步振荡、机组功率振荡等异常电网波动；火电厂出现轴系振荡引起扭振保护（TSR）动作导致机组跳闸的情况。⑬因电网原因造成电气化铁路运输线路停运的事件。⑭恶劣天气、水灾、火灾、地震、泥石流及外力破坏等导致 110（66）kV 变电站全停、3 个以上 35kV 变电站全停或减供负荷超过 40MW 等对电网运行产生较大影响的事件。⑮地级以上调控机构、220kV（西藏电网 110kV）以上厂站发生误操作、误整定等恶性人员责任事件。⑯地级以上调控机构通信全部中断、调度自动化系统（SCADA）、AGC 功能全停超过 15min，对调控业务造成影响的事件。⑰县级以上调控机构调控场所（包括备用调控场所）发生停电、火灾等事件；省级以上调控机构调控场所（包括备用调控场所）发生主备调切换等事件。⑱省级以上调控机构接受电力监管，或监管机构监管检查中下发事实确认书、整改通知书内容涉及调控机构的事件。⑲因电网原因造成电铁延误、公共场所停电等媒体报道并产生较大社会影响的电网事件。⑳其他对调控运行或电网安全产生较大影响及造成较大社会影响的事件。

二、汇报要求

1. 时间要求

（1）在直调范围内发生特急报告类事件的调控机构调度员，须在 15min 内向上一级调控机构调度员进行特急报告，省调调度员须在 15min 内向国调调度员进行特急报告。

（2）在直调范围内发生紧急报告类事件的调控机构调度员，须在 30min 内向上一级调控机构调度员进行紧急报告，省调调度员须在 30min 内向国调调度员进行紧急报告。

（3）在直调范围内发生一般报告类事件的调控机构调度员，须在 2h 内向上一级调控机构调度员进行一般报告，省调调度员须在 2h 内向国调调度员进行一般报告。

（4）相应调控机构在接到下级调控机构事件报告后，应按照逐级汇报的原则，5min 内将事件情况汇报至上一级调控机构，省调应同时上报国调和分中心。

（5）特级报告类、紧急报告类、一般报告类事件应按调管范围由发生重大事件的调控机构尽快将详细情况以书面形式报送至上一级调控机构，省调应同时抄报国调。

（6）分中心或省调发生电力调度通信全部中断事件应立即报告国调调度员；地县调发生电力调度通信全部中断事件应立即逐级报告省调调度员。

（7）各级调度自动化系统要具有大面积停电分级告警和告警信息逐级自动推送功能。

2．内容要求

（1）发生文中规定的重大事件后，相应调控机构的汇报内容主要包括事件发生时间、概况、造成的影响等情况。

（2）在事件处置暂告一段落后，相应调控机构应将详细情况汇报上级调控机构，内容主要包括：事件发生的时间、地点、运行方式、保护及安全自动装置动作、影响负荷情况；调度系统应对措施、系统恢复情况；以及掌握的重要设备损坏情况，对社会及重要用户影响情况等。

（3）当事件后续情况更新时，如已查明故障原因或巡线结果等，相应调控机构应及时向上级调控机构汇报。

3．组织要求

（1）发生特急报告类、紧急报告类事件，除值班调度员报告外，相应调控机构负责生产的相关领导应及时了解情况，并向上级调控机构汇报事件发展及处理的详细情况，符合《电力安全事故应急处置和调查处理条例》《国家电网有限公司安全事故调查规程》（国家电网安监〔2020〕820号）调查条件的事件，要及时汇报调查进展。

（2）在发生严重电网事故或受自然灾害影响，恢复系统正常方式需要较长时间时，相关调控机构应随时向上级调控机构汇报恢复情况。

（3）信息报送严格执行保密有关规定，严禁通过微博、微信、QQ等社交网络进行信息传递，严禁私自发布事故（事件）相关信息。

（4）对于因汇报不及时、不准确等造成恶劣社会影响或工作被动等的，将根据有关规定严肃处理。

第六章 典型案例分析

第一节 变电站全停事故

案例一 运维人员误操作造成某330kV变电站事故扩大导致全停

一、故障概要

某日330kV永胜线发生A相接地故障，永安变电站侧3360、3362断路器跳闸，胜利变电站侧3341断路器跳闸及3340断路器未跳开，造成330kV胜利变电站内330kV胜香Ⅰ线、胜香Ⅱ线、胜原Ⅰ线、胜原Ⅱ线、胜永线、胜长线6条线路全部跳闸，全站失压，造成香山电厂全停，损失负荷20MW。

二、故障前运行方式

1. 故障前的电网运行方式

330kV胜利变电站330kV系统为3/2接线，第一、第二、第三、第四串成串运行。3942胜永线、3101胜原Ⅰ线、3102胜香Ⅰ线、3103胜香Ⅱ线、31316胜原Ⅱ线、31317胜长Ⅰ线、1号主变压器、2号主变压器正常运行，胜利变压器330kV系统运行如图6-1所示。110kV为双母单分段，Ⅰ、Ⅱ母分列运行，110kVⅠ、Ⅲ母经母联1100成单母运行，母联1110、1120断路器热备用。35kVⅠ、Ⅱ母分列运行，胜利变电站110kV/35kV系统运行如图6-2所示。

2. 检修安排情况

胜利变电站当日一、二次设备均无检修工作，电网电压、频率均运行正常。故障前电网运行方式如图6-3所示。

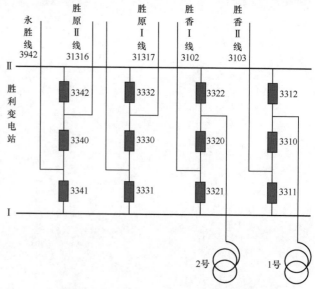

图6-1 胜利变电站330kV系统运行图

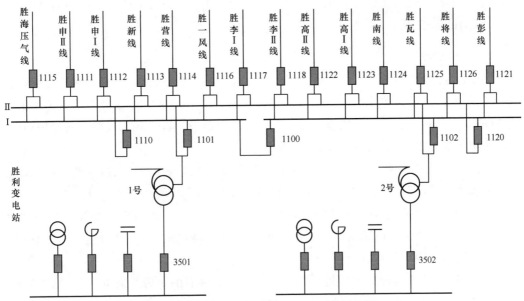

图 6-2 胜利变电站 110kV/35kV 系统运行图

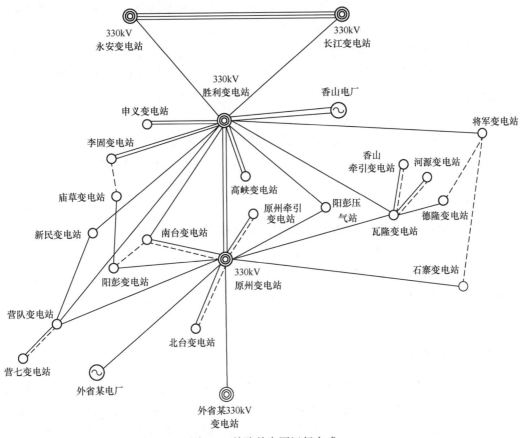

图 6-3 故障前电网运行方式

三、故障经过

1. 具体过程

09:13 330kV 永胜线光纤差动保护动作，永安变电站侧 3360、3362 断路器跳闸，胜利变电站侧 3341 断路器跳闸，3340 断路器未跳开，由于 330kV 3942 永胜线线路保护装置 3340 出口压板、启动失灵压板未投入，造成故障越级，4s 后相邻线路后备保护动作，对侧变电站断路器跳闸，切除故障，造成全站失压。

09:13 故障发生，省调调度员立即启动应急预案，通知香山电厂及胜利变电站采取紧急措施恢复及保障厂（站）用电，并令原州地调通过备用电源恢复重要损失负荷。

省调调度员根据现场人员检查情况及保护动作情况，迅速判断故障位置发生在 330kV 永胜线及胜利变电站第四串设备，09:27 将胜利变电站 1 号、2 号主变压器中压侧断路器转热备，隔离故障。

09:50 原州地调通过 110kV 胜南线恢复胜利变电站 110kV 母线供电，恢复损失负荷。

10:50 胜利变电站运维人员检查发现 3340 断路器出口压板未投、3340 断路器启动失灵及重合闸压板未投；12:30 经巡线发现 330kV 永胜线跳闸原因为 3 号 74 塔大号侧 120m 处（距胜利变电站 27km）吊车碰线，线路 A 相故障。

待胜利变电站运维人员检查 330kV 第 1、2、3 串设备无异常后，于 13:10 恢复 330kV 长胜线、原胜Ⅰ线送电，胜利变电站 330kVⅠ、Ⅱ母带电正常；14:10 330kV 香胜Ⅰ、Ⅱ线送电正常，15:39 胜利变电站 1 号、2 号主变压器送电正常，110kV 系统恢复正常运行方式。15:45 香山电厂恢复双母正常运行方式。

按照国调中心下发的《国家电网调度系统重大事件汇报规定（2012 年修订版）》，在故障发生后、事故处置各个阶段，省调调度员向上级网调、国调中心汇报故障发生及故障处置相关情况。

2. 故障主要影响

此次故障共造成 6 回 330kV 线路跳闸，造成胜利变电站全站失压，香山电厂全厂失压，损失香山电厂两台机组（装机容量 660MW）。胜利第一风电场 24 台风机脱网，脱网前出力 2MW。原州第一风电场 31 台风机脱网，脱网前出力 4MW。胜利变电站所带负荷 100MW 中，80MW 备自投至原州变电站系统，损失负荷 20MW，09:50 所有损失负荷均通过 110kV 胜南线恢复供电。网内其余设备运行正常。

四、故障原因及分析

（1）事发前一年 7 月某日，胜永线投入运行，因 3340 断路器未转运行，故胜永线两套线路保护出口跳 3340 断路器、启动 3340 失灵及重合闸压板未投入。事发前一年 9 月某日，胜原Ⅱ线转运行，因现场人员疏忽，只是将胜原Ⅱ线两套线路保护所有压板投入，未投入胜永线两套线路保护出口跳 3340 断路器、启动 3340 失灵及重合闸压板。运行至故障发生前，日常巡视也未能发现胜永线两套线路保护出口跳 3340 断路器、启动 3340 失灵及重合闸压板未投入。

（2）由于运维人员未投入跳 3340 断路器、启动 3340 失灵压板，导致故障越级跳闸是本次事件的直接原因。变电运维管理不到位，变电运维人员业务技能欠缺，工作责任心不强，对设备二次回路不熟悉，倒闸操作票填写、审核过程中未发现保护压板投入遗漏。设备运维巡视质量不高，隐患排查工作不到位。

（3）故障前和事故处置期间电网运行方式安排合理，相关断面控制在限额内，备自投装置动作正确，但仍存在部分变电站全停（110kV 将军、李固、申义、高峡变电站）损失负荷情况，主要原因为李固、申义、高峡变电站双电源均取自同一变电站，运行方式不灵活，供电可靠性低。将军变电站所带变电站较多，供电电源单一，备自投配置不合理，一旦发生上级电源失电，将扩大停电范围。

五、启示

1. 暴露问题

相关变电站运维管理不到位，变电运维人员业务技能欠缺，工作责任心不强，对设备二次回路不熟悉，倒闸操作票填写、审核过程中未发现保护压板投入遗漏；设备运行巡视质量不高，隐患排查工作不到位。

2. 整改措施

（1）加强设备的运行规范化管理，检查变电站现场运行规程修编执行情况。检查设备运行规范化管理工作情况；重点检查变电站现场运行规程修编执行情况，完善典型操作票；认真编制并审核倒闸操作票。

（2）加强运维人员培训工作。结合生产实际特点和现场实际情况，开展有针对性的管理人员以及保护和运行人员专业技术培训，加大培训效果评估，并纳入单位和个人绩效考核。

（3）完善备自投配置和管理。

（4）定期修编全停预案，加强故障演练。预案对变电站站用电和电厂厂用电外供电源进行梳理，对于没有外供电源的电厂，电厂编制保厂用电方案并上报区调。此次事故处置过程完全符合全停预案要求，有效避免了因站用电或厂用电恢复不及时，导致故障扩大。

案例二　一次设备故障造成某 220kV 变电站全停

一、故障概要

某日落平变电站 220kV 母联 28200 断路器 A 相 TA 顶部从瓷套上法兰根部断开，造成 220kV 母线短路，220kV 母差保护动作，母线所有断路器跳闸，220kV 落平变电站全站失压，损失负荷 120MW。

二、故障前运行方式

1. 故障前的电网运行方式

220kV Ⅰ 母运行元件：220kV 石落甲线、220kV 正落甲线、220kV 落黄线、2 号主变压器。

220kV Ⅱ 母运行元件：220kV 石落乙线、220kV 正落甲线、220kV 落福线、3 号主变压器。

220kV Ⅰ、Ⅱ 母并列运行。

110kV Ⅰ 母运行元件：110kV 落恒甲线、110kV 落柳甲线、110kV 落荣甲线、110kV 落西甲线、2 号主变压器。

110kV Ⅱ 母运行元件：110kV 落恒乙线、110kV 落柳乙线、110kV 落西乙线、3 号主变压器。

110kV Ⅰ、Ⅱ 母并列运行。

故障前电网运行方式见图 6-4。

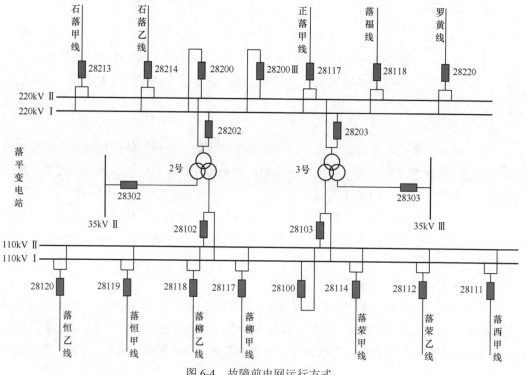

图 6-4　故障前电网运行方式

2. 检修安排情况

220kV 落平变电站当日一、二次设备均无检修工作，电网电压、频率均运行正常。

三、故障经过

1. 具体过程

12:52 落平变电站警铃、喇叭响，变电站全站失压，监控机显示：28200、28213、28214、

28202、28217、28203、28218、28220 断路器跳闸，28200 母联断路器 TA 气体压力降低报警。

12:55 现场检查两套 220kV 母差保护装置均动作。

12:57 检查一次设备发现，28200 母联断路器 A 相 TA 顶部从瓷套上法兰根部断开。TA 瓷套上部组件落在地上，二次引出线拉断，防爆阀完好，盆式绝缘子下法兰和下表面有放电烧糊痕迹；二次接线柱有放电痕迹，TA 与断路器侧引流从线夹处脱离；Ⅰ母侧引流线夹及引流支撑绝缘子断裂，引流线及支撑绝缘子落在地上，气体压力表降为零，检查其他设备无异常。

13:15 武平地调立即启动事故应急预案，通知白辛供电公司、杨桃供电公司转移柳亭变电站重要负荷，并通过反带通道反带柳亭变电站 10kV 母线，恢复柳亭变电站 10kV 母线及重要负荷供电；通知营销部大客户经理，做好用户解释工作。

13:17 省调下令断开落平变电站 220kV 母线失压断路器，拉开 28200 断路器两侧隔离开关，隔离故障点；同时，调整武平北部电网潮流分布和电厂出力。

13:30 恢复 220kV Ⅱ 母运行。至 14:39 220kV Ⅱ 母所有进出线恢复运行。

2. 故障主要影响

此次故障共计 5 回 220kV 线路跳闸，造成 220kV 落平变电站全站失压，损失负荷 120MW。西川电厂与系统解列，孤网运行，110kV 柳亭变电站失压。14:39 所有损失负荷逐步恢复供电，网内其余设备运行正常。

四、故障原因及分析

（1）220kV 母联 C 相 SF_6 电流互感器瓷套断裂，发生内部绝缘击穿接地短路故障（TA 型号：LVQB-220W2，2×1000/5，西安中新电力设备制造有限公司，某年 12 月 4 日出厂，同年 12 月 30 日投运）。

（2）通过武汉高电压研究所、西北电力试验研究院有关专家分析，本次故障初步判断为 TA 瓷套质量低劣，在运行中突然断裂、漏气引发内部绝缘击穿产生电弧放电接地短路。

五、启示

1. 暴露问题

（1）该设备某年 12 月 30 日投运，至故障时运行 52 天，经解体分析确定造成故障的主要原因是产品质量问题，设备出厂质量把关不严。

（2）投运验收把关不严，未及时发现设备缺陷。

2. 整改措施

（1）要求厂家选配质量好的瓷套，在组装过程中严格工艺技术标准。

（2）对运行中同类型 220kV 充气式电流互感器瓷套做探伤检测，对不合格的产品退出运行并更换。

（3）严格检测试验标准，把好新投设备的质量关。

案例三　外力破坏造成某 110kV 变电站全停

一、故障概要

某日 110kV 水山线、威山线因外力破坏，线路被炸断，接地短路故障，保护装置动作，断路器跳闸，导致 110kV 山峰变电站全站失压。

二、故障前运行方式

1. 故障前的电网运行方式

山峰变电站负荷由水利变电站水山线供电，威武变电站威山线空载运行，1 号主变压器、2 号主变压器分别于 110kV Ⅰ、Ⅱ 母并列运行，35kV Ⅰ、Ⅱ 母并列运行，6kV Ⅰ 母运行，110kV 备自投在投，35kV、6kV 备自投在退。6kV Ⅱ 母及出线断路器拆除更换改造，611 电容器检修。故障前武平电网 110kV 水山线、威山线运行方式见图 6-5。

2. 检修安排情况

当日 110kV 水山线、威山线一、二次设备均无检修工作，山峰变电站 6kV Ⅱ 母及出线断路器拆除更换改造，611 电容器检修。

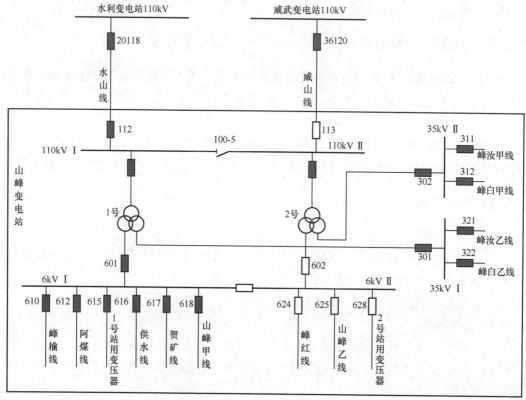

图 6-5　故障前武平电网 110kV 水山线、威山线运行方式

三、故障经过

1. 具体过程

18:13 山峰变电站 6kV Ⅰ 段接地、山峰变电站火警报警动作、616 供水线过流 Ⅰ 段保护动作,断路器跳闸,重合失败;威武变电站 110kV 事故总信号动作、威山线断路器零序 Ⅱ 段保护动作,断路器跳闸,重合失败;水利变电站水山线零序距离保护动作、断路器跳闸,重合失败。

18:16~18:22 通知操作队去山峰变电站检查设备,通知柳树沟供水队查线,询问白茇滩矿值班员站内设备运行正常。

18:29 通知线路工区巡查线路。经巡线发现:20118 水山线 98~106 号铁塔区间、威山线 82~90 号砼杆区间的导线、避雷线、金具、绝缘子串、铁塔等电气设备被砸毁。事故发生后,武平供电公司立即启动山峰变电站全停事故调度处置应急预案,于 19:35 完成由呼鲁斯泰呼山线反送 110kV 山峰变电站带出线用户,向其提供保安电源负荷约 2400kW。

2. 故障主要影响

经抢修 220kV 水山线于次日 17:35 恢复正常供电,累计损失负荷 7.2MW,损失电量 15.3 万 kWh,经济损失 2.295 万元。

四、故障原因分析

山峰矿某采区进行剥离爆破施工工作,飞溅的落石将距爆破点 700~1000m 远的水山线 98~106 号铁塔区间、威山线 82~90 号混凝土杆区间的导线、避雷线、金具、绝缘子串、铁塔等电气设备砸毁,造成水山线、威山线接地短路故障,保护装置动作,断路器跳闸,导致 110kV 山峰变电站全站失压,属于外力破坏事件。

五、启示

1. 暴露问题

线路运维维护不到位,隐患排查工作不到位,输电通道附近厂矿企业宣传不到位。

2. 整改措施

(1)排查沿线所有可能采取爆破作业的用户,制止有可能损坏线路的爆破作业。

(2)排查各种危及电力设施的作业,防止外力破坏事件的再次发生。

(3)加强与政府部门的协调,加强对爆破作业的监管,加强对损坏电力设施行为的监管。

第二节 母线跳闸事故

案例四 基建人员误碰造成母线跳闸

一、故障概要

某日长江变电站330kV系统扩建过程中，因基建人员误碰致330kV I 母 RCS-915 母差保护动作出口，330kV I 母跳闸，故障造成长江变电站 330kV 系统接线可靠性降低，未造成线路及主变压器跳闸。

二、故障前运行方式

1. 故障前的电网运行方式

750kV 长江变电站 330kV 系统为 3/2 接线，第三、第五、第七、第八串成串运行，第一、第二、第四、第九串为非完整串，除 3340 断路器处冷备外，其余断路器均处运行。2 号主变压器运行于第七串 3370 断路器、3371 断路器处。长江变电站 330kV 接线图见图 6-6。

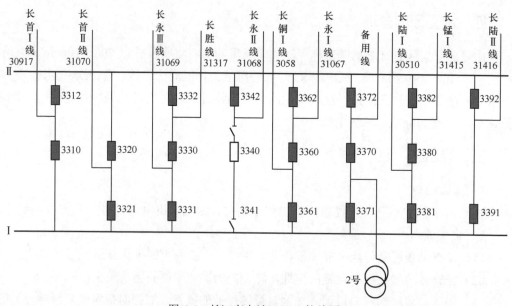

图 6-6 长江变电站 330kV 接线图

2. 检修安排情况

长江变电站当日进行 330kV 扩建间隔接入母差保护准备工作，电网电压、频率均运行正常。

三、故障经过

1. 具体过程

16:38 长江变电站 330kV Ⅰ 母 RCS-915 母差保护动作，造成 330kV Ⅰ 母所连接 3310、3321、3361、3371、3381、3391 断路器跳闸，330kV Ⅰ 母失压，未损失负荷。

16:38 事故发生，省调立即通知长江变电站检查具体保护动作情况和现场一、二次设备，并将跳闸情况汇报上级网调；要求监控做好长江变电站特殊巡视工作；通知相关地调及电厂做好 330kV 首山变电站、彩虹变电站、金星电厂全停预案。

19:20 省调令退出长江变电站 330kV Ⅰ 母 RCS-915 母差保护；19:46 执行完毕，现场进行装置检查工作。

21:00 运维人员汇报：330kV Ⅰ 母跳闸原因为基建检修人员工作过程中误碰 RCS-915 母差保护，造成保护误动，经检查 330kV Ⅰ 母及所连各间隔一、二次设备正常，另一套 WMH-800 母差保护正常，330kV Ⅰ 母及所连各间隔具备送电条件，申请母线送电。省调随即汇报上级网调。

21:15 上级网调同意长江变电站 330kV Ⅰ 母送电。

21:16 省调下令将长江变电站 3331 断路器由热备转运行对 330kV Ⅰ 母充电，22:04 充电正常。省调随即汇报上级网调，并申请长江变电站 3310、3321、3361、3371、3381、3391 断路器送电。

22:06 上级网调同意上述申请。

22:07 省调依次下令将长江变电站 3310、3321、3361、3371、3381、3391 断路器由热备转运行，22:41 执行完毕。省调随即汇报上级网调。

2. 故障主要影响

此次故障造成 1 条 330kV 母线失压，未损失负荷，站内一次设备均无异常。

四、故障原因及分析

（1）现场保护人员工作过程中误碰 330kV Ⅰ 母 RCS-915 母差保护，是造成此次事故的直接原因。

（2）现场工作没有做好安全措施，造成工作过程中误碰运行设备；工作负责人没有及时有效制止工作人员的错误行为，监护工作形同虚设。

五、启示

1. 暴露问题

现场运维管理不到位，安全措施布置不到位，工作人员责任心差，基建检修人员技术水平参差不齐。

2．整改措施

（1）提高变电站现场管理水平和人员责任心，对于现场进行的工作应做好安全措施，避免误碰运行设备，工作负责人应按照岗位职责要求，切实履行相关责任。

（2）加强人员警示教育工作，提高人员安全意识，加大考核力度，从根源上杜绝人为责任的事故。

案例五　保护小室屋顶漏雨造成母线跳闸

一、故障概要

某日甘草变电站 330kV Ⅰ 母跳闸，3310 断路器及 330kV Ⅰ 母所带 3311、3331、3341、3351、3361 断路器处分位，330kV 灵草Ⅰ、Ⅲ线停运。

二、故障前运行方式

1．故障前的电网运行方式

甘草变电站 330kV Ⅰ、Ⅱ 母运行，330kV 灵草Ⅰ、Ⅱ、Ⅲ线运行，总潮流 1140MW，3330、3332 断路器处检修状态，配合新间隔接入，3331 断路器带 330kV 灵草Ⅰ线运行，330kV 东草Ⅰ、Ⅱ线及陆草Ⅰ、Ⅱ线正常方式运行。故障前一次设备运行方式见图 6-7。

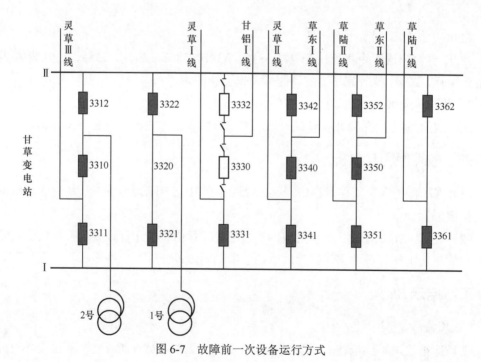

图 6-7　故障前一次设备运行方式

2．检修安排情况

当日甘草变电站 3330、3332 断路器处检修状态，配合甘铝 I 线间隔接入。

三、故障经过

1．具体过程

11:00 监控系统报：甘草变电站 3310 断路器跳闸，无保护动作信息；令李家庄运维站运行人员立即赶往甘草变电站进行现场设备检查。

11:09 监控系统报：甘草变电站 330kV I 母跳闸，RCS-915 母差失灵保护动作。

11:10 令莲花、河西电厂机组出力带至最大，申请上级网调减河东电厂出力，控制 330kV 灵草 II 线潮流。

11:15 令灵东变电站将 33A2、33A3 断路器由运行转热备。

11:55 甘草变电站报：经现场检查 3310 断路器分闸，无保护动作信息，3311 断路器三相不一致保护动作，断路器分闸，断控保护装置死机，330kV I 母 RCS-915 母差失灵保护动作，330kV I 母及 3311、3331、3341、3351、3361 断路器跳闸，BP-2B 母差保护未动作。3311、3310、3331、3341、3351、3361 断路器均在分闸状态，3331、3341、3351、3361 断路器及 330kV I 母现场一、二次设备正常，具备送电条件。

11:57 将保护动作情况及现场设备检查情况汇报上级网调，并申请正常设备恢复送电。

12:22 甘草变电站将 3331 断路器由热备转运行，对 330kV I 母充电正常。

12:27 甘草变电站将 3361 断路器由热备转运行。

12:36 甘草变电站将 3311 断路器由热备转冷备，进行设备检查。

12:37 汇报上级网调：甘草变电站 330kV I 母及灵草 I 线恢复送电正常，3311 断路器处冷备状态。

12:42 甘草变电站将 3341、3351 断路器由热备转运行状态。

16:45 甘草变电站 3310 断路器由热备转冷备，进行设备检查。

18:08 甘草变电站报：3311 断路器跳闸原因系断控保护装置及操作箱进水，装置短路烧毁。

22:00 甘草变电站报：3311 断路器断控保护装置已更换，3310 断路器无异常，均具备送电条件。

次日 00:46 330kV 灵草 III 线送电正常。

2．故障主要影响

故障造成一条 330kV 母线跳闸，两条 330kV 重要联络线停运。

四、故障原因及分析

现场检查故障原因为 330kV 保护一小室屋顶漏雨，漏雨点处在 3311 断路器保护屏上方，造成 WDLK-862 断路器保护跳 3310 断路器及失灵出口节点陆续被短接，导致 RCS-915E 母线保护动作（因 BP-2B 母线保护中失灵双开入只接收到一个开入量，使该套失灵保护未出口），跳开Ⅰ母连接的 3311、3331、3341、3351、3361 断路器和 3310 断路器。灵草Ⅲ线灵东侧收到对侧远跳信号，但因无故障量，就地判据不满足断路器未跳。因雨水渗漏严重，造成 3311 断路器保护 WDLK-862 频繁动作致使装置死机。

五、启示

1. 暴露问题

（1）现场运维巡视工作不到位。设备运维管理人员工作不细致，设备巡视工作流于表面，未能及时发现保护屏水痕及锈蚀情况。

（2）设备状态评价及隐患排查治理工作不扎实。定期对重要场所进行的防水检查中，未能排查出该漏雨点，工作作风不扎实，不细致。

2. 整改措施

（1）全面开展普查整改。开展重要场所防水情况的排查，对不满足要求的场所及时安排修整。

（2）提高运维单位巡视质量。加强培训力度，做细做实站内巡视工作，及时发现设备隐患。

案例六　二次回路设计不合理造成母线跳闸

一、故障概要

某日 220kV 王陵变电站两套 220kV 吉王乙线 39218 断路器失灵保护同时动作，切除 220kV 母联 39200 及 220kV Ⅰ母上所带银王乙线 39214、巍王甲线 39217、2 号主变压器 39202 断路器，220kV Ⅰ母失压。

二、故障前运行方式

1. 故障前的电网运行方式

银王乙线 39214、巍王甲线 39217、吉王乙线 29220、2 号主变压器高压侧 39202 运行于 220kV Ⅰ母，银王甲线 39213、巍王乙线 39218、吉王甲线 29219、3 号主变压器高压侧 39203 运行于 220kV Ⅱ母，220kV 母联 39200 断路器在合，Ⅰ、Ⅱ母并列运行。

2. 检修安排情况

王陵变电站当日一、二次设备均无检修工作，电网电压、频率均运行正常。

三、故障经过

1. 具体过程

17:55 220kV 吉王乙线发生 A 接地故障，220kV 王陵变电站侧吉王乙线光差保护出口，A 相断路器跳闸，重合闸动作后故障仍然存在，后加速保护动作跳开三相断路器。

但随后 A 相断路器再次合闸至故障线路，满足失灵动作条件，220kV 吉王乙线 39218 断路器失灵保护动作，跳开 220kV 母联、巍王甲线、银王乙线、2 号主变压器高压侧断路器，220kV Ⅰ 母失压。王陵变电站接线方式见图 6-8。

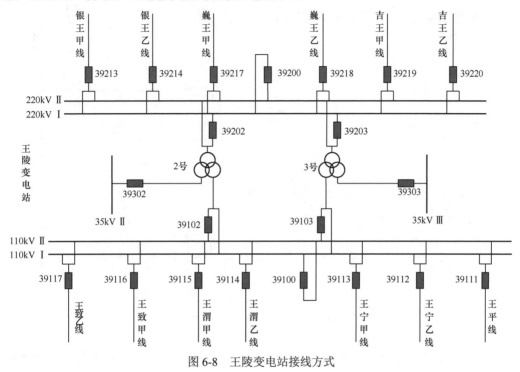

图 6-8　王陵变电站接线方式

2. 故障主要影响

故障造成一条 220kV 母线失压，三条 220kV 线路失压，地区电网可靠性降低，故障未造成负荷损失。

四、故障原因及分析

经分析合闸回路（断路器合闸及防跳回路图见图 6-9），并对现场防跳继电器、辅助开关触点动作时限进行测试，初步判断断路器在完成分—合—分动作后需要三个条件均满足后方可再次合闸：①具备合闸条件；②断路器低油压合闸闭锁接触器（SL5）未动作；③断路器防跳继电器（KYA）触点（KYA21/22）未断开合闸回路且断路器辅助触点（QF01/02）闭合，接通合闸回路。

（1）具备合闸条件。分析故障录波图，可以发现，保护装置重合闸动作触点动作—返回时间为 114ms，其返回时间与第二次故障电流消失时间相差 23ms，故障电流消失后，重合闸动作节点未返回。

对操作箱合闸回路进行分析，当重合闸动作触点未返回时，HBJ（合闸保持继电器）励磁，合闸回路保持，合闸回路有正电位，具备合闸条件。

（2）断路器低油压合闸闭锁接触器（SL5）未动作。断路器低油压合闸闭锁接触器（SL5）串接在合闸回路内，17:55:52 759ms 发低油压合闸闭锁信号，17:55:52 767ms 发39220 断路器合闸，17:55:52 821ms 后台上传断路器 A 相合位双触点信息，在此期间，未闭锁断路器合闸。断路器合闸及防跳回路图见图 6-9。

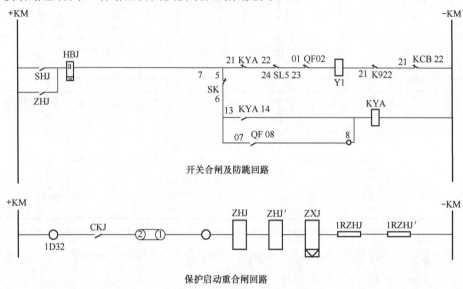

图 6-9　断路器合闸及防跳回路图

（3）断路器防跳继电器触点（KYA21/22）未断开合闸回路，且断路器辅助触点（QF01/02）闭合接通合闸回路。

对断路器辅助触点及防跳继电器动作触点转换时间进行测试。其中断路器辅助触点由合转分的时间非常短，为 44ms；合闸回路中防跳继电器的动断触点动作时间为70ms。此时防跳继电器励磁，其动断触点还未打开，断路器的辅助触点已经闭合，具备合闸条件。

综上所述，此次动作因以上三个条件均具备，导致防跳回路失效，造成故障扩大。

五、启示

1. 暴露问题

防跳继电器与辅助开关的转换时间配合设计不合理，导致防跳回路失效，使吉王乙线断路器合于故障点，造成故障扩大。

2. 整改措施

（1）对系统内厂家、同类型的产品进行核查，测试防跳继电器与辅助开关的吸合时间，对不符合要求的设备更换防跳继电器及辅助开关。

（2）对新、改、扩建工程，加强对断路器机构内二次元件的性能检测和验收；对投运的设备，结合停电检修，开展断路器机构内二次元件的性能检测，对不符合要求的进行更换。

案例七　二次人员误操作造成母线跳闸

一、故障概要

某日灵东换流站 330kV Ⅰ 母跳闸，330kV Ⅰ 母 A 套 WMH-800A 母线保护动作，B 套保护未动作，33A1、3391、3381 断路器跳闸，330kV Ⅰ 母线失压，灵李 Ⅰ 线、灵草 Ⅱ 线负荷降为 0MW。

二、故障前运行方式

1. 故障前的电网运行方式

（1）750kV 灵长 Ⅰ 线通过 7522 断路器、2 号主变压器与 330kV 交流场联络运行正常，灵长 Ⅰ 线受入有功 236MW。

（2）330kV Ⅰ 母正常运行，Ⅱ母、灵草Ⅲ线、灵福 Ⅰ 线、灵福 Ⅱ 线处于检修状态，330kV 灵草 Ⅰ 线单断路器（3390）运行正常（受入有功 175MW），灵草 Ⅱ 线单断路器（33A1）运行正常（受入有功 187MW），灵李 Ⅰ 线单断路器（3381）运行正常（送出有功 600MW）。

（3）33A0、33A2、3392、3380、3382、3370、3371、3372、3330、3332、3320、3322 断路器在冷备用状态，3391 断路器在运行状态且正常。灵东换流站 330kV 系统一次运行方式见图 6-10。

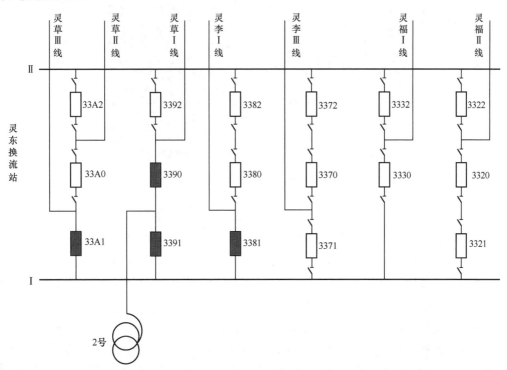

图 6-10　灵东换流站 330kV 系统一次运行方式

2. 检修安排情况

当日灵东换流站 330kV Ⅱ母、灵草Ⅲ线、灵福Ⅰ线、灵福Ⅱ线处于检修状态，灵佑直流尚在调试阶段。

三、故障过程

1. 具体过程

18:27 灵东换流站 330kV Ⅰ母线 A 套 WMH-800A 母线保护动作，33A1、3391、3381 断路器跳闸，330kV Ⅰ母线失压，灵李Ⅰ线、灵草Ⅱ线停运。

750kV 灵长Ⅰ线、7522 断路器、2 号主变压器、3390 断路器、330kV 灵草Ⅰ线运行正常，系统未损失功率。

2. 故障主要影响

故障导致一条 330kV 母线失压，两条 330kV 线路停运，电网接线方式削弱，未造成负荷损失及线路过负荷，灵佑直流尚在调试阶段，未造成直流功率损失。

四、故障原因及分析

现场检查 WMH-800A 保护装置动作事件报告，报告显示母线差动保护动作，A 相差流 0.964A、B 相差流 0.006A、C 相差流 0.001A。保护装置波形图如图 6-11 所示。

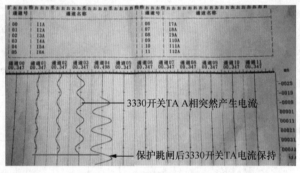

图 6-11　保护装置波形图

波形显示故障前 33A1、3391、3381 断路器 TA A 相均运行正常，故障时 3330 断路器电流互感器 A 相突然产生 0.498A 电流（二次）。保护动作出口跳闸后，33A1、3391、3381 断路器 TA 电流消失，3330 断路器 TA 电流（二次）继续保持 0.498A。

现场通过分析判断故障录波图中显示的 3330 断路器 TA A 相电流波形未反应真实的一次电流，而是人为进行二次注流所产生的电流值。

通过现场分析，发生事故的直接原因为施工单位在完成 330kV 第三串设备相关二次电缆芯号牌更换工作后，为检查二次回路完整性和正确性，现场施工人员盲目对二次回路进行升流试验（工作现场二次注流示意图见图 6-12），在母差保护中人为注入 0.96A 电流，致使母差保护动作，导致了事故的发生。

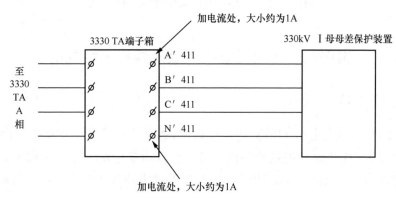

说明：330kV Ⅰ母侧开关未投入运行，所以中开关电流直接接入330kVⅠ母母差保护装置。

图 6-12 工作现场二次注流示意图

五、启示

1. 暴露问题

（1）施工单位现场安全管理、危险点分析不到位，在不清楚动作后果的情况下对 3330 断路器 TA 进行二次注流试验，是造成此次事故的直接原因。

（2）施工单位现场安全管理薄弱，现场安全教育、安全监护、危险点分析不到位，到岗到位制度执行不严，施工组织不严密，责任未落实。

（3）施工单位工作负责人对工作班成员技术交底不清楚，方案编制不完善，监护不到位；现场工作人员安全意识淡薄，业务素质较差，对作业现场的危险点及后果缺乏必要的认识。

2. 整改措施

（1）加强工程项目和施工现场安全管理，防止类似事故的再次发生。

（2）加强外委工程项目的管理，要求各单位对外委工程要严格按照有关管理规定签订合同、安全协议。开工前，施工单位应将施工"三措"、方案提交项目主管单位审核签字并办理开工手续方可开工。项目实施过程中，主管单位应全程跟踪项目实施情况，及时掌握第一手、真实、全面的现场信息，对违反安全管理规定的行为及时进行纠正、制止，甚至停工整顿，促使施工单位安全责任落到实处。

（3）加强现场工作的组织和责任落实，严格执行现场到岗到位制度，深化标准化作业，实现现场作业全过程的安全控制和质量控制。严肃查处现场违章行为，在运行设备上工作，必须严格执行标准化作业指导书，对于工作票填写内容不规范，作业指导书和施工方案中危险点分析和控制措施不符合现场实际，不满足现场安全工作需要，现场人员达不到"四清"要求的，加大处罚和考核力度，确保现场工作安全。

第三节 线 路 跳 闸 事 故

案例八 一次设备故障造成线路相继跳闸

一、故障概要

某日 21:49 沟河变电站 110kV 沟牵线跳闸,接地距离 I 段保护动作,断路器跳闸,重合不成功。22:03 头墩变电站将站内负荷倒至首山变电站 132 首牵线时,首山变电站 132 首牵线零序过电流 II 段保护动作,接地距离 II 段保护动作,断路器跳闸,重合不成功。

二、故障前运行方式

1. 故障前的电网运行方式

110kV 沟河变电站 123 沟牵线为头墩牵引变电站主供电源、首山变电站 132 首牵线为头墩牵引变电站备供电源(头墩牵引变电站为进线隔离开关,无断路器及保护)。头墩牵引变电站系统接线图见图 6-13。

2. 检修安排情况

当日 110kV 沟牵线、首牵线线路均无检修工作,变电站运行正常、电压正常。

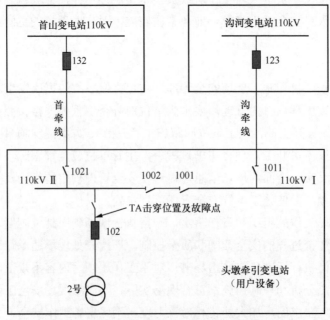

图 6-13 头墩牵引变电站系统接线图

三、故障经过

1. 具体过程

21:49 沟河变电站 123 沟牵线接地距离 I 段保护动作，断路器跳闸，重合闸动作，重合后接地距离 II 段后加速保护动作，断路器分闸。通知输电运检组对 110kV 沟牵线查线，通知变电运维三班现场检查站内设备。

21:52 地调调度员与铁路调度核实头墩牵引变电站内进线备自投未动作，通知其将头墩牵引变电站倒至备供电源首山变电站 132 首牵线供电。

22:04 头墩变电站将站内负荷倒至首山变电站 132 首牵线时，首山变电站 132 首牵线零序过电流 II 段保护动作，接地距离 II 段保护动作，重合闸动作，距离加速段动作，132 首牵线断路器跳闸。

22:04 地调调度员询问铁路调度：头墩牵引变电站负荷倒至 132 首牵线时失压，地调调度员令其检查站内设备。

22:18 铁路调度汇报：头墩牵引变电站内 2 号主变压器 102 断路器电流互感器 C 相炸裂，底座烧黑，现故障已隔离，申请恢复沟河变电站 123 沟牵线断路器。

22:20 将沟河变电站 123 沟牵线断路器由热备转运行，送电正常。

23:11 地调调度员与铁路调度核实首牵线 1021、1002、1023 隔离开关在分。23:12 将首山变电站 132 首牵线断路器由热备转运行，汇报省调。

2. 故障主要影响

故障造成共计损失电量 1100kWh。据头敦牵引变电站反馈，停电期间共计影响客运列车 2 列、货运列车 5 列。

四、故障原因及分析

铁路调度所属头墩变电站 2 号主变压器 102 断路器 B 相电流互感器击穿接地，沟河变电站 123 沟牵线接地短路跳闸，重合不成，头墩变电站全站失压。在头墩变电站巡视未发现故障点，102 断路器 B 相电流互感器故障点尚未与系统隔离的情况下，头墩变电站将负荷倒至 132 首牵线，132 首牵线再次接地短路，发生跳闸。

五、启示

1. 暴露问题

（1）线路故障跳闸后，头墩牵引变电站内运行人员设备巡视不仔细、不全面。

（2）用户设备管理、修试不到位。

2. 整改措施

（1）要求用户加强设备运维管理，认真巡视站内设备，加强人员技术培训。

（2）加强类似牵引变电站电源线路跳闸的故障处置及演练。

案例九　外力破坏造成线路相继跳闸

一、故障概要

某日 08:44 750kV 长巍Ⅰ线发生 BC 相间故障，长江变电站侧 7530、7532 断路器跳闸，巍峨变电站侧 7550、7551 断路器跳闸，造成 750kV 长巍Ⅰ线失压；08:49 750kV 长巍Ⅱ线发生 C 相接地故障，长江变电站侧 7541、7542 断路器跳闸，巍峨变电站侧 7540、7541 断路器跳闸，重合成功；09:38 750kV 长巍Ⅱ线再次发生 BC 相间故障，长江变电站侧 7541、7542 断路器跳闸，巍峨变电站侧 7540、7541 断路器跳闸，造成 750kV 长巍Ⅱ线失压。

二、故障前运行方式

1. 故障前的电网运行方式

750kV 长江变电站 750kV 系统为 3/2 接线，Ⅰ、Ⅱ母并列运行，第一串（1 号主变压器）、第二串（白长Ⅱ线、2 号主变压器）、第三串（白长Ⅰ线、长巍Ⅰ线）、第四串（长巍Ⅱ线）、第五串（长参Ⅱ线）、第六串（长参Ⅰ线）成串运行。长江变电站 750kV 接线图见图 6-14。

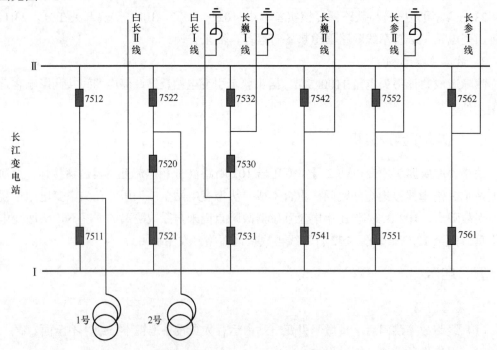

图 6-14　长江变电站 750kV 接线图

750kV 巍峨变电站 750kV 系统为 3/2 接线，Ⅰ、Ⅱ母并列运行，第二串（坝巍Ⅰ线、2 号主变压器）、第三串（1 号主变压器）、第四串（长巍Ⅱ线、巍坡Ⅰ线）、第五串（长巍Ⅰ线、巍坡Ⅱ线）成串运行。巍峨变电站 750kV 接线图见图 6-15。

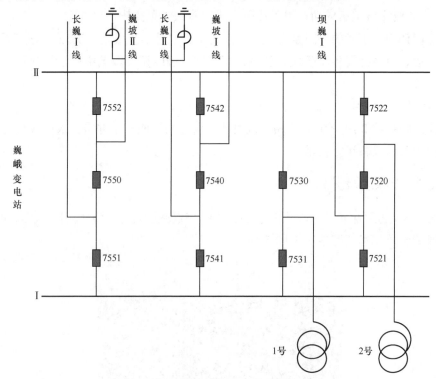

图 6-15　巍峨变电站 750kV 接线图

2. 检修安排情况

长江变电站、巍峨变电站当日一、二次设备及相关 750kV 设备均无检修工作，电网电压、频率均运行正常。

三、故障经过

1. 具体过程

08:44 750kV 长巍Ⅰ线第一套 RCS-931 差动保护动作、第二套 CSC-103 光纤差动保护动作，长江变电站 7530、7532 断路器跳闸，巍峨变电站 7550、7551 断路器跳闸，造成长巍Ⅰ线失压。

08:48 运行值班人员到达现场并进行检查。

08:49 750kV 长巍Ⅱ线第一套 WXH-803A\P 差动保护动作、第二套 PSL-603 光纤差动保护动作，长江变电站 7541、7542 断路器跳闸，巍峨变电站 7540、7541 断路器跳闸，重合成功。

09:38 750kV 长巍Ⅱ线第一套 WXH-803A\P 差动保护动作、第二套 PSL-603 光纤差动保护动作，长江变电站 7541、7542 断路器跳闸，巍峨变电站 7540、7541 断路器跳闸，重合闸未动作。

10:10 运行值班人员汇报确认长巍Ⅱ线可以试送电。

10:29 网调下令对长巍 Ⅱ 线进行试送，10:33 线路试送成功，设备运行正常。

17:33 长巍 Ⅰ 线试送成功，设备运行正常，事故处置完毕。

按照国调中心下发的《国家电网调度系统重大事件汇报规定（2012 年修订版）》，在故障发生后、事故处置各个阶段，省调调度员向上级网调、国调中心汇报故障发生及故障处置相关情况。

2. 故障主要影响

此次故障导致 2 回 750kV 线路多次跳闸，对电网造成一定冲击，未造成负荷及出力损失，网内其余设备运行正常。

四、故障原因及分析

跳闸原因为某军事管理区部队进行打靶演习，致使残留物自然飘落引起线路相间放电。无人机靶绳飘落现场遗留情况见图 6-16。

图 6-16 无人机靶绳飘落现场遗留情况

五、启示

1. 暴露问题

线路运维管理不到位，对线路附近潜在风险未做好管控。

2. 整改措施

（1）积极与部队有关部门联系，建立事前联系机制，确定演习安全区域。

（2）针对线路附近开展的演习，结合演习科目编写预警方案，采取有效的防范措施。

（3）充分发挥线路巡线员作用，聘用有责任心的群众护线员，随时上报电力线路及保护区内的异常情况。

（4）强化运行人员责任心，在巡视中发现的隐患应该有预见性，及时上报隐患，班组及时处理。

案例十 一次设备故障造成线路跳闸

一、故障概要

某日墨山变电站 35kV 机场线跳闸，过电流 Ⅱ、Ⅲ 段保护动作，重合不成功，后加速保护动作同时,墨山变电站 1 号主变压器中压侧复压过电流保护Ⅲ段动作,跳母联 300 断路器、主变压器中压侧 301 断路器。机场变电站负荷通过备自投倒至河东变电站灵机线供电。

二、故障前运行方式

1. 故障前的电网运行方式

墨山变电站 1 号主变压器、2 号主变压器运行,301、302 断路器在运行状态。300 母联、311 墨电甲线、312 墨红线、314 机场线、321 墨金线、322 墨湾线、323 墨电乙线、324 墨宝线在运行状态。墨山变电站接线方式见图 6-17。

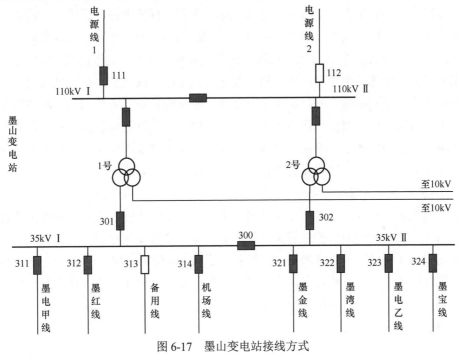

图 6-17 墨山变电站接线方式

2. 检修安排情况

墨山变电站当日一、二次设备均无检修工作,电网电压、频率均运行正常。

三、故障经过

1. 具体过程

12:24 故障发生,管区地调调度员通知运维站现场检查断路器及保护动作情况,与平原地调确认机场变负荷已通过备自投倒至河东变电站河机线供电且已通知用户查线。通知所带水务等其他双电源用户将负荷倒至备供电源供电。

13:13 运维站检查墨山变电站 314、300、301 断路器确在分位,314 断路器、1 号主变压器中后备复压保护动作,2 号主变压器无保护动作信号,其他设备无异常。

13:26 管区地调调度员试送墨山变电站 301、300 断路器正常。

14:00 运维站申请将墨山变电站机场线 314 断路器及线路转检修处理。

次日 09:40 墨山变电站 35kV 机场线恢复送电。

2. 故障主要影响

机场变电站由管区供电公司墨山变电站 35kV 机场线和平原供电公司河东变电站 35kV 河机线进行供电，此次跳闸没有造成负荷损失。

四、故障原因及分析

1. 一次设备检查情况

故障发生后，对墨山变电站 1 号主变压器、2 号主变压器进行了检查，没有异常。对墨山变电站 314 机场线断路器进行了检查，外观无异常。断路器合闸线圈电阻为 155Ω，分闸线圈电阻为 109Ω，符合要求，线圈无损坏。对断路器本体进行机械分合闸试验，发现断路器储能在即将储能结束时由于机械脱扣引发了第二次储能过程，且在第一次储能过程中对断路器进行机械分闸，断路器不动作，整个过程持续将近 13s。断路器厂家表示为由于天气寒冷造成储能弹簧机械性能降低，储能不到位造成脱扣，进而在第一次储能过程中由于分闸拐臂动作不到位造成在储能过程中断路器不分闸。检修负责人对墨山变电站 314 机场线断路器储能弹簧进行了调节，调节后储能正常。

2. 二次设备检查情况

故障发生后，对墨山变电站 1 号主变压器、2 号主变压器中压侧后备保护装置及墨山变电站 314 机场线线路保护装置进行了检查，保护装置均运行正常，无告警。墨山变电站机场线 314 断路器本体缺陷处理完毕后，对 314 机场线进行了传动试验，过电流Ⅰ、Ⅱ、Ⅲ段保护动作正确，断路器动作正确。进行了重合后加速试验，重合闸动作正确，后加速动作正确，断路器合闸、分闸行为、时间正确。

3. 线路查出跳闸原因

机场线线路电缆 B、C 相短路造成。

五、启示

1. 暴露问题

一次设备质量有待提高，检修单位未结合计划停电对相关设备进行全面检查或试验等工作。

2. 整改措施

（1）组织开展电力电缆专项隐患排查整改工作，建立电缆沟道及其他电力设施详细台账，加强维护检修及状态评价。

（2）加强设备选型的把关，确保一、二次设备的运行可靠性，减少因设备自身原因造成的故障，对存在的类似问题和隐患进行整改。

（3）检修单位加强计划检修管理，充分结合设备停电安排检修工作，及时发现隐患并消除，同时能够避免设备重复性停电。

案例十一 施工缺陷造成线路跳闸

一、故障概要

某日改造施工完成的 110kV 农中Ⅰ线送电，在与 110kV 农中Ⅱ线并列运行时 110kV 农中Ⅰ线高频保护动作，两侧断路器跳闸。

二、故障前运行方式

1. 故障前的电网运行方式

110kV 农中Ⅰ线线路停电检修，110kV 农中Ⅱ线带中山变电站全站负荷，电网运行正常，电压正常。

2. 检修安排情况

110kV 农中Ⅰ线线路计划停电检修。

三、故障经过

1. 具体过程

18:15 送电工区汇报：110kV 农中Ⅰ线线路工作已终结，安全措施已拆除，人员已撤离，线路具备送电条件。

19:12 平原供电公司农场变电站及中山变电站运行人员均已到位。19:56 平原地调将农场变电站农中Ⅰ线 111 断路器转至运行状态，线路充电正常。20:13 利通地调下令：中山变电站执行农中Ⅰ线 113 断路器转运行合环。

20:19 中山变电站农中Ⅰ线保护动作、收发信机动作。

20:22 中山变电站汇报：110kV 农中Ⅰ线合环时，高频保护动作，两侧断路器跳闸。

20:25 平原地调报：农场变电站农中Ⅰ线 111 断路器跳闸，高频保护动作，故障相为 A、C 相，农场变电站测距为 46.59km。

20:31 利通地调向平原地调申请投入农场变电站农中Ⅱ线 115 断路器重合闸。

20:40 巍峨风电厂报：场区内风机跳闸。利通地调下令其检查现场设备无异常后，可自行开机。

次日 00:45 送电工区报：110kV 农中Ⅰ线巡线暂时无异常，因天黑，待次日继续巡线。

次日 09:00 110kV 农中Ⅰ线线路转检修进行巡查消缺。

次日 16:20 送电工区报：110kV 农中Ⅰ线跳闸原因为连湖侧 87 号杆处 A、C 相相序接反。

次日 17:40 送电工区汇报：110kV 农中Ⅰ线工作终结，安全措施已拆除，人员已撤离，线路具备送电条件。

次日 18:10 生技部报：110kV 农中Ⅰ线线路验收合格，线路具备送电条件。19:25 平原供电公司农场变电站农中Ⅰ线线路转运行。

次日 19:50 中山变电站农中Ⅰ线线路一次核相正确，20:00 中山变电站农中Ⅰ线、农中Ⅱ线线路合环正常。

2. 故障主要影响

110kV 农中Ⅱ线运行正常，中山变电站未造成负荷损失，巍峨风电场全部风机脱网。

四、故障原因及分析

110kV 农中Ⅰ线改造工程将原 86、87、88 号杆段全部拆除，在 T 接转角处新立耐张转角塔(JG-15)1 基（该杆塔在改造后为 110kV 农中Ⅰ回线 77 号杆），并将原 86～87 号段左相（A 相）与原 88 号杆左相（C 相）、原 86～87 号段中相（C 相）与原 88 号杆中相（A 相）导线，通过新组立的耐张转角塔直接连接，造成 110kV 农中Ⅰ回线 77 号杆 A、C 相相序反接。改造示意图见图 6-18。

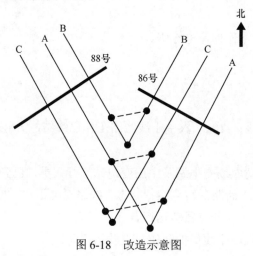

图 6-18　改造示意图

五、启示

1. 暴露问题

（1）负责线路改造的电力勘测设计咨询有限公司管理不严谨，设计、校核、审核等人员未养成认真、严谨的工作作风。在对线路改造设计时考虑不周、细节把控不严，设计勘察时也未充分考虑相序的变化情况，仅在施工图说明书中说明线路相序保持不变，为施工作业埋下隐患。

（2）负责线路改造施工队伍施工过程中未与运行单位及现场负责人就线路接线相序进行确认、核对，缺乏有效沟通。

（3）生技部作为该项目管理的主要负责部门，对项目实施内容、改造图纸审核不严，未对线路相序是否发生变化进行核实，未对重点部位进行全过程把控；验收投运把关不严，为此次事件的发生埋下隐患。

（4）相关调控中心未严格执行调度规程相关要求，对送电工区停电申请作业要求把控、审核不严；安排停电检修计划考虑不周，恢复送电前也未询问运行单位是否全面核项，为此次事件的发生埋下隐患。

（5）送电工区对线路改造段风险分析工作不完善，未及时发现线路接线方式发生变化带来的潜在风险，且验收管理工作不到位，验收人员责任心不强，对线路验收思想麻痹，未进行全线路全面相序核对工作。

2. 整改措施

（1）责成负责改造的电力勘测设计咨询有限公司组织全体设计人员，以本次设计失误为教训，认真学习设计相关规程，在后期工作中提高设计质量，引以为鉴，提高工作责任心，严把设计质量关，不断提高设计人员思想、技能等综合素质，确保工程设计质量，杜绝此类设计问题再次发生。

（2）后期在 35kV 及以上环网或并列运行的线路停电进行线路改造时，检修申请单位必须提供相关施工方案并说明线路改造原因、改造前后具体变化情况、改造走径简图、有无改变线路相序等，否则调控中心不得安排停电检修工作。

（3）所有输配电线路加高改造等存在开断线路的技改、检修等工作，恢复送电前必须进行全线路全相序的核相工作。各检修单位在报检修计划时，应正确提出停电设备、停电范围、需要设备转换的状态、需要配合的单位及相关检修要求，以便生产运行管理部门和调控中心提前安排相关工作，确保电网安全稳定运行。

案例十二 二次人员误操作造成线路跳闸

一、故障概要

某日长江变电站 750kV 长巍Ⅰ线 RCS-931 线路零序Ⅳ段保护动作，7530 断路器跳闸（7532 断路器增容改造，处于检修状态），另一套线路保护未动作。故障前一次设备运行方式见图 6-19。

二、故障前运行方式

1. 故障前的电网运行方式

故障前长江变电站 750kVⅠ、Ⅱ母运行，其中 7530 断路器带长巍Ⅰ线运行，7531、7530 断路器带长白Ⅰ线运行。

2. 检修安排情况

长江变电站当日正在进行 7532 断路器增容改造

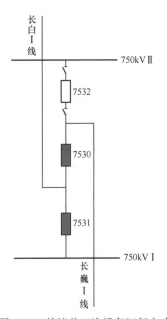

图 6-19 故障前一次设备运行方式

工作，7532 断路器处于检修状态。

三、故障经过

1. 具体过程

13:29 监控系统报：长江变电站长巍Ⅰ线 RCS-931 线路零序Ⅳ段保护动作、另一套线路保护未动作，重合闸未动作，长江变电站 7530 断路器分闸，因 7532 断路器处检修，长巍Ⅰ线停运。监控员立即将故障情况汇报上级网调、省调，并通知运维站检查。

接到故障汇报的第一时间，网调当值调度员立即组织省调进行事故联合处置，为防止长巍Ⅱ线跳闸后 330kV 线路出现过负荷情况，提前预控省间断面潮流在安全范围内。

15:25 现场查明跳闸原因为检修人员未按规定顺序恢复二次安全措施，造成保护二次电流回路两点接地，干扰电流窜入二次回路，导致线路保护动作，网调当值调度员下令退出 RCS-931 线路保护后，对线路进行恢复。

15:31 线路恢复运行。

2. 故障主要影响

此次故障共造成 1 回 750kV 线路跳闸，长江变电站所在省区 750kV 网架可靠性降低，未造成负荷及出力损失，网内其余设备运行正常。

四、故障原因及分析

录波器中该间隔电流串联于 RCS-931 线路保护电流之后，通过对故障录波图进行分析后发现，故障前后电流具有如下特点：

长巍Ⅰ线线路三相电压及零序电压在故障前后正常，没有任何变化。

长巍Ⅰ线 RCS931 线路保护启动前，二次电流正常，ABCN 相电流分别为 0.038、0.039、0.044、0.003A。

长巍Ⅰ线保护 0ms 启动，A 相电流增大到 0.09A，零序电流增大到 0.115A，未达到零序电流四段定值。

5800ms RCS931 线路保护 B 相电流也增大到 0.09A，与 A 相电流相位几乎一致，零序电流达到 0.149A，此时已超过零序四段定值。

9287ms，已到零序四段保护 3.4s 动作时限，ABC 相跳闸出口。

9320ms 7530 断路器 ABC 三相位置由合位变为分位。跳闸后录波图显示 RCS931 线路保护 C 相电流消失，A 相、B 相、零序电流还持续存在，但是幅值分别减小到 0.037、0.037、0.073A。

保护启动后及跳闸后的 A 相、B 相及零序电流具有很多谐波干扰分量。经录波软件分析，保护启动前各相电流只有基波分量，在保护启动后及跳闸后各相电流包含有一定的电流谐波干扰分量。

166

　　结合跳闸时保护人员在恢复二次安全措施的工作顺序进行分析，以及保护电流录波具有较多谐波干扰分量，初步分析可能由于保护二次电流回路两点接地导致干扰电流窜入二次电流回路，造成线路保护动作。结合二次措施恢复次序，现场进行了模拟试验，故障电流及录波与事故现场实际基本一致。

　　结合现场实际情况，对保护动作原因进行如下分析。

　　1. 长巍Ⅰ线7532、7530断路器TA配置及接地情况分析

　　长巍Ⅰ线7532、7530断路器就地分相设置本体端子箱，二次电流回路由本体端子箱汇集到断路器汇控柜，然后转接到继电小室。

　　7532断路器TA二次配置7个绕组，依次为411测量、421断路器保护、431线路保护1及录波（RCS931）、441线路保护2（CSC103）、451计量、461母线保护1、471母线保护2。其中第421、461、471回路在7532汇控柜接地，第431、441、451回路在7530汇控柜合电流处接地。

　　2. 现场设备二次措施情况分析

　　保护动作前一天，因现场有7532断路器高压试验工作，因此现场将7532断路器ABC三相本体端子箱内的电流绕组进行了短接，试验端子均处于打状态。7532断路器汇控柜内，411～471二次回路的电流试验连片均在打开状态。

　　3. 现场保护人员恢复措施情况分析

　　断路器高压试验工作完成后，保护人员计划恢复二次安全措施，拆除7532断路器本体端子箱电流试验端子的短接连线，并且恢复7532断路器汇控柜处411～471二次回路试验电流端子连片。

　　保护人员在拆除C相本体端子箱短接试验连线后，由于7532汇控柜距离C相断路器较近，没有按照正确的次序继续拆除A、B相断路器的措施，转而到7532断路器汇控柜开始恢复电流试验端子排连片。

　　现场断路器保护电流回路N421的接地点在7532汇控柜就近接地，由于本体端子箱A、B相各绕组仍然短接一起，造成7个断路器电流绕组经N421接地点接地。

　　此时，对于测量电流二次回路而言，N411的接地点在保护小室测控屏处，进而造成测量电流回路两点接地。线路测量电流被分流，由于未影响其他保护装置，故无报警信息。

　　同理，当保护人员恢复到第三个绕组RCS931保护二次电流回路A431的连片时，此保护电流回路也经N421两点接地，一处位于7530汇控柜，一处位于7532汇控柜。两处接地点存在电位差，两点间形成干扰电流由N421接地点流经断路器本体端子箱绕组短接处，再流经A431线路保护装置、远跳保护、录波器、N431接地点形成回路。此时，保护装置及录波器由于干扰电流流入而启动，但是干扰电流未达到保护动作值。当恢复B431的连片后，同样幅值的干扰电流经N421、B431、N431流经线路保护装置，这时增加的零序电流幅值已达到保护动作值，经3.4s延时后RCS931保护动作。两点接地形成的干扰电流流向示意图如图6-20所示。

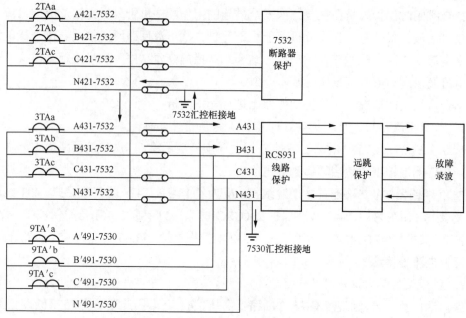

图 6-20　两点接地形成的干扰电流流向示意图

综上所述，跳闸原因为保护人员未正确恢复二次安全措施，导致电流二次回路两点接地，两接地点在感应电压的作用下产生感应电流窜入保护采样回路，导致保护动作跳闸。

五、启示

1. 暴露问题

（1）现场安全管理薄弱，工作负责人、工作监护人对现场作业人员监护不到位，作业存在的危险点分析、交代不到位。

（2）作业人员经验不足，安全意识淡薄，业务素质较差，基层班组培训学习力度不够，针对性不强。

2. 整改措施

（1）加强检修现场管理。对于变电站检修现场和基建施工现场，凡涉及二次回路的工作，必须经专业运行单位现场勘查，审定相关技术措施后方可进行施工。

（2）一次工作需要二次设备做安全措施的，在进行一次作业前，工作负责人需监护继电保护人员按照二次工作安全措施票的内容完成二次安全措施并确认。待一次工作完全结束后，工作负责人通知原继电保护人员恢复措施并签字、验收。作业过程中，认真执行作业指导书和二次安全措施票的要求。

（3）继续认真深入开展"安全大检查"活动，严格执行《国家电网公司电力安全工作规程》，提高专业人员、管理人员风险辨识能力和管理水平。

（4）认真规范操作流程，各专业作业人员要以认真负责的态度规范作业方法和作业行为，严防发生人员责任事故。

第四节　主变压器跳闸事故

案例十三　间隙击穿造成主变压器跳闸

一、故障概要

某日 110kV 民族变电站由于 110kV 系统电源线路单相故障，三相不平衡，产生零序过电压导致 1、2 号主变压器间隙击穿，1 号主变压器间隙零序、零序过电流三段保护动作跳开 1 号主变压器三侧断路器。2 号主变压器保护未动作。由于 1、2 号主变压器中、低压侧并列运行，无负荷损失。

二、故障前运行方式

1. 故障前民族变电站运行方式

民族变电站由营队变电站 111 营民线供电，民族变电站 110kV 单母带 1、2 号主变压器运行，1、2 号主变压器中低压侧并列运行，1、2 号主变压器 110kV 中性点接地开关均在断开位置。

2. 检修安排情况

地区电网全运行方式，无计划检修。民族变电站主接线图见图 6-21。

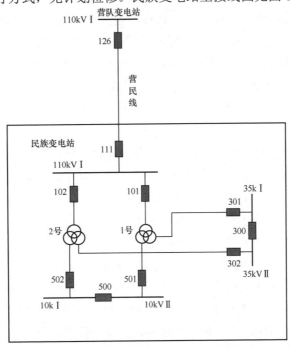

图 6-21　民族变电站主接线图

三、故障经过

具体过程：

12:43 民族变电站 1 号主变压器 101、301、501 断路器跳闸。

16:47 运行人员检查：1 号主变压器零序过电流保护三段动作，间隙零序保护动作；检查 1 号主变压器本体无异常现象；10、35kV 系统运行正常，无保护动作；1、2 号主变压器中性点放电间隙尖端均有放电痕迹，检查 110kV 母线避雷器 B 相计数器由原来的 19 次变为 20 次。可以确认由于 110kV 供电系统产生零序过电压导致 1、2 号主变压器间隙击穿，1 号主变压器间隙零序、零序过电流保护三段保护动作，跳开 1 号主变压器三侧断路器。

17:53 1 号主变压器试送成功，与 2 号主变压器三侧并列运行。

四、故障原因及分析

（1）1 号主变压器保护动作分析：民族变电站 1 号主变压器由于线路过电压导致 1 号主变压器间隙击穿，间隙零序电流为 8.13A，达到 1 号主变压器间隙零序保护定值 5A（8.13A＞5A），间隙保护启动，延时 0.3s 动作出口，跳开 1 号主变压器三侧断路器。由于零序 TA 与间隙 TA 一次回路串联，故间隙放电时，电流同时流经零序 TA 和间隙 TA，零序过电流保护定值为 5A，0.3s。因此零序过电流保护同时动作，民族变电站 1 号主变压器保护动作正确。

（2）2 号主变压器保护动作分析：在保护整定时，民族变电站 1 号主变压器间隙过电流保护动作时间为 0.3s，2 号主变压器间隙过电流动作时间为 0.5s。在民族变电站 2 号主变压器间隙放电 0.3s 时，营队变电站 1117 营牵 I 线保护距离 II 段、零序 II 段动作，跳开线路断路器，接地故障消失，民族变电站 110kV 系统过电压也同时消失，民族变电站 2 号主变压器放电间隙的放电电流返回，间隙保护未达到出口时限，因此没有动作。

（3）两台主变压器的间隙过电流保护动作时间整定不同的原因说明：

1）民族变电站两台变容量相差较大，1 号主变压器容量为 16MVA，2 号主变压器容量为 50MVA，由于变压器的零序阻抗相差较大，而装在放电间隙回路的零序电流保护的动作电流与变压器的零序阻抗、间隙放电的电弧电阻皆有关系，且接地故障时产生的零序电压取决于系统零序阻抗与变压器零序阻抗之间的关系，1 号主变电站的零序阻抗较大，零序网络的零序分支电流较小，因此考虑采用规程规定的间隙过电流保护时限（0.3～0.5s）的下限值 0.3s，可增加 1 号主变压器间隙零序过电流保护的灵敏度。

2）民族变电站 1 号主变压器为运行时间较长的老变压器（1995 年），其绝缘情况较差，间隙零序保护 0.3s 的动作时限能较好地保护主变压器。

民族变电站 2 号主变压器间隙零序保护时限定值 0.5s 大于营队变电站 1117 营牵 I 线

距离、零序Ⅱ段保护时限定值 0.3s，在民族变电站 2 号主变压器间隙零序保护动作前，营队变电站 1117 营牵Ⅰ线距离、零序Ⅱ段保护已将故障点切除，因此民族变电站 2 号主变压器保护返回未动作，1 号主变压器间隙零序保护（时限 0.3s）与营队变电站 1117 营牵Ⅰ线距离、零序Ⅱ段保护同时动作。

五、启示

1. 暴露问题

110kV 线路运维管理不到位，设备运行巡视质量不高，隐患排查工作不到位，主变压器容量差较大，给定值整定带来很大困扰。

2. 整改措施

（1）加强设备的运行规范化管理，检查变电站现场运行规程修编执行情况，检查设备运行规范化管理工作情况。

（2）加强运维人员培训工作。结合生产实际特点和现场实际情况，对管理人员以及保护和运行人员开展针对性的专业技术培训，加大培训效果评估，并纳入单位和个人绩效考核。

（3）针对运行时间较长的老设备，应定期停电进行设备定检、机构检查，隐患治理。

（4）针对主变压器并列运行，合理规划主变压器容量，尽可能缩小容量差，减少变压器的零序阻抗差。

案例十四　二次设备缺陷造成主变压器跳闸

一、故障概要

某日甘草电站变 330kV 1 号主变压器两路风冷电源进线断路器跳闸，造成风冷全停，因告警信息未上送至监控系统，经延时 1h 后，非电气量保护动作跳开 1 号主变压器三侧断路器，负荷转带至 2 号主变压器，未损失负荷。

二、故障前运行方式

1. 故障前的电网运行方式

甘草变电站 330kV 系统为 3/2 接线，330kV 第二串、第六串为非完整串，其余均成串运行。两台主变压器并列运行，1 号主变压器高压侧接于 330kV 第二串 3322 断路器、3321 断路器处，中压侧 101 断路器运行于 110kV Ⅰ母，低压侧 301 断路器运行带 35kV Ⅰ母；2 号主变压器高压侧接于 330kV 第一串 3310 断路器、3312 断路器处，中压侧 102 断路器运行于 110kV Ⅱ母，低压侧 302 断路器运行带 35kV Ⅱ母。甘草变电站 1 号主变压器接线图见图 6-22。

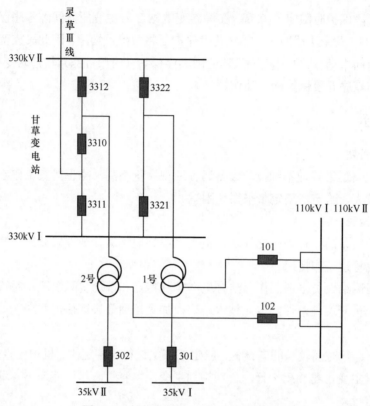

图 6-22　甘草变电站 1 号主变压器接线图

2. 检修安排情况

甘草变电站当日一、二次设备均无检修工作，电网频率正常，电压受风电场出力变化影响存在波动。

三、故障经过

1. 具体过程

13:35 甘草变电站 1 号主变压器三侧断路器跳闸，造成 1 号主变压器及 35kV Ⅰ 母失压，未损失负荷。

13:35 故障发生，省调通知监控人员立即检查甘草变电站 2 号主变压器是否有过负荷情况、站用系统是否有异常，并做好变电站特殊巡视工作；通知管委地调做好甘草变电站 110kV 系统全停预案。

14:00 运维人员到达现场，对现场一、二次设备进行检查。检查后汇报：1 号主变压器失压，主变压器三侧断路器均在分位，35kV Ⅰ 母及所连各间隔失压，1 号电抗器 311 断路器、1 号站用变压器 312 断路器在合位，上述设备经检查无异常；1 号主变压器保护 C 屏（非电气量保护屏）显示"1 号主变压器冷控失电"信号灯亮。初步判断为 1 号主变压器非电气量保护"风冷全停延时跳闸"启动，经 1h 后，跳 1 号主变压器三侧。

14:26 省调下令将甘草变电站 1 号电抗器 311 断路器由运行转热备。

14:42 管委地调下令将甘草变电站 1 号站用变压器 312 断路器由运行转热备。

15:20 运维人员汇报：1 号主变压器跳闸原因为主变压器风冷控制箱交流进线电压低于整定值，启动延时跳闸回路，并申请主变压器恢复运行。

15:23 省调下令将甘草变电站 1 号主变压器由热备转运行，后续逐步恢复 35kV Ⅰ 母及所连各间隔供电。

2. 故障主要影响

此次故障造成 1 台 330kV 变压器及 1 条 35kV 母线失压，未损失负荷，未发生设备满载或过负荷等情况，站内一次设备均无异常。

四、故障原因及分析

（1）因甘草变电站 110kV 母线所接风电场短时间内出力有较大变化，造成 35kV 母线电压过低，进而导致站用变压器低压侧电压过低，使 1 号主变压器两路风冷电源电压均低于电压监视继电器的动作值，造成继电器动作，1 号主变压器风冷全停。虽然管委地调采取手段调压，但风冷电源电压未达到电压继电器返回值，继电器仍处于动作状态，无法返回。因现场接线原因，造成 1 号主变压器风冷全停后，相关告警信号未上送至区调监控系统，造成主变压器因延时跳闸。

（2）电压过低且管委地调调压不到位，造成甘草变电站主变压器风冷全停，是此次事故的根本原因；现场接线原因造成甘草变电站主变压器风冷全停后告警信息未上送至区调监控系统，是此次事故的直接原因。

（3）事故时甘草变电站 1 号电抗器 311 断路器仍处于运行状态，说明还有调压手段，但管委地调未继续进行调压，人员专业技术水平和责任心有待提高。站内接线原因造成主变压器风冷全停及相关重要异常信息未上送至监控系统，体现了现场人员工作及验收不到位及隐患排查不够充分问题。

五、启示

1. 暴露问题

管委地调监控员、运维检修人员业务水平差，责任心不强，隐患排查工作不到位。

2. 整改措施

（1）加强监控员、运维检修人员专业知识培训工作，提高业务技能，注重培训结果，深入开展反事故演习工作，使理论与实际相结合。

（2）从管理角度出发，奖惩并行，加大考核力度，提高作业人员责任心。

（3）加强自动电压控制系统建设和管理，减轻调压人员工作强度的同时能够更加科学合理地控制系统电压，提高电能质量。

（4）进一步加强隐患排查工作，使工作落到实处，避免流于形式，达到预期的效果。

案例十五　二次人员误操作造成主变压器跳闸

一、故障概要

某日 330kV 甘草变电站 2 号主变压器跳闸，过励磁保护动作，主变压器三侧断路器分闸。

二、故障前运行方式

1. 故障前的电网运行方式

甘草变电站 330kV 系统为 3/2 接线，330kV 第二串、第六串为非完整串，其余均成串运行。两台主变压器并列运行，1 号主变压器高压侧接于 330kV 第二串 3322 断路器、3321 断路器处，中压侧 101 断路器运行于 110kV Ⅰ母，低压侧 301 断路器运行于 35kV Ⅰ母；2 号主变压器高压侧接于 330kV 第一串 3310 断路器、3312 断路器处，中压侧 102 断路器运行于 110kV Ⅱ母，低压侧 302 断路器运行带 35kV Ⅱ母。

2. 检修安排情况

甘草变电站当日有直流系统更换的检修计划，2 号主变压器在高压侧 3312 断路器处检修，故障前保护人员正在进行屏顶小母线拆除工作。故障前一次设备运行方式见图 6-23。

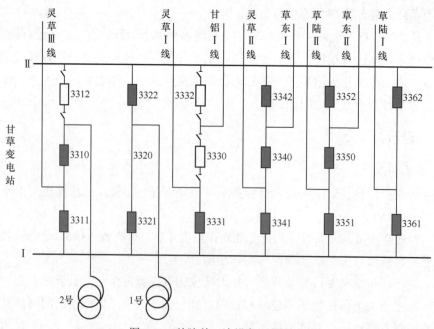

图 6-23　故障前一次设备运行方式

三、故障经过

1. 具体过程

11:26 监控系统报:甘草变电站 2 号主变压器跳闸,2 号主变压器第一套 PST1202A 保护动作、主变压器 3310 断路器、102 断路器、302 断路器具体原因待查,当值监控员立即将相关情况汇报省调调度员、管委地调调度员,并通知运维人员进行检查。

11:26 省调调度员与管委地调核实:甘草变电站 1、2 号主变压器在 110kV 系统侧并列运行,故障暂未造成负荷损失;令其做好甘草变电站 110kV 系统全停预案。

11:30 现场运维人员汇报省调:2 号主变压器第一套 PST1202A 过励磁保护动作,第二套保护未动作,故障前有保护人员正在 3312 断路器辅助保护屏进行小母线拆除工作;令其暂停站内一切检修工作,人员撤离现场,等待事故调查。

2. 故障主要影响

此次故障造成 1 台 330kV 变压器及 1 条 35kV 母线失压,未损失负荷,未发生设备满载或过负荷等情况,站内一次设备均无异常。

四、故障原因及分析

通过查看甘草变电站 2 号主变压器高压侧第一组电压装置波形图(如图 6-24 所示),跳闸前 7s 及跳闸时 2 号主变压器高压侧第一组保护电压相量图(如图 6-25 所示),跳闸时 2 号主变压器高压侧第一组保护电压录波图(如图 6-26 所示)可以发现:A、C 相电压故障前持续增大,故障时达到 86V;B 相电压故障前持续降低,故障时降到 38V。相电压在 77.9V 时达到过励磁保护五段定值,延时 6s 后 2 号主变压器保护 A 屏过励磁保护动作跳三侧断路器。2 号主变压器保护 B 屏使用的是主变压器高压侧第二组电压,未受影响,保护装置电压正常,未动作。2 号主变压器三侧跳闸,造成 35kV 侧失压,3 号电抗器低电压保护动作跳闸。

经调查,2 号主变压器三侧断路器跳闸时,保护人员正在拆除 3312 断路器辅助保护屏顶小母线 A630、B630、C630、N600,3312 断路器辅助保护屏顶 N600 引至 2 号主变压器保护 A 屏高压侧,由于全站电压接地点在 330kV 继电保护(一)小室 330kV 公用测控屏顶小母线处一点接地,此时 3312 断路器辅助保护屏顶 N600 断开造成 2 号主变压器保护 A 屏、主变压器故障录波器屏高压侧电压异常,故障时 2 号主变压器 TV 二次回路拆接线示意图如图 6-27 所示。

正常运行时,TV 二次三相负载对称或 TV 二次中性点接线良好,则 $3U_o=0$。但在实际运行中,TV 二次负载并不完全对称。结合现场情况及录波图分析,主变压器保护动作原因为现场工作时,将 2 号主变压器保护 A 屏高压侧二次电压 N600 中性线人为断开,而 TV 二次 B 相负载较大,造成主变压器保护屏二次中性点电位偏移,$3U_o$ 不等于零,中性点的电位偏移与 TV 的二次三相电压叠加后,三相电压对称关系被改变,三相电压的相位和幅值随之产生变化，二次系统已不能准确地反映一次系统的实际情况。故障录波图显示 U_b 二次电压逐渐降低，而 U_a、U_c 二次电压逐渐升高，达到了过励磁保护动作值，导致主变压器过励磁保护动作。

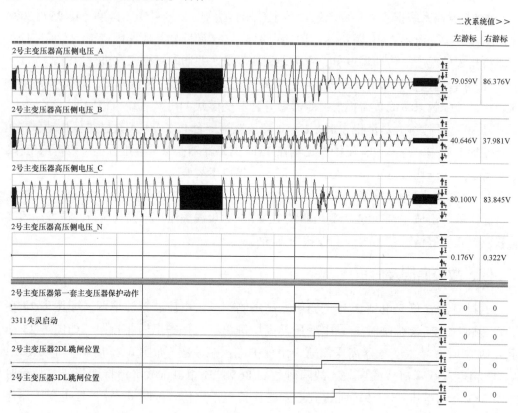

图 6-24　甘草变电站 2 号主变压器高压侧第一组保护电压装置波形图

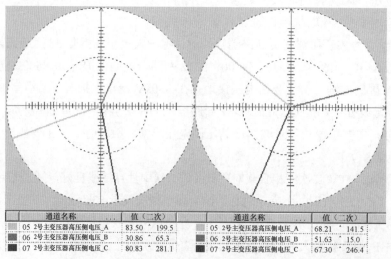

图 6-25　跳闸前 7s 及跳闸时 2 号主变压器高压侧第一组保护电压相量图

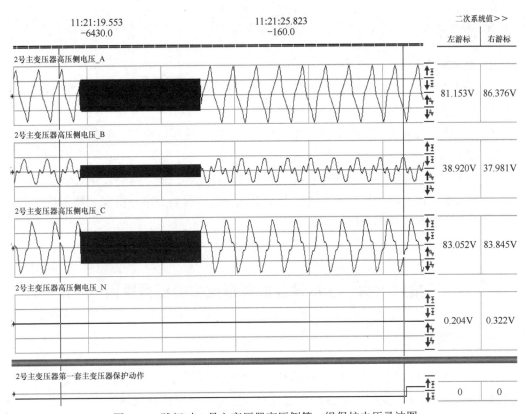

图 6-26 跳闸时 2 号主变压器高压侧第一组保护电压录波图

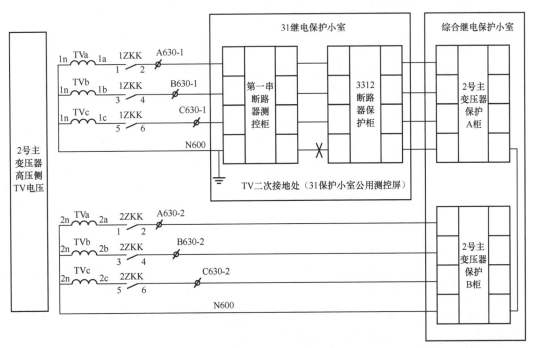

图 6-27 故障时 2 号主变压器 TV 二次回路拆接线示意图

五、启示

1. 暴露问题

（1）现场作业人员经验不足，责任心不强，工作监护人对工作班成员监护不到位。

（2）班组培训学习力度不够，针对性不强。

（3）工作负责人在工作开工前对现场存在的危险点分析、交代不到位。

2. 整改措施

（1）按照规范要求，严格规范二次工作人员，防止"三误"事件发生。

（2）二次工作前，按照《国家电网公司十八项电网重大反事故措施》等规程规范要求，制定二次安全措施票并严格执行。

（3）加强电压二次回路管理，避免因人为缘故失去中性点。

案例十六　一次设备故障造成主变压器跳闸

一、故障概要

某日木桥变电站 220kV 4 号主变压器因区外故障导致差动保护及本体重瓦斯、本体轻瓦斯保护动作，4 号主变压器三侧断路器事故跳闸，绕组严重变形。

二、故障前运行方式

1. 故障前的电网运行方式

木桥变电站 4 号主变压器运行于 220kV Ⅱ 母，110kV Ⅰ 、Ⅱ 母并列运行，4 号主变压器 29104 断路器运行于 110kV Ⅱ 母，35kV Ⅰ 、Ⅱ 、Ⅲ 、Ⅳ 段母线分段运行。35kV 木诚线运行于 35kV Ⅳ 段母线。

2. 检修安排情况

当日木桥变电站一、二次设备均无检修工作，电网电压、频率均运行正常。木桥变电站主接线图见图 6-28。

三、故障经过

1. 具体过程

07:45 木桥变电站 35kV 木诚线所接某高耗能电力 A 用户在避峰生产操作后，2 号配电室 35kV 316 断路器柜内真空开关上部发生三相短路。

07:45 木桥变电站 4 号主变压器 PST-1200 差动保护动作、本体重瓦斯动作、本体轻瓦斯动作，主变压器三侧断路器事故跳闸。

07:46 查木桥变电站 1、2、3 号主变压器均未过负荷，4 号主变压器外观检查正常，PST-1200 差动保护动作，三侧断路器跳闸。

12:00 35kVⅣ母转检修。

13:35 4 号主变压器及三侧断路器转检修。

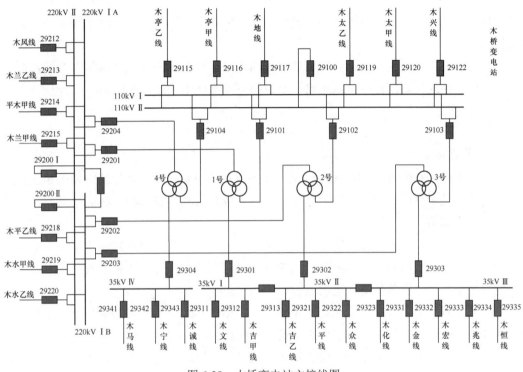

图 6-28　木桥变电站主接线图

对 4 号主变压器开展高压试验和取油样化验，经测试 4 号主变压器绕组严重变形，短路阻抗和出厂值存在偏差，油样分析总烃中乙炔占主要成分，特征气体反映设备内部存在放电故障。武平供电公司同时安排计算了高耗能电力 A 用户 35kV 母线在系统大方式下短路电流为 24.307kA，与主变压器保护显示的 35kV 侧 25kA 的短路电流基本吻合，但主变压器在投标阶段提供的"可承受 2s 出口对称短路电流"低压绕组为 48.54kA。

2. 故障主要影响

木桥变电站 4 号主变压器三侧断路器事故跳闸，造成木桥变电站 35kVⅣ段母线失压，损失负荷 40MW，4 号主变压器绕组严重变形，退出运行。

四、故障原因及分析

经武平供电公司人员检查，短路点在木桥变电站 35kV 木诚线所接某高耗能电力 A

用户站内 316 手车断路器上部，手车上部及断路器柜柜体上部均有电弧烧伤痕迹。初步分析短路是由于过电压造成的。由于该用户隐瞒事故真相，武平供电公司缺乏第一手现场资料，只能通过木桥变电站保护录波进行分析，首先是 A 相接地，产生过电压，发展为 AB 相短路，15ms 后转换为三相短路故障，用户侧进线断路器速断保护跳闸切除故障。故障切除后约 100ms，木桥变电站 4 号主变压器差动保护和重瓦斯保护动作，切除 4 号主变压器三侧断路器。由于木诚线限时速断保护时限整定为 0.3s，保护未动作。

木桥变电站 4 号主变压器抗短路能力不满足设计和系统要求，结构和制造工艺水平存在问题，经返厂解剖分析，认定设备质量问题是本次事故的主要原因。

五、启示

1. 暴露问题

（1）该高耗能电力 A 用户短路的电气设备绝缘质量存在缺陷，导致绝缘击穿，发生三相短路，是本次事故的直接原因。该用户主观故意隐瞒事故真相，对事故调查、原因分析产生了障碍。

（2）主变压器生产厂家在投标阶段提供的"可承受 2s 出口对称短路电流"低压绕组为 48.54kA。而此次短路电流峰值只有 25kA 造成绕组严重变形，暴露出该主变压器抗短路能力严重不足，设备制造质量不过关。

（3）木桥变电站 35kV 木诚线速断保护采用限时速断，延时 300ms 动作，虽不是本次事故的主要原因，但对保护主变压器是不利的。

（4）木桥变电站 4 号主变压器所带负荷线路比较短，主变压器在设计时未考虑加装限流电抗器。

2. 整改措施

（1）木桥变电站 35kV 木诚线所接高耗能电力 A 用户立即对本公司设备进行全面检查和试验，发现设备绝缘隐患，应立即进行整改。在发生故障后应第一时间汇报武平供电公司相关部门，不得隐瞒事故真相。

（2）营销部、客服中心加强对大电力用户的验收投运工作，加强对用户日常供用电安全检查，及时发现用户在运行环节的安全隐患，并针对问题及时下发整改通知书。当用户电气设备故障影响主网时，要组织人员第一时间到达，积极取证，为分析事故提供依据。加强对电力客户安全用电的教育培训工作，纠正电力用户不规范的运行维护行为。要向各电力用户及时通报网内用户的用电安全事故，互相吸取教训，避免事故的重复发生。

（3）主管部门在设备招投标和监造过程中严把质量关，保证设备的安全运行。

（4）充分考虑抗短路能力较差的主变压器的承载能力，将主变压器低压侧线路速断保护设置成无时限，缩短主变压器承受短路时间。

（5）由生技部门安排在木桥变电站 4 号主变压器 35kV 侧加装限流电抗器，限制近距离短路电流，保护主变压器的动稳定状态。

（6）生技部门应加强技术监督工作，在主变压器低压侧近区短路故障后应加强对主变压器绕组变形试验和油化验工作。

第五节　高压直流设备事故

案例十七　线路覆冰造成直流线路连续故障

一、故障概要

某日 18:45 参瓜直流极Ⅱ闭锁，降压启动成功，未损失输送功率，至次日 02:23 直流线路再次连续出现三次故障，直流输送功率由 2000MW 最低降至 1000MW，直流运行方式由双极四阀组大地回线运行调整至单极单阀组大地回线运行方式，运行电压由 800kV 最低降至 400kV。

二、故障前运行方式

1. 故障前的电网运行方式

直流系统运行方式为双极四阀组大地回线运行，直流输送功率 2001MW，功率正送，极Ⅰ、极Ⅱ直流滤波器均在运行状态，无功控制方式为 Q 控制。（根据无功交换量进行交流滤波器投切）

2. 检修安排情况

参州换流站当日一、二次设备均无检修工作，电网电压、频率均运行正常。

三、故障经过

1. 具体过程

18:45 参州换流站监控后台报极Ⅱ三套极保护主机 P1PPRA/B/C "直流线路电压突变量保护动作" "直流线路行波保护动作"，极Ⅱ直流线路经过 2 次全压启动，1 次降压启动，降压启动成功。重启成功后，极Ⅱ保持在 640kV 降压运行，无功率损失。直流线路故障测距显示故障点距参州站 1594km，距卓兴站 117km，查看线路杆塔明细表，故障点位于华东某 A 省境内。

20:10 国调下令将极Ⅰ降至 640kV 运行。

21:13 参瓜直流降压运行期间监控后台报极Ⅱ三套极保护主机 P1PPRA/B/C "直流线路电压突变量保护动作" "直流线路行波保护动作"，直流线路经过两次重启动不成功，极Ⅱ闭锁。极Ⅱ闭锁后，极Ⅱ高端换流器自动重启成功，保持在 400kV 运行，无功率损失。直流线路故障测距显示故障点距参州站 1594km，距卓兴站 117km，与第一次线路故障点一致。

21:44 国调下令在线退出极Ⅰ低端换流器，参瓜直流双极以高端换流器 400kV 大地回线方式运行。

22:08 参瓜直流双极高端换流器 400kV 半压运行期间监控后台报极Ⅱ三套极保护主机 P1PPRA/B/C "直流线路行波保护动作"，直流线路经过 2 次重启动不成功，极Ⅱ高端换流器闭锁，极Ⅰ高端换流器运行，直流功率由 2001MW 降至 1001MW。直流线路故障测距显示故障点与前两次线路故障点一致。

次日 00:15 国调下令将直流输送功率调整为 1200MW，参瓜直流以极Ⅰ高端换流器 400kV 大地回线方式运行。

次日 02:23 参瓜直流极Ⅱ高端换流器解锁 5min 后，极Ⅱ直流线路行波再次保护动作，两次重启不成功后，极Ⅱ高端换流器闭锁，功率无损失，保持在 1200MW。直流线路故障测距显示故障点与前三次线路故障点基本一致。

2. 故障主要影响

故障造成直流输送功率由 2000MW 最低降至 1000MW，直流运行方式由双极四阀组大地回线运行调整至单极单阀组大地回线运行方式，运行电压由 800kV 最低降至 400kV。

四、故障原因及分析

根据直流线路故障测距装置检测数据和杆塔距离明细表，初步判断故障点位于华东某 A 省与华东某 B 省交界处附近。经运维人员巡视发现，故障原因为华东某 A 省境内极Ⅱ直流线路覆冰导致。

五、启示

1. 暴露问题

（1）未能及时发现线路覆冰情况是导致此次事故的直接原因。

（2）省调对于直流线路保护频繁动作导致原压重启成功的情况应对经验不足。

2. 整改措施

（1）加强特殊运行方式下的事故预想，对换流变压器、换流阀以及直流场设备进行红外测温和特巡，确保设备安全运行。

（2）冬末春初气候多变，应时刻关注气候变化，加强站内人员值班和设备巡检力度。

（3）若发生直流线路保护频繁动作导致原压重启成功的情况，应向国调申请将该极降压运行。

案例十八　一次设备故障造成某换流站极Ⅰ高端阀组闭锁

一、故障概要

某日参州换流站极Ⅰ高端换流器差动保护Ⅱ段动作、极Ⅰ极差动保护Ⅱ段动作，极Ⅰ闭锁，极Ⅰ高端阀组隔离，极Ⅰ低端阀组自动重启成功。故障前直流输送功率 6400MW，闭锁后 4235MW，损失功率 2165MW。安全稳定控制装置正确动作，切除莲花电厂 2 号机组 660MW。

二、故障前运行方式

1. 故障前的电网运行方式

直流系统运行方式为双极四阀组大地回线运行，直流输送功率 1952MW，功率正送，极Ⅰ、极Ⅱ直流滤波器均在运行状态，无功控制方式为手动控制。

2. 检修安排情况

参州换流站当日一、二次设备均无检修工作，电网电压、频率均运行正常。

三、故障经过

1. 具体过程

16:44:03　换流器差动保护Ⅱ段动作，极Ⅰ极差动保护Ⅱ段动作，极Ⅰ高端、低端阀组闭锁，稳控装置动作切除莲花 2 号机组，极Ⅰ部分功率转代至极Ⅱ。

16:44:13　800kV 套管 SF_6 压力低一级告警、800kV 套管 SF_6 压力低二级告警、800kV 套管 SF_6 压力低跳闸。

16:44:33　极Ⅰ极完成隔离。

16:45:47　极Ⅰ高端换流器已隔离。

16:45:57　极Ⅰ低端阀组自动解锁成功。

2. 故障主要影响

故障造成直流输送功率损失 2165MW，稳控动作切除 660MW 火电机组一台。

四、故障原因及分析

1. 一次设备检查情况

极Ⅰ高端 800kV 穿墙套管外观未见明显异常，套管伞裙外部无明显放电闪络痕迹，套管阀厅见图 6-29。

现场检查套管附近地面上发现套管根部的等电位接地线及疑似压力释放喷口金属碎片，现场情况见图 6-30。

极Ⅰ800kV 穿墙套管压力表降低为 0.1MPa（绝对压力），压力情况见图 6-31。

(a) 套管阀厅外部情况

(b) 套管阀厅内部情况

图 6-29　套管阀厅

(a) 套管压力释放喷口情况

(b) 喷口碎片

(c) 等电位线

(d) 喷口碎片

图 6-30　现场情况

极 I 高端换流器转检修后，对套管进行详细检查，发现极 I 高端 800kV 套管防爆膜完全炸裂脱落，套管内部有熏黑痕迹，伞裙存在缺口。套管防爆膜脱落见图 6-32。

图 6-31 压力情况   图 6-32 套管防爆膜脱落

2. 后台数据检查

检查一体化在线监测系统，极 I 高端阀组 800kV 套管在 SF_6 压力故障前一直正常，维持在 0.68MPa 左右，压力变化趋势未发现明显异常，极 I 高端 800kV 套管 SF_6 压力在线监测趋势如图 6-33 所示。在故障发生后，压力在短时间内迅速下降至 0.1MPa。

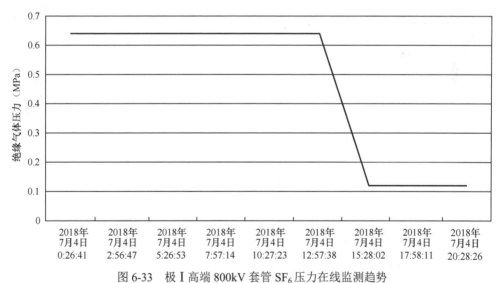

图 6-33 极 I 高端 800kV 套管 SF_6 压力在线监测趋势

3. 保护动作情况

查看后台报文，极 I 高端阀组三套保护 CPR11A/B/C 均报"换流器差动保护 II 段动作"，极 I 三套保护 PCP1A/B/C 均报"极 I 极差动保护 II 段动作"，具体分析如下：

（1）换流器差动保护。从图 6-34 换流器差动保护录波界面中可以看到，换流器差动保护Ⅱ段动作电流为1500A，故障时差流最大值达到11168A，远大于动作定值，保护动作正确。

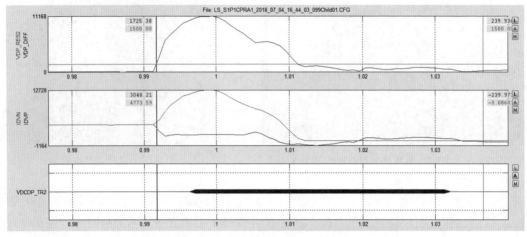

图6-34 换流器差动保护录波界面

（2）极差动保护。从图6-35极差动保护录波界面中可以看到，极差动保护Ⅱ段动作电流为1500A，故障时差流最大值达到6234A，远大于动作定值，保护动作正确。

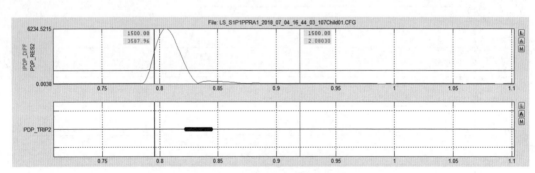

图6-35 极差动保护录波界面

4. 极Ⅰ低端阀组自动重启情况

参瓜直流在网联调试期间新增非故障阀组自动重启逻辑，具体策略如下：

（1）极差动保护动作时，若有换流器差动保护动作，认为是换流器保护区域故障，执行重启健全换流器的时序，此时，极差动保护仅跳故障换流器交流断路器，健全换流器交流断路器不跳闸。

（2）极差动保护动作时，无换流器差动保护动作，认为是极区故障，跳开高、低端换流器交流断路器，不重启换流器。

穿墙套管故障后重启健全换流器的时序如图6-36所示。

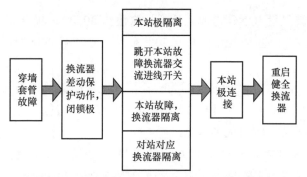

图 6-36 穿墙套管故障后重启健全换流器的时序

本次故障发生时，极差动与换流器差动保护同时动作，满足重启健全换流器的条件，自 16:44:03 穿墙套管故障至 16:45:57 极 I 低端阀组重启，历时 1 分 54 秒，重启后双极三阀组平衡运行正常。

综合现场检查、数据分析、事件列表、保护动作及故障录波情况，判断极 I 极保护、极 I 高端换流器保护正确动作，极 I 高端闭锁原因为 800kV 直流穿墙套管发生内部故障。

五、启示

运维人员应加强一次设备状态监测，尽早发现一次设备故障，防患于未然。

案例十九 二次设备故障造成某换流站极 II 功率异常上升

一、故障概要

某日灵东换流站极 II 极直流电流（IDNC）异常，导致极 II 功率异常上升至中性母线差动保护告警定值。

二、故障前运行方式

1. 故障前的电网运行方式

灵佑直流双极运行，双极输送功率为 4000MW。

2. 检修安排情况

灵东换流站当日一、二次设备均无检修工作，电网电压、频率均运行正常。

三、故障经过

1. 具体过程

14:33 灵东换流站后台频报极 2 直流保护中性母线差动保护告警。当班人员立即对告警情况进行检查，现场查看故障录波计算差流达到中性母线差动保护告警定值（定值

150A），且故障录波显示 IDNC 电流互感器一次值约 3050A，极 2 进线功率 2170MW。后台显示灵东侧极 $2I_d$（直流电流）电流 3020A 左右，功率 2000MW，明显小于对侧 I_d 电流 3190A。

相应报警发出后，灵东换流站立即将有关情况汇报国调及相关领导。向国调申请将极 2 功率降低 100MW 运行，保持极 2 送出负荷 2000MW 运行。功率下降后，极 2 功率维持 2000MW（后台显示值 1900MW）。

经现场分析判断异常原因为极 Ⅱ TA 采样不准确，申请国调将灵佑直流极 Ⅱ 转检修对该 TA 进行更换，更换后采样恢复正常，极 Ⅱ 功率恢复至 2000MW。

2. 故障主要影响

异常造成灵佑直流极 Ⅱ 单极转检修进行消缺。

四、故障原因及分析

检修人员现场检查极 Ⅱ 直流控制及保护装置所对应的模拟量接口模块（AIM2）无异常、TDC 机箱及 LO5 模块（就地模块）无异常告警灯亮。

在阀厅巡视走道检查极 Ⅱ P2-U-T2 一次设备外观无异常，红外测温无异常。

检修人员在 TDC 屏上使用 Tera term 软件进行电流测试检查（功率下降后）。通过结果证实判断，确认为 IDNC TA 采集信号错误。IDNC 装置采样原始值为 27.643，对应一次值为 2845A；IDNE 电流互感器采样原始值为 29.449，对应一次值为 3040A。

由于极 Ⅱ 极控系统以 IDNC 采样值作为控制系统反馈值及后台极功率计算，当实测 IDNC 异常缓慢减小时，控制系统以 IDNC 维持 2000MW 及特定直流系统电压条件下的电流为目标（3030A），导致极 2 直流系统电流 IDNE 异常升高，直至手动降功率后，异常升高趋势停止。

根据现场检查及故障录波情况分析，此次故障为渐变故障，直流保护 A/B/C 与直流极控 PCPA/PCPB 系统均出现采集故障，且故障时采样电流一致，控制系统无法报出超差告警，保护装置、控制系统采集到的极 Ⅱ IDNC 电流均一致，IDNC－IDNE=173A＞150A，引起保护告警动作，所以保护装置告警正确无异常。

经检测 TDC 装置各通道 IDNC 电流值均小于 IDNE 或 IDP 通道电流值，初步怀疑电阻器本体故障导致。

确认极 Ⅱ IDNC 故障后，灵东换流站即申请国调将灵佑直流极 Ⅱ 转检修对该 TA 进行检查。为进一步确认故障，极 Ⅱ 转检修后，超高压公司立即组织人员对故障 TA 进行了外观检查，为保持与停运前状态一致，未进行开盖检查及接线检查处理，对极 Ⅱ IDNC TA 进行升流试验，试验过程中未发现异常，TDC 装置测量值与升流试验值保持一致。

由于故障 TA 停运后故障现象无法重现，经现场研究，由于极 Ⅱ IDNC 测量装置正常运行时温度达到 95℃以上，而现场环境仅 35℃左右，且升流装置无法模拟长时间大负荷，这是鉴于 RESI 电阻器运行异常可能由温度异常导致。为确保极Ⅱ直流系统后期正常可靠运行，根据西门子公司建议，现场决定对极Ⅱ IDNC 测量装置进行更换，故障装置待后期进一步分析。同时，对极ⅡTA 测量 TDC 装置、LO5 模块，TA 上下接线盒及 OPT52 模块进行了进一步检查，未发现板卡及接线松动情况。

极Ⅱ IDNC TA RESI 电阻器更换完毕后，对该电阻器再次进行 0~2000A 的升流试验，并对各装置测量值进行检查，试验结果正常。

五、启示

1. 暴露问题

对 TA 的运行维护不到位，缺乏检测手段，对厂家人员依赖程度高，备件储备不足，导致设备停电时间延长。

2. 整改措施

（1）定期进行 TA 检查分析，提早发现问题。

（2）对新投运 TA 运行情况进行密切监视，针对异常及时处理。

（3）联系西门子公司落实该型号 TA 备品备件一套，包括远端模块一套。

第六节 其 他 事 故

案例二十 交流串入直流造成母联断路器跳闸

一、故障概要

某日文昌变电站 110kV 母联 100 断路器跳闸，无保护动作信息，无负荷损失。

二、故障前运行方式

1. 故障前的电网运行方式

文昌变电站 110kV 系统为双母单分段接线方式，母联 100、100A、100B 均处于合闸位置，110kV 母线并列运行；1 号主变压器运行于Ⅴ母，2 号主变压器运行于Ⅱ母。

2. 检修安排情况

文昌变电站 3 号主变压器及三侧断路器处检修时，电网电压、频率均运行正常。

三、故障经过

1. 具体过程

18:08 文昌变电站 110kV 母联 100 断路器未经保护，直接通过操作箱跳闸。另外，

189

110kV 母线保护、330kV Ⅱ母差保护、3 号主变压器故障录波器均误上送告警信号。直流分配屏微机直流绝缘监测装置上送二段直流母线电压过高告警信号。文昌变电站 110kV 系统运行示意图见图 6-37。

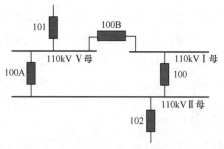

2. 故障主要影响

文昌变电站 110 kV 系统通过母联 100 断路器及分段 100A、100B 断路器并列运行,100 断路器跳闸后 110kV 系统仍为并列运行方式,未造成负荷损失。

图 6-37　文昌变电站 110kV 系统运行示意图

四、故障原因及分析

检查现场,事故当时 3 号主变压器 303 断路器柜处有继电保护人员工作,工作内容为 303 断路器跳位监视回路完善。对 303 断路器柜进行检查,发现柜内直流中间 2J 继电器存在异常。2J1 继电器直流线圈两端接线为 2J1-13 和 2J1-14(控制回路负电端),用于继电器励磁;2J 继电器一对动断触点接线 2J1-1 和 2J1-9 串接于 303-5 隔离开关控制回路中,用于实现断路器对隔离开关的闭锁功能。另外,303-5 隔离开关控制回路为交流控制回路,即 2J1-1、2J1-9 继电器接点分别通过端子排 ZD12、ZD13 和 303-5 隔离开关控制箱的 881/3B-129B(测量电位 AC220V)和 882/3B-129B(测量电位 AC36V)对接。但是,工作人员在二次回路完善工作中,未将 2J1-1 继电器接线接入隔离开关回路中,而是直接将继电器直流线圈 2J1-14 接线误接入交流回路中,造成交流电串入直流系统,致使 100 母联断路器保护出口接点抖动而误跳闸。现场检查情况如图 6-38 所示。

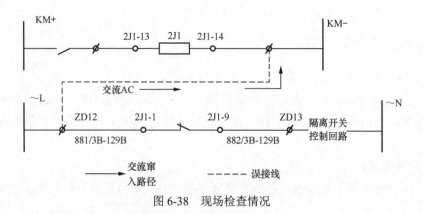

图 6-38　现场检查情况

对母联 100 断路器出口继电器功率检查:动作电流 0.028A,动作电压 125V,功率 3.5W,抗干扰能力较差。

交流串入直流系统等效电路图如图 6-39 所示。交流电通过 2J1-14 接线直接串入直流系统中，使跳闸接点 K2 两端的 1 和 33 长电缆线路形成回路电容 C3，致使永跳继电器 TJR 上端带电而励磁。而出口继电器出口功率小，抗干扰能力较差，进而导致 100 断路器未经保护、操作箱直接跳闸出口。

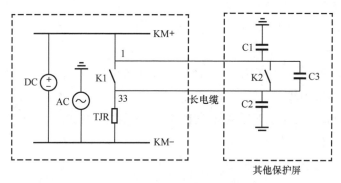

图 6-39　交流串入直流系统等效电路图

交流串入直流系统同时造成直流二段正电电压升高，符合现场微机直流绝缘监测装置"二段直流母线电压过高告警"及其他装置误开入启动/告警的现象。

由于交流电串入直流系统中，110kV 母线保护、330kV Ⅱ 母线保护及 3 号主变压器故障录波器相关信号继电器励磁误动作并开入，误报告警信号。

五、启示

1. 暴露问题

文昌变电站设备老化，继电器抗干扰能力不足，绝缘情况较差，未增加交流串入直流系统相关信号，现场工作人员工作不规范，隐患排查工作不到位。

2. 整改措施

（1）增加大功率出口继电器，提高出口回路抗干扰能力。

（2）加强设备验收管理，验收过程中对出口继电器、失灵开入动作功率及电平进行校验，已投运暂不能校验的设备，要求建设单位提供动作功率及电平说明。

（3）现场施工、验收严格按照设计院图纸进行，避免擅自改图施工。

（4）核查母线保护失灵开入继电器动作功率。

案例二十一　误入带电间隔造成人员受伤、设备跳闸

一、故障概要

某日超高压公司在 220kV 落平变电站进行 28122 落阳线断路器、电流互感器预试、热工仪表校验、28122-3 隔离断路器检查等工作时，工作班人员李××携带绝缘梯擅自进入 1 号主变压器 110kV 28101 间隔，误登带电设备，造成人员电弧灼伤，同时造成 28101

断路器跳闸。

二、故障前运行方式

1. 故障前的电网运行方式

落平变电站 1、2、3 号主变压器高、中压侧并列运行，低压侧独立运行；110kV Ⅰ、Ⅱ 母双母并列运行。

110kV Ⅰ 母元件：3 号主变压器 28103、28111 落西甲线、28117 落柳甲线、28118 落柳乙线、28119 落恒甲线。

110kV Ⅱ 母元件：1 号主变压器 28101、2 号主变压器 28102、28112 落西乙线、28116 落柳丙线、28120 落恒乙线。

落平变电站接线方式见图 6-40。

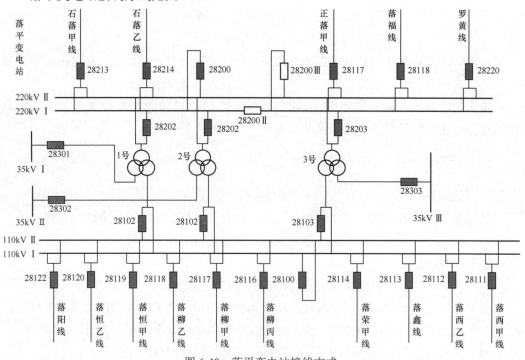

图 6-40　落平变电站接线方式

2. 检修安排情况

落平变电站 28113 落鑫线断路器、28114 落荣甲线断路器及线路、28122 落阳线断路器及线路、28330 落凯乙线检修；西川电厂 1 号机组检修。

三、故障经过

1. 具体过程

17:44 落平变电站 1 号主变压器间隙过电流、过压电保护动作，1 号主变压器三侧断路器跳闸；110kV Ⅱ 母母差保护动作，28100 母联断路器、2 号主变压器 28102 断路器、28112 落西乙线断路器、28116 落柳丙线断路器、28120 落恒乙线断路器跳闸，110kV Ⅱ 母失压。柳亭变电站 110kV 备自投装置告警动作，122 落柳丙线断路器分闸，柳亭变电站故障解列装置动作，311 柳铁线断路器分闸，柳亭变电站老系统失压。

17:50 武平地调启动事故应急预案，下令断开柳亭变电站老系统 10kV 母线断路器，通过镇南变电站 10kV 反带通道恢复柳亭变电站老系统 10kV 母线及重要负荷。

次日 00:42 落平变电站 1 号主变压器、110kV Ⅱ 母恢复运行。

2. 故障主要影响

此次故障共计 3 回 110kV 线路跳闸，造成 110kV 柳亭变电站老系统失压，损失负荷 8MW，造成一人电弧灼伤；次日 00:42 设备恢复运行。

四、故障原因及分析

（1）鉴于伤者李××（男，43 岁）在医院烧伤科无菌病室接受治疗，考虑伤者病情，没有当面进行询问调查，经过对现场其他人员的详细询问，初步推断：李××为了核实 28114 断路器 A 相发热缺陷，在无人许可及监护的情况下，误入相邻带电 28101 间隔，造成人身电弧灼伤。李××违反《电力安全工作规程》（电气部分）（Q/GDW 1799.1—2013）中 3.2.10.5 "熟悉工作内容、工作流程，掌握安全措施，明确工作中的危险点，并履行确认手续" 的规定，缺乏自我保护意识，误入带电间隔是造成此次事件的直接原因。

（2）超高压安监部稽查人员在现场稽查中发现 28113 间隔现场班前会交底记录不符合要求，并责令 28113 间隔检修工作停工整改，工作负责人李×与稽查人员发生争执，造成现场人员注意力发生转移，影响了正常的检修秩序，是此次事件的次要原因。

（3）现场总协调人在当天计划检修工作进入收尾阶段，接到武平供电局运行人员递给检修设备的缺陷单后，忙于和相关部门协调，对工作现场发生的异常情况管控协调不力，是此次事件的诱发原因。

五、启示

1. 暴露问题

（1）28113 间隔工作虽然召开了班前会，但未按班前会规范要求执行，流于形式。工作负责人不能主动接受现场安全监督，反映出现场安全管理制度执行力不到位。

（2）现场作业地点出现人员变动，作业过程中存在总协调人与工作负责人沟通不足问题。

（3）检修工作计划与深度隐患排查缺陷治理工作不能有机协调，有效检修工作时间不足影响了检修现场的生产秩序。

（4）检修间隔的安全布防虽然满足工作票的要求，但当天现场运行设备处于相邻的两个检修设备之间，对此存在安全风险估计不足、安全标准化布防不完善问题。

（5）工作现场车辆停放不规范，现场管理人员及检修人员视线受阻，使现场人员无法互相关注。

2. 整改措施

（1）事故发生后，省电力公司主要领导和分管领导分别赶赴现场，一是安排现场相关事宜；二是安排伤者救治工作以及善后事宜。次日领导班子碰头会召开，分析事故并决定超高压分公司立即停工整顿一周，举一反三，深入剖析事件原因，反思、学习、吸取事故教训，查找生产安全管理漏洞；制定和完善切实可行的防范措施，完善细化有关管理规定。

（2）加强现场的标准化作业管理，提高现场安全管控水平，按照国网宁夏电力有限公司"创建无违章现场"要求和"五想五不干"的三十项具体措施，真正落实到现场每一项工作中。

（3）认真开展班组承载力分析工作，结合班组实际工作量，规范检修计划管理，使此项工作常态化、制度化。

（4）职能部室、专业部室管理人员认真反思，查找自身存在的不足，强化规章制度执行力，提高安全管控水平。

（5）进一步落实现场总协调人和工作负责人的安全职责。

（6）加强与各供电局运行管理部门的沟通，科学合理安排检修工作计划，确保有效检修工作时间。

（7）认真执行设备缺陷管理流程，对现场计划外工作严格执行超高压分公司设备缺陷管理规定。

（8）结合检修现场实际情况，规范检修-运行-检修设备间隔方式下安全措施的设置，对特殊情况应制定安全措施布防图，并经过审核、批准，现场严格落实。

（9）加强检修车辆现场准入管理，车辆停放纳入安全标准化布防管理之中。

第七章 调控运行新技术

第一节 新能源场站快速频率响应技术

一、风电场参与电网快速频率响应方式

风电场参与电网快速频率响应,即在并网点具备有功功率-频率下垂控制特性。西北电网试点试验风电场快速频率响应实现方式主要分为"单机+全场优化控制"和"场侧有功系统控制"两类。

1. 单机+全场优化控制

通过完成风电场内单台风机快速频率响应功能改造(惯量响应控制、变桨距角控制),使得风机单机具备快速调频能力,同时,通过加装风电场快速频率响应控制柜,结合每台风机运行工况统一进行单机调频方式优化组合,既利用了惯量响应快速性,又利用了桨距角控制的持续性。

2. 场侧有功系统控制

场侧 AGC 控制。通过风电场 AGC 控制系统改造,完成有功-频率下垂特性控制,实现风电场参与电网快速频率响应功能,风电场 AGC 系统实现方式见图 7-1。

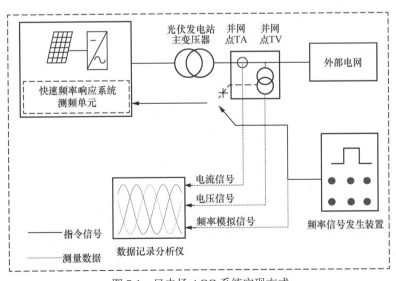

图 7-1 风电场 AGC 系统实现方式

风电场能量管理平台控制。通过增加独立频率测控系统，监测风电场并网点频率，若频率偏移工频超过定值范围，风电场能量管理按照有功-频率下垂特性曲线计算并下发计划，实现快速频率响应功能，风电场能量管理平台控制见图7-2。

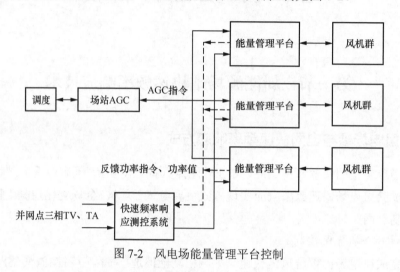

图 7-2　风电场能量管理平台控制

二、光伏电站参与电网快速频率响应方式

光伏电站的并网控制主要分为两层：电站集控层和光伏逆变器本地控制层。因此，光伏电站的调频控制实现方案可在集控层或本地控制层实现，相对于本地控制层调频，集控层调频具有可预测光伏电站可用有功总量、站内多逆变器协调控制等优势。

1. 光伏电站集控层的调频原理

光伏电站集控层接收远动传来的频率信号，判断频率是否超出死区，根据光伏电站有功-频率下垂特性曲线设置光伏电站的有功偏差量。

在原有有功出力的基础上叠加调频偏差，实现光伏电站频率下垂控制，即

$$P_{ref}=P_0-P_N \times \frac{f-f_d}{f_N} \times \frac{1}{\delta\%}$$
$$=P_0-P_N k_{pf}\left(f-f_d\right)$$

（7-1）

式中：P_{ref} 为光伏电站频率下垂控制的有功出力目标值；P_0 为光伏电站出调频死区前的输出有功功率；P_N 为光伏电站额定容量；f 为光伏电站远动测量的并网点频率；f_d 为调频死区，分为上调频死区和下调频死区；f_N 为电网额定频率；$\delta\%$ 为调差率；k_{pf} 为频率下垂系数。集控层根据频率计算出光伏电站的有功功率参考值，并将其分配给光伏逆变器，实施有功调节。

2. 改造方案

针对已并网运行的光伏电站，开展光伏电站调频改造工程，典型改造方案有 AGC

系统改造、加装快速频率响应装置、逆变器改造等。

　　AGC 系统改造：通过在 AGC 系统现有的软件中增加控制模块来实现快速频率响应功能，AGC 系统接收光伏电站并网点频率和功率信号，按要求判定和计算后，通过通信单元将功率调节命令下发给光伏逆变器，AGC 改造控制实现方案如图 7-3 所示。

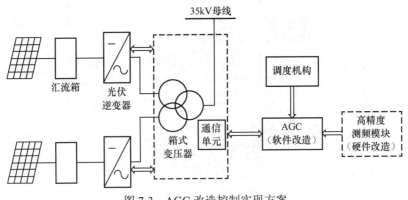

图 7-3　AGC 改造控制实现方案

　　通过改造已运行光伏电站集控层控制策略的同时，改造、提升光伏逆变器本地控制的响应速度，以加快光伏电站调频的响应速度。

　　加装快速频率响应装置：通过加装快速频率响应装置，完成有功功率/频率下垂特性控制，实现光伏电站参与电网快速频率响应功能加装快速频率响应装置见图 7-4。

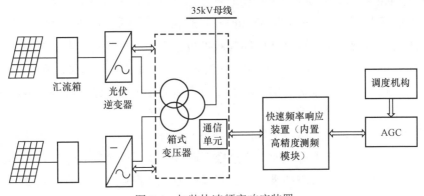

图 7-4　加装快速频率响应装置

　　光伏逆变器改造如图 7-5 所示。

　　这种改造方案通过光伏逆变器自主调节，能实现全站功率闭环控制，能够快速响应（毫秒级）频率事件。但现有光伏逆变器测频精度、频率采样周期大多无法满足快速频率响应快速性要求，需要根据光伏逆变器实际情况进行优化或加装专用高精度测频模块。且光伏电站闭环调节难度较大，光伏电站逆变器数量众多，改造工作量巨大，需解决并网点调频一致性问题。

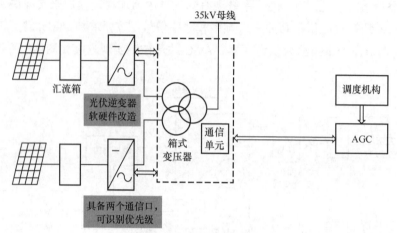

图 7-5　光伏逆变器改造

第二节　新能源高精度功率预测技术

一、宁夏风过程的划分

风是气象学范畴，其本质是复杂气象物理过程相互作用的结果。由于风是物理过程，其相应物理现象就应具有物理规律和物理特性，风过程方法的提出正基于此。通过对实际风电场数值天气预报（numerical weather prediction，NWP）风速和实际风电功率预测误差情况的分析发现，中尺度 NWP 能够较准确把握未来较大尺度的天气过程，但在小尺度下，即风过程内部却不能较准确预测风况的变化。如果在不同风过程中，NWP 对风过程内部的预测偏差具有较稳定的不同反应，那么通过不同风过程的划分能够进一步区分和识别预测误差的不同特性。

经过对宁夏不同地区典型风电场的大量研究和统计分析发现，冬季风速和风频明显高于夏季、夜间风速高于白昼风速。通过数据研究发现，可将风大体分为 5 类：低出力风过程、小波动风过程、大波动风过程、双峰出力风过程和持续多波动风过程。

二、分天气类型的新能源功率预测方法的基本思路

数值天气预报是风电功率短期功率预测最主要的输入条件，而 NWP 在不同天气类型下的表现差别较大。一般认为，数值天气预报可以有效把握较为稳定的天气事件；而对于稳定性较差的天气事件，NWP 的预报误差较大。因此，若能预知未来的天气类型，并根据天气类型选择与之对应的预测模型，则可在一定程度上降低预测误差。综上所述，其基本思路如下：以历史 NWP 数据为基础，采用主成分分析对 NWP 数据进行降维处理，

针对降维后的主成分数据，采用聚类分析的方法将原始 NWP 数据合理分割为若干天气类型，并对每一种天气类型分别构建预测模型。对于未来的 NWP 数据，首先采用同样的分类原则确定其所属的天气类型，再使用与该天气类型对应的预测模型进行风电功率预测。预测算法流程图见图 7-6。

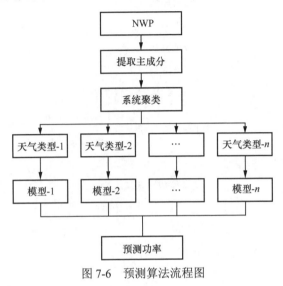

图 7-6　预测算法流程图

三、风电功率预测方法

按照不同的标准，可以对风电功率预测方法进行分类，见图 7-7。根据预测的物理量可以分为两类，第一类为对风速的预测，然后根据风电机组或风电场的功率曲线得到风电场的功率输出；第二类为直接预测风电场的输出功率。

根据所采用的数学模型不同可分为持续预测法、自回归滑动平均模型（auto-regressive and moving average，ARMA）模型、卡尔曼滤波法和智能方法等。持续预测方法是最简单的预测模型，这种方法认为风速预测值等于最近几个风速值的滑动平均值。通常认为最近一点的风速值为下一点的风速预测值。该模型的预测误差较大，且预测结果不稳定。改进的方法有 ARMA 模型法、卡尔曼滤波法或时间序列模型和卡尔曼滤波法相结合。另外还有一些智能方法，如人工神经网络方法等。

根据预测系统输入数据也可以分为两类，一类不采用数值天气预报的数据，一类采用数值天气预报的数据。

根据预测的时间尺度可分为超短期预测、短期预测和中长期预测。所谓的超短期并没有一致的标准，一般可认为不超过 30min 的预测为超短期预测。而对于时间更短的数分钟内的预测，主要用于风力发电控制，电能质量评估及风轮机机械部件的设计等。这种分钟级的预测一般不采用数值天气预报数据。短期预测一般可认为是 30min～72h 的预测，主要用于电力系统的功率平衡和经济调度，电力市场交易、暂态稳定评估等。对于更长时间尺度的预测，主要用于系统检修安排等。目前，中长期预测还存在比较大的困难。

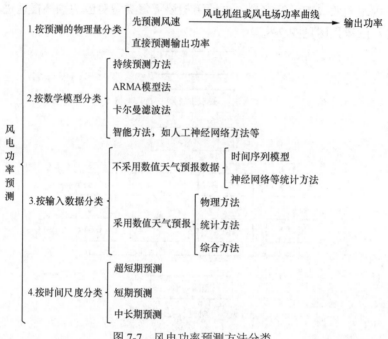

图 7-7　风电功率预测方法分类

从建模的观点来看，不同时间尺度是有本质区别的。对于 0～4h 的预测，因为其变化主要由大气条件的持续性决定，因此不采用数值天气预报数据也可以得到较好的预测结果；如果采用数值天气预报数据，可以得到更好的预测结果。对于时间尺度超过 4h 的预测，不考虑数值天气预报数据无法反映大气运动的本质，因此也难以得到较好的预测结果，所以现在研究的风电场输出功率预测都把数值天气预报数据作为一组重要输入数据。

考虑了地形、粗糙度等信息采用物理方程进行预测的方法称为物理方法；根据历史数据进行统计分析，找出其内在规律并用于预测的方法称之为统计方法。如果物理方法和统计方法都采用则称之为综合方法。物理方法和统计方法各有优缺点。物理方法不需要大量的测量数据，但要求对大气的物理特性及风电场特性有准确的数学描述，这些方程求解困难，计算量大，计算时间较长。统计方法不需要求解物理方程，计算速度快，但需要大量历史数据，采用智能方法从数据中学习，得到气象参数与风电场输出功率的关系。我国风电场具有完备的 SCADA 数据，可满足风电功率预测的需要。

四、风电场短期预测模型的建立

1. 输入数据的选择

数值天气预报包含着大量的参数序列，参数的选择是模型成败的关键。从物理意义上考虑，风能与风速的 3 次方成正比，因此风电场输出功率与风速的关系最大，另外，风能与空气密度成正比，空气密度越大，风能越大，而空气密度与气温、气压、湿度等因素有关，因此风速、风向、气温、气压、湿度等数据都可能是输出功率的影响因素。

实践证明，各风电场输出功率的影响因素各不相同，不同参数的组合对功率输出的影响也不尽相同，因此，为了选择适合特定风电场的预测参数，需采用一定的算法进行优化计算，最终挑选出最适合的输入参数。

2. 风速归一化

一般风电机组运行的风速范围为 3~25m/s，陆地上极限风速一般不超过 30m/s。当然，不同地区极限风速是不一样的，可以采用如下方法对风速进行归一化处理

$$v_g = \frac{v_t}{v_{max}} \tag{7-2}$$

式中：v_g 为归一化后的风速值；v_t 为数值天气预报系统预测的风速值；v_{max} 为气象观测的历史最大风速。

3. 风向归一化

风向归一化方法如图 7-8 所示，取正北为 x 轴的方向，取正东为 y 轴方向。风向的正弦值在 0°~180° 为正值，在 180°~360° 为负值；风向的余弦值在 0°~90° 和 270°~360° 之间为正值，在 90°~270° 为负值。因此，风向的正弦值和余弦值结合在一起可以区分所有的风向。

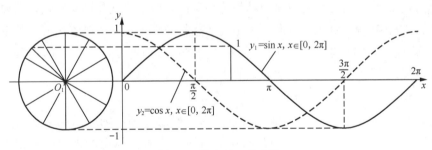

图 7-8 风向归一化方法

4. 气温归一化

气温归一化的方法与风速归一化的方法类似，如下式所示

$$T_g = \frac{T_t}{|T_t|_{max}} \tag{7-3}$$

式中：T_g 为归一化后的气温值；T_t 为数值天气预报预测的气温；$|T_t|_{max}$ 为气象观测的气温绝对值的最大值。

5. 气压归一化

气压归一化与风速、气温归一化的方法类似，如下式所示

$$Pr_g = \frac{Pr_t}{Pr_{max}} \tag{7-4}$$

式中：Pr_g 为归一化后的气压值；Pr_t 为数值天气预报预测的气压值；Pr_{max} 为气象观测的最高气压。

6. 湿度归一化

湿度归一化与上面的方法类似，如下式所示

$$H_g = \frac{H_t}{H_{max}} \tag{7-5}$$

式中：H_g 为归一化后的湿度值；H_t 为数值天气预报预测的湿度值；H_{max} 为湿度的最大值。

第三节　新能源自动发电控制技术

一、新能源并网对运行控制的影响

由于风电、光伏具有随机性和低可控性，其大规模集中投运将给电网的调峰调频、联络线控制、系统暂态稳定等诸多方面带来影响，给电力系统的安全稳定运行带来三大挑战。

1. 增加系统调峰困难

风电功率波动常会与用电负荷波动趋势相反；风电功率变化速率较快，需要系统为之提供优良的有功调节资源。因此，风电的运行相当于产生了"削谷填峰"的反调峰效果，进一步加大了电网的等效峰谷差，恶化了系统的负荷特性，扩大了全网调峰的范围，因此必须要在全网范围内统一留取充足的正向、负向旋转备用容量。

2. 影响系统频率和省际联络线调节的稳定性

风能的特点是能量足、变化快、时空分布不确定性强，因此风电运行呈现功率瞬时突变的特征。从目前已并网的风电机组运行特性来看，风电场出力经常在数分钟之内就产生较大幅度的功率升降，造成系统的频率突变和省际联络线功率产生较大偏差。目前风电机组对系统频率响应能力十分有限，风电机组本身的稳定运行状态反过来又会影响系统的频率调节，从而导致频率特性的进一步恶化。因此，大规模风电功率波动的控制不仅要求系统留有充足的旋转备用容量，还需要满足风电功率瞬时骤变的快速响应速率。

3. 增加潮流断面控制难度

风电场的地理位置基本上处于远离负荷中心的主网架末端，一般接入到网架结构比较薄弱的地区电网上，大规模集中并网增加了风电送出断面重载和越限风险。同时风电输送"电气距离"远，风电机组大量并网运行降低了系统转动惯量，一定程度上减弱了系统对振荡的阻尼作用，影响电网运行的安全稳定性。

4. 风电并网后控制现状

随着风电规模的扩大，风电接入对电网运行的影响愈发明显，为确保大规模风电并网后电网的安全稳定运行，越来越多的国家通过制定风电场并网导则对风电场提出技术要求，其目的是确保电力系统的安全稳定性、可靠性和电能质量。

世界各国在风电场接入系统技术标准和规程中，无一例外地提出了对风电场的有功控制要求。丹麦要求风电场 1min 内有功变化平均值不能超过最大出力的 5%；德国对风电场出力调节速率进行了限定，下调速率每分钟不高于装机容量的 10%，上调速率每分钟不高于额定容量的 10%；英国要求风电场在系统频率波动超过 ±6% 时，参与系统调频；瑞典、德国、苏格兰仅要求风电场高频执行减出力调节；丹麦要求大型海上风电场集中接入时留有一定的调节裕度，参与调频和调峰。

5. 光伏并网后控制现状

太阳能光伏发电因其无污染、可再生、资源普遍、机动灵活和通用可存储的独特优势，成为继水电、风电后最为适合集中规模化发展的清洁能源发电方式，随着太阳能电池研究的不断深入，发电成本已经呈现快速下降趋势。可以预料，太阳能光伏发电在人类社会的未来发展中必将占据越来越重要的地位。

随着新能源技术的发展，新能源装机容量不断增加，国内外学者积极展开新能源并网相关技术领域的研究工作。为提高电网整体的新能源接纳能力，国内外总体上有两种研究思路：一种是利用光伏组件、并网逆变器等功率控制单元的有限的有功调节能力或者通过安装储能设备，结合新能源场站控制层功率单元控制或储能与新能源出力的有功协调控制策略，提高新能源场站自身有功出力的可控能力，减小功率的波动对电网的影响；另一种是利用区域互联电网中常规能源机组的调节作用，弥补清洁能源功率波动引起的系统不平衡量，引入功率预测，优化资源调用方式等方法，做到新能源资源与常规能源相协调，区域互联电网之间相协调，减小大规模新能源并网后带来的调控难度。第一种研究思路集中在子站端，即新能源场站侧；第二种研究思路集中在主站端，即网侧。值得关注的是，目前国内在两种研究思路均已展开，并将在未来随着未来示范项目的推广，进一步推进相关技术的研究。

从新能源并网后电网有功调度和控制角度来看，国内对新能源场站出力采用了较少干预措施，通过系统中的其余可调用资源对其功率波动进行调节，开展了对含新能源场站的有功优化潮流分析，利用随机潮流分析消除功率预测误差影响。通过新能源出力预测信息、负荷预测、联络线交换功率确定电网调峰调频备用，安排机组进行组合和进行日前计划编制，根据电网安全约束条件确定新能源场站出力的安全运行区域，在保证电网安全运行的前提下最大化消纳可再生能源。同时进行适应大规模清洁能源接入的调度控制模式方面的研究，通过网省协调，优化资源调用方式，从而合理消纳清洁资源。

国外将光伏等新能源作为低可控资源进行调用和控制，研究主要集中在子站功率单元控制系统与控制策略的改进，以及全场和全站控制系统的研究，跟踪调度指令；对光伏组件并网逆变器进行并网有功控制；根据系统调频的要求进行适当的有功备用分配，新能源场站参与系统的调频会降低波动对系统频率的影响，减少常规机组对新能源出力的有功补偿，降低系统运行成本。

二、新能源场站有功控制特性

1. 风电场功率控制特性

通过对国产三大风机厂家的风机有功控制系统进行调研，目前国内主要风机制造厂商均开发了风电场监控系统，具备通过风机变桨、发电机励磁控制或者机组启停等操作对风机有功功率进行控制，部分厂家的系统在有功控制精度方面达到了较高水平。

2. 光伏功率调节特性

光伏并网逆变器作为光伏电池和电网之间的接口，在光伏发电站起到桥梁的作用，是整个光伏并网发电系统的核心。光伏发电站的功率调节功能是通过光伏逆变器来实现的。逆变器将光伏电池所发电能逆变成正弦电流注入电网中，在理想情况下，逆变器自身不消耗任何功率，其输出功率等于光伏电池注入功率，且逆变器并网电压一定，可以说并网电流决定了光伏发电站的输出功率。因此光伏逆变器可以等效为一个可控电流源，向电网回馈幅值和相位可控的电流。根据旋转坐标变换原理，光伏逆变器输出电流可分为有功分量、无功分量和零序分量。其中无功分量决定光伏逆变器输出无功功率，有功分量决定光伏逆变器输出有功功率。

然而，并网光伏逆变器的输出功率（有功和无功）受一定条件的限制。第一，逆变器的输出受所采用功率器件、电感等部件电流容量的限制，功率调节必须以不超过额定电流为前提；第二，考虑光伏电池组件最大输出功率取决于光照和温度等环境条件，并具有非线性，电网调度指令必须低于当时的光伏电池组件最大输出功率，且需要有针对性地开发光伏逆变器控制关键技术。

光伏发电站子站端接收调度主站端下发的控制指令，包括有功目标值或有功限值，并网母线电压或上网无功功率等内容，子站端上送主站光伏发电站当前光伏电运行信息，包括当前出力、当前光伏发电站最大有功和无功出力调节上下限等。光伏发电站控制层制定功率指令决策，确定光伏发电站功率控制方式和有功控制策略，从而优化光伏发电站运行以使光伏发电站更好地参与电网有功控制。光伏发电站进行有功调节可以通过光伏发电站内光伏电池投退操作，以及通过光伏电池自身功率控制单元的有功出力调节方式，诸如调节并网逆变器方式实现。光伏发电站功率控制同风电场功率控制体系较为相似，同样采取分级结构，包含光伏发电站控制层和光伏功率单元控制层两个层次。光伏功率单元上传光伏最大跟踪功率，主控系统接收光伏发电站集控系统下发的光伏电池投退、有功参考值等操作指令；光伏发电站集控系统接收电网调度部门有功调度指令，并将调度指令进行分配下发，统计分析光伏发电站运行情况，综合分析光伏发电站运行性能，进行站内光伏功率单元有功功率分配。

三、多时间尺度一体化协调控制策略

随着新能源大规模、集中式接入主网，依赖于常规发电的有功调度与控制手段难以适应新能源控制的需要，单纯依靠传统有功控制方法已无法抵御风电波动造成的电网冲击。如何保证电网运行的安全性与经济性，如何决策系统的运行方案、提高系统风电接纳能力、不弃风、少弃风、提高风电利用率将成为电网运行调度人员面临的难题。因此转变电网调度框架和运行方式，并积极探索新能源资源的有功控制的可行性，以及控制方法与控制策略，成为新能源集中并网运行亟需解决的问题。

传统的由日前（日内）发电计划机组、实时协调机组和AGC机组在时间上相互衔接，构成了实时调度运行框架，为区域电网的有功调度提供了可靠的保障。受机组自身运行特性和风力发电的不确定性影响，风电机组难以具备像常规水、火电机组一样的功率调节能力。将风电机组纳入区域电网的有功调度与控制框架，应采取基于风电功率预测的"发电计划跟踪"为主，风电机组"直接参与调频"为辅（称之为辅助调频）的控制原则。

风电并网后的有功调度与控制框架，按照日前和日内发电计划、实时调度和AGC三个层次，形成多时间尺度协调、逐步消纳的总体控制思路。通过日前和日内发电计划制定常规能源机组与风电的协调控制，从而满足电网电量交易计划；实时调度则根据风电出力预测信息进一步细化出力计划，做到5min或15min级的有功功率偏差调节，使出力计划更加符合实时工况；AGC调节电网有功不平衡量，保证电网频率质量。

多时间尺度一体化协调有功调度框架如图7-9所示。

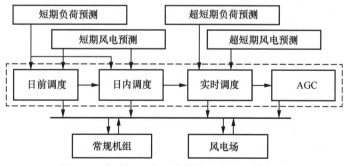

图7-9 多时间尺度一体化协调有功调度框架

四、新能源实时计划与常规AGC协调控制策略

风电资源的特殊性，决定了实时调度在风电资源调节消纳中的重要地位。大容量风电并网后超前调度和超前控制的实现最终体现在电力系统的实时调度环节，实时调度实

现情况和实现效果直接影响了电网的安全和稳定。实时调度相比日前和日内计划更紧迫，实时调度必须将风电的扰动进行有效消纳，进一步减小 AGC 机组参与系统有功偏差调整的调节容量，减小 AGC 的扰动量调节和调频控制压力。

实时调度与 AGC 协调控制技术，针对电网调频过程中的不同情况要包括两个方面：一方面是电网出现大幅度有功扰动，频率恢复过程中，发生实时调度和 AGC 指令"反调"的协调控制；另一方面是 AGC 调节过程结束后，实时调度与 AGC 互济协调，使AGC 可调容量恢复。

电网实际运行工况不同于计划情况，在电网频率恢复过程中，存在实时调度与 AGC 指令调节方向相反的可能性，在风电功率预测误差较大的情况下，这种可能性出现的概率和次数会明显增加，影响电网调频效果的同时增加了电网调频难度。通过判断频率、调节方向和调节容量三个因素，确定实时调度与 AGC "反调"情况的发生，以调度计划闭锁方式，以应对"反调"带来的调频困难和资源浪费。

AGC 有功调节过程结束后，实时调度进行出力调整以恢复 AGC 机组的最大调节容量。实时调度主要承担 5min 和 15min 级的有功不平衡量调整，这种有功不平衡主要来自预测、交换计划调整等信息，而 AGC 主要承担 10s 到几分钟的有功扰动调节。实时调度为 AGC 预留调节区间，在扰动调整结束后，将 AGC 承担的不平衡量调节容量逐步过渡到实时调度机组。

1. 实时调度与AGC协调配合方式

电网内机组按照自动化程度不同分为，具有 AGC 功能的机组、具有调功装置的机组、人工控制机组。具有 AGC 功能的机组具有接受电网调度中心实时更新 AGC 信号，并且自动调整机组发电功率的能力；具有调功装置的机组可接收计算机指令自动调节汽轮机，但锅炉为人工调节的机组可以接收调度机构下发的计算机指令；人工控制机组完全由人工调节。电网实际运行中的实时调度机组，由电网内部具有 AGC 功能的机组或者部分具有调功装置的机组组成，通过 AGC 远动通道或调度指令通道下发，这部分机组承担了系统实时调度的任务。实时调度与 AGC 协调配合，可以是机组之间的协调，也可以是指令功率之间的协调，取决于实时调度与 AGC 的组织方式。

AGC 与实时调度协调配合的几种方式：

方式一：实时发电计划单独下发，抽调部分 AGC 机组作为实时调度机组执行实时发电计划，其余 AGC 机组仍执行 AGC 控制指令，这种方式便于实施；

方式二：AGC 机组基点功率 P_B 和调节功率 P_R，实时发电计划计划作为基点功率，AGC 控制指令为调节功率，叠加得到机组功率设定值。AGC 调节范围在基点功率相邻区间范围内，机组在 AGC 调节结束后，机组出力回归基点功率。

方式三：对调节过程进行分解，比较动态分配优先级，结合计划进行分解及分组排序，低于计划值的优先上调，高于计划值的优先下调。

在实时调度与 AGC 协调方式中，方式一是实时调度机组与 AGC 机组之间的协调；

方式二是调度指令与控制指令功率在 AGC 机组内的协调；两种方式都是两个相对独立因子之间的协调。方式三是实时调度与 AGC 存在相互依存关系，AGC 调节取决于机组实时运行状态与实时调度指令之间关系。

2. 实时调度与AGC"反调"解决方案

电网实际运行中由于 AGC 控制环节的滞后性，实时调度与 AGC 之间的"反调"现象在电网小幅度有功扰动时并不明显；在电网出现大幅度有功扰动时，尤其在电网频率恢复过程中应是竭力避免的。实际运行中实时调度与 AGC 协调是十分必要的，尤其是超短期风电预测出现的有功误差较大，如果不采用协调控制的话，会进一步造成系统电能质量恶化，AGC 直接反映了系统的实时运行状态，属于滞后控制环节，AGC 控制的优先级高于实时调度，在协调控制中不可以干涉 AGC 控制环节，需要对系统实时调度进行调整，进行实时发电计划修正必须满足以下三个条件：

（1）在系统频率恢复过程中，应区别于电网正常调度与控制。

（2）实时调度与 AGC 调节方向相反，作为实时调度与 AGC 之间"反调"的标志。

（3）实时调度与 AGC 的调节幅度，实时调度调节幅度高于设定门槛值时执行计划闭锁。

在满足上述三个条件的前提下，实时调度对实时发电计划执行闭锁操作，维持实时调度指令在闭锁前状态，保证电网 AGC 调频的正常工作。

3. 实时调度为AGC预留调节空间

风电并网后 AGC 承担了系统中较大的有功调节比重，在有功扰动调整过程结束后，为了使 AGC 机组具有充足的可调容量足以应对风电功率波动，需要实时调度为 AGC 预留调节空间，使 AGC 机组运行点复归到出力调节区间中点。

第四节　新型储能技术

随着"碳达峰、碳中和"战略的提出，国家积极加快以风电、太阳能为主的可再生能源发展，规划 2030 年装机总量达到 12 亿 kW。中央财经委第九次会议指出，要构建清洁低碳安全高效的能源体系，建立新型电力系统，为能源电力领域的"十四五"开局指明了方向。然而，集中式、分布式新能源的大规模接入，多省需求响应负荷的广泛邀约，导致能源电力产消结构发生重大变革，传统的调节手段已难以维持新型电力系统的安全稳定运行，电网亟需填补自身调节能力缺口。目前，抽水蓄能电站仍然是国内电力系统依赖的主要储能，但其物理选址与可调能力存在一定的局限性，而且近年来，抽水蓄能开发增量趋于缓和。而新型储能作为除抽水蓄能外的储能技术，应用领域广泛，灵活调节能力强，可在应对新型电力系统的"三高"特性方面发挥至关重要的作用，是我国迈入能源转型"快车道"的关键资源。自"十三五"以来，国家、地方频频出台相关政策，不断加大新型储能及其上下游产业链、创新链的扶持力度，鼓励相关行业高质量发展。

一、新型储能形式

1. 电化学储能

电化学储能经过近十几年的蓬勃发展，已成为最重要的新型储能技术。截至 2020 年，国内电化学储能装机容量较 2019 年增长 1.56GW，同比增长 91.2%，占储能总量的 9.2%。其中，又以能量密度高、功率密度高、效率高的锂离子电池发展最为迅速，其不受地理位置的限制，电池成本逐年下行，已形成相对完备的上下游产业链，即将迎来大规模商业化阶段。截至 2023 年 6 月底，宁夏电网已装机电网侧新型储能 165 万 kW。

2. 机械储能

机械储能技术的发展由来已久，传统的抽水蓄能在国内外已经大规模应用。目前，国家发展改革委对另外两类同样具备转动惯量的新型储能——压缩空气储能和飞轮储能，亦提出了明确的发展目标。

压缩空气储能被视作抽水蓄能的最佳替代品，相较于后者选址条件更宽松，对生态环境影响更小，其利用电动机驱动压缩机将高压空气存入储气罐，并在需要时释放，推动涡轮膨胀机旋转使发电机输出功率。历经几十年的技术革新，压缩空气储能种类从补燃型衍生出有外部热源的非补燃型、无外部热源的绝热型，结合热能回收、光伏储热、余热利用等技术，可大幅提高自身能效，并在电网调峰调频、综合能源利用等方面均有建树。当前，国际首台百兆瓦级先进压缩空气储能已在张家口顺利并网，系统效率超 70%，而随着政策倾斜与技术发展，容量大、寿命长、蓄能久的压缩空气储能也将迈入商业化初期。

飞轮储能利用电力电子装置控制飞轮发电机绕定轴旋转，实现机械能与电能的相互转换，通过并联技术可大规模上网。飞轮储能瞬时功率大，具有毫秒级响应速度与分钟级持续时间，相较于其他储能而言，更适用于电力系统调频、改善电能质量等场景。不少学者已提出在火电厂投建飞轮储能辅助调频，将飞轮储能应用于电气化铁路以降低牵引变电站负序电流与电压不平衡度等的研究。近十年来相关研究成果大幅增长，高强度复合材料、悬浮轴承等创新技术，为加快飞轮储能规模化示范验证打下坚实基础。

3. 氢储能

国内多省对氢能提出了明确的定位与计划，并积极引进相关产业。这不仅意味着氢能正得到越来越多的关注和认可，还标志着氢能相关产业的规划已步入国家顶层设计。现阶段，国内仍然主要依赖化石燃料和工业副产气制氢，但随着能耗双控向碳排双控转变，新能源大规模并网，具备零碳优势与氢电耦合特质的"绿电制氢"技术引起了业界瞩目。

利用新能源弃风、弃光电量或峰时电量电解水制氢，并通过物理储氢技术实现长周期、跨季节存储，配合氢燃料电池并网发电，构成氢电耦合的储能系统，为电网提供一种应对新能源装机骤增的跨季调峰手段。然而，受限于工艺技术，"电氢电"的整体利用效率仅为 35%～55%，难以媲美其他储能。因此，开辟氢能的一体化产消体系、提升资源利用率是氢能技术走向商业应用的前提。除利用燃料电池长周期转移风光电量外，氢能还可以转化为其他形式的能量，以满足各种终端用能、供暖制冷的需求，实现从生产到消费的能源体系全面脱碳，是"碳达峰、碳中和"的重要媒介和应用手段。氢能的应用正从电力延伸至交通、建筑、工业等高耗能领域，逐步替代化石燃料。

二、新型储能调度应用

随着新型电力系统目标进程的加快，电力系统不确定性与峰谷差问题日益突出，调节能力日趋匮乏。作为一种灵活资源，在电源侧与用户侧布局新型储能技术并研究其商业化应用，可有效应对源荷随机波动给电网带来的严峻挑战。

储能响应速度快、调节能力强，是应对可再生能源随机性与波动性的理想选择。随着中标价格突破规模化应用拐点，多地展开了"新能源+储能"运营模式的探索，超过 19 个省份要求新建或已有的新能源项目配置储能。新疆、青海、山东等多个地方政策明确要求新增风电、光伏项目按新能源装机比例 5%～20%、配置放电时长 1～2h 的储能系统。宁夏要求按新能源装机配置不少于 10%，放电时长不少于 2h 的储能设备。通过按比配储，新能源场站既提升了自身可调能力，契合标准规范要求，又可辅助调度运行，丰富了电网调节手段。但目前新上项目多受政策补贴激励或强制执行影响，难以形成长期效应。综上所述，需探索"新能源+储能"更广泛的商业模式，在支撑电网运行的同时争取收益最大化，力求以市场化手段驱动可持续发展。

发电偏差替代：受限于可再生能源的中短期功率预测技术，当环境资源突变或电力电子设备不稳定时，风机、光伏的计划曲线与实际曲线将产生较大偏差。通过调控站内储能的动作行为，多时间尺度地跟踪风、光计划曲线，确保场站实际输出功率连续稳定并尽可能匹配申报计划，从而规避由中短期功率预测偏差导致的考核惩罚。

辅助服务盈利：按比配储的新能源场站，在满足自身需求之余，可为电网提供调峰、调频、调压等辅助服务，并从电力辅助服务市场中取得可观的收益。场站储能依据负荷曲线实施谷充峰放，一方面回收场站的弃风、弃光，并从峰谷差价中获利；另一方面降低地方电网峰谷差，为处在新能源高渗透率区域的送端电网缓解输电线路通道阻塞，实现新能源的大范围、长距离稳定消纳；通过储能调控，使原本只能向下调节的新能源场站具备双向一次调频能力，并提升了调频性能；利用储能装置进行无功、电压的快速调节，实现场站并网点无功就地补偿，改善新能源并网造成的电压波动情况。

增加绿电收益：国内绿色交易市场正在建立健全，新能源场站按比配储后，可替代基准线情景下该区域电网的同等火电发电量，降低碳排量。通过绿电交易与绿证碳交易市场的有效衔接，新能源配储企业可出售绿证或核减碳排量给指标紧缺的其他能源企业，从中收获附加利益与竞争优势。

火储联合调频：随着能耗双控向碳排双控的转化，火力机组受新能源发电压制及节能减碳的影响，其生存空间被进一步压缩，未来将更多地承担调峰调频任务。但以浙江的火电为例，部分超临界机组受蓄热限制，多数热电联产机组有热压要求，致使火电机组固有调频能力较弱。此外，省内大部分百万机组的深调运行结果表明，机组负荷越低、蓄热量越小，自身综合频指数越不理想。因此，亟待技术革新的火电行业，提高自身的调峰调频能力已刻不容缓。

飞轮储能或电化学储能快速精确的响应特性，能完美匹配调度下达的 AGC 指令需求，显著提升机组调频性能，广东、山西等省已开展一系列电厂储能辅助调频示范。故"火储联合"是一种提升电厂调频性能与辅助服务市场竞争力的有效手段，也是将来火电机组灵活性改造的重要方向。当调度下发 AGC 指令时，机组保持原有控制方式不变，以分钟级响应速率追踪 AGC 曲线，而储能则同时采集 RTU 指令与分散控制系统（distributed control system，DCS）中机组出力参数，利用毫秒级响应速率弥补 AGC 指令与机组出力的偏差。待机组出力逐渐接近指令值时，储能降低功率并在机组反调时充电，以维持储能系统电池荷电状态（state of charge，SOC）平衡，保证火储联合功率与调度指令的一致性。在调频辅助服务市场机制中，配储的火电机组意味着更高的服务中标可能性，更多的调频收入。因此，火储联合系统的投建运营能有效增加火电厂调频补贴，减免调频不合格的考核，提升直接经济效益。

第八章　电　力　市　场

第一节　我国电力市场建设与运营

一、我国电力体制改革历程

我国近年来的电力体制改革，始终是围绕着"建设什么样的电力市场"和"如何建设电力市场"的主题展开的，经过了20多年的摸索，逐步走出了一条独特的电力现货市场发展之路。20世纪80年代之前，我国电力工业一直实行垂直一体化的计划管理体制。20世纪50年代至21世纪初，我国电力体制改革先后经历了集资办电、政企分开和公司化改革等不同阶段，每一阶段的改革，既为电力现货市场的建设奠定了基础，也成为市场建设的重要推动力，在尚未实现厂网分开的历史条件下，对省电力现货市场进行了初步的摸索。以《国务院关于印发电力体制改革方案的通知》（国发〔2002〕5号，简称国发5号文）的发布为重要标志，我国开始实施以"厂网分开、竞价上网、打破垄断、引入竞争"为主要内容的电力体制改革，从根本上破除了电力市场建设的体制障碍，区域电力现货市场探索应运而生。之后，《中共中央　国务院关于进一步深化电力体制改革的若干意见》（中发〔2015〕9号，简称9号文）的发布实施，拉开了我国新一轮电力体制改革的帷幕，我国电力市场建设进入了实质性发展阶段，全国均实现了中长期市场，电力现货市场建设也全面提速，省间电力现货市场和一批批省电力现货市场试点工作相继开展，并取得了丰硕的成果。2021年11月24日，中央全面深化改革委员会第二十二次会议审议通过了《关于加快建设全国统一电力市场体系的指导意见》，系统规划了接下来一个时期我国电力体制改革的使命任务、方向目标和主要举措，为加快推进我国电力市场建设指明了方向，我国电力现货市场建设征程未有穷期、行者永无止步。回顾改革开放至今，中国电力体制改革大体可以分为以下五个阶段。中国电力体制改革历程见图8-1。

图8-1　中国电力体制改革历程

第一阶段：1980～1996年，是集资办电阶段。改革开放之后，随着国民经济的快速发展，电力供需矛盾空前突出，为解决电力建设资金不足问题，我国出台了集资办电和多渠道筹资办电等鼓励性政策，比如原电力工业部提出利用部门与地方及部门与部门联合办电、集资办电、利用外资办电等办法来解决电力建设资金不足的问题，电力投融资体制改革迈出了重要一步，极大解放和发展了生产力，并且对集资新建的电力项目按还本付息的原则核定电价水平，打破了单一的电价模式，培育了按照市场规律定价的机制，有效促进了电力工业的高速发展，也随之产生一批独立发电企业，电力工业大一统的管理体制由此打破。随着多家办电格局的逐渐形成，发电侧竞争的态势出现，为激发发电厂提高降本增效的积极性，原电力工业部决定在系统内开展模拟电力市场试点，1995 年浙江等省份相继在省电力局统一核算的发电厂内开展了模拟电力市场运行，走出了电力市场建设的第一步，但这并非真正意义的电力市场，其实质是内部核算单位的一种奖惩机制，很快为新的机制所取代。

第二阶段：1997~2001 年，是政企分开阶段。该阶段提出了"政企分开、省为实体、联合电网、统一调度、集资办电"和"因地因网制宜"的电力改革与发展方针。将电力联合公司改组为电力集团公司，组建了华北、东北、华东、华中、西北五大电力集团。1997 年，中国国家电力公司在北京正式成立。此后，随着原电力工业部撤销，其行政管理和行业管理职能分别被移交至国家经贸委和中国电力企业联合会，电力工业彻底实现了在中央层面的政企分开。我国真正意义上的电力市场可追溯至 1998 年，是年，国务院办公厅印发了《国务院办公厅转发国家经贸委关于深化电力工业体制改革有关问题意见的通知》（国办发〔1998〕146 号，简称 146 号文），决定在上海、浙江、山东、辽宁、吉林和黑龙江 6 省（市）进行"竞上网"试点工作。通过第一轮省市场试点，探索形成了四种竞价模式：一是以浙江为代表的"差价合约"模式；二是以山东为代表的"确保合约、计划开停、竞争负荷"模式；三是以上海为代表的"存量与增量分开，竞价电量分年度、现货分时安排"模式；四是以东北三省为代表的"计划竞争"模式。各试点省技术支持系统相继建成并投入使用。6 个试点省之外，部分省份也开展了竞价上网相关探索。尽管当年的市场机制很不完善，但已具备了电力市场的雏形。由于当时仍处于厂网不分的大格局下，要求独立发电厂商与厂网合一的发电厂同台竞价，相关利益关系难以协调。之后，《国务院办公厅关于电力工业体制改革有关问题的通知》（国办发〔2000〕69 号）叫停了除 146 号文确定的 6 省（市）外其余各地方政府或电力企业自行制定、实施的"竞价上网"发电调度方式。尽管我国电力现货市场建设的最初探索不尽如人意，但试点过程中相关电网企业积极参与配合政府有关部门开展相关工作，强化电网基础设施建设、完善市场技术支持系统，加大市场化专业人才培养力度，为市场建设发挥了应有作用，为后续市场建设积累了宝贵经验。

第三阶段：2002~2014 年，是厂网分开和深化改革阶段。国发 5 号文提出了"厂网分开、主辅分离、输配分开、竞价上网"的 16 字方针并规划了改革路径，总体目标是"打破垄断、引入竞争，提高效率、降低成本，健全电价机制，优化资源配置，促进电力发展，推进全国联网，构建政府监督下的政企分开、公平竞争、开放有序、健康发展的电力市场体系"。通过"厂网分开"，形成发电市场的竞争局面；在输配电网方面，由国家电网有限公司、中国南方电网有限责任公司进行双寡头垄断经营。通过"主辅分离"，形成了中国电力建设集团有限公司和中国能源建设集团有限公司。"输配分开"（将超高压输电网与中、低压的配电网的资源分开，分别经营核算，以形成发电、输电、配电环节的全面竞争）和"竞价上网"由于涉及电网的运行安全、效率和可行性等多方面问题，改革难度最大，尚未实施。

国发5号文明确规定，"十五"期间电力体制改革的主要任务之一是"实行竞价上网，建立电力市场运行规则和政府监管体系，初步建立竞争、开放的区域电力市场"。据此，2003年国家电监会印发了一系列有关区域电力市场建设的指导性文件，分头推动了东北、华东和南方区域电力市场的建设和模拟运行。其中，东北电力市场2004年1月开始采用部分电量、单一制电价的月度竞价模式进行模拟运行，2004年6月改为全电量竞争、两部制电价模式并进入年度、月度竞价模拟，2005年完成了两轮年度竞价交易和8个月的月度竞价。由于受到电力市场竞争规则不完善、销售电价联动和输配电价机制不健全、容量定价方式不合理、电网阻塞造成部分发电企业行使市场力等多重因素影响，2006年东北电力市场年度竞价结果平衡账户出现大幅资金亏损而暂停运营。华东电力市场建设方案于2003年正式获批，2004年5月开始进入模拟运行阶段，2006年进行了两次调电试运行之后，进入调整总结阶段，市场模式采用单一制电价、全电量报价及部分电量按竞价结果结算的方式。南方区域电力市场2005年11月进入模拟运行阶段，市场模式采用单一制电价部分电量竞争的形式。令人遗憾的是，3个区域电力市场都没进入长周期正式运营，究其原因，既有电力市场机制设计的问题，各市场均非真正意义的电力市场；又有配套机制和市场环境不完备、不完善的问题。但客观上，区域电力市场的上述实践探索，检验了不同市场模式在我国的适用性，为电力市场的深化建设积累了经验和教训。东北、华东、南方区域电力市场概况见表8-1。

表8-1   东北、华东、南方区域电力市场概况

区域市场	东北电力市场	华东电力市场	南方电力市场
建设运行	总结阶段	调电试运行阶段	模拟运行阶段
市场模式	两部制电价、全电量竞争、单一购买者、统一的电力市场	一部制电价、全电量报价、部分电量按竞价结果结算、金融合同	单一制电价、部分电量竞争
竞价机组	100MW及以上火电机组（除供热机组和企业自备电厂机组外）	单机额定容量在100MW及以上的常规火电机组	接入500kV电网的常规火电机组，部分30万kW常规火电机组
交易品种	年度竞价交易、月度竞价交易	双边合同、年度发电合同，月度竞价交易、日前竞价交易	年度非竞争合同交易、年度竞争交易、月度竞争交易、大用户直购电交易

2002年的电改只是使得电力市场从无市场到"半市场"（或者叫不完整市场），整个

产业链条上缺乏真正的市场主体，从而导致无法建立一个真正有效的交易机制。在此形势下，新一轮电改应运而生。

第四阶段：2015～2020 年，是新一轮电力体制改革阶段。9 号文开启了新一次电力改革（简称新电改）。随之，国家发展改革委又出台 6 个新的配套文件，内容涉及输配电价改革、电力市场建设、组建交易机构、放开发电计划、推进售电侧改革、加强自备电厂监管等，并批复云、贵两省开展电改综合试点，京、广组建电力交易中心。这标志着新电改制度建设初步完成、正式进入落地实操阶段，对电力企业、工商用户、经济发展的影响将进一步显现。

与第三阶段的电力体制相比，新电改主要在如下方面有变化：一是售电侧开放，允许多元化的市场主体进入；二是有效提高清洁能源上网率；三是交易机制市场化；四是转变发电企业营销观念；五是政府监管和规划进一步强化。

9 号文配套文件《国家发展改革委 国家能源局关于印发电力体制改革配套文件的通知》（发改经体〔2015〕2752 号）中附件《关于推进电力市场建设的实施意见》提出"逐步建立以中长期交易规避风险，以电力现货市场发现价格，交易品种齐全、功能完善的电力市场"，对电力中长期、现货市场建设做出明确部署，我国的电力市场建设重新起航。

第五阶段：2021 年至今，是深化燃煤发电上网电价市场化改革阶段。为加快推进电价市场化改革，完善主要由市场决定电价的机制，保障电力安全稳定供应，进一步深化燃煤发电上网电价市场化改革，国家发展改革委于 2021 年 10 月发布《关于进一步深化燃煤发电上网电价市场化改革的通知》（发改价格〔2021〕1439 号，简称 1439 号文）。1439 号文的总体思路是：按照电力体制改革"管住中间、放开两头"总体要求，有序放开全部燃煤发电电量上网电价，扩大市场交易电价上下浮动范围，推动工商业用户都进入市场，取消工商业目录销售电价，保持居民、农业、公益性事业用电价格稳定，充分发挥市场在资源配置中的决定性作用，更好发挥政府作用，保障电力安全稳定供应，促进产业结构优化升级，推动构建新型电力系统，助力碳达峰、碳中和目标的实现。

为了有序平稳实现工商业用户全部进入电力市场，国家发展改革委于 2021 年 10 月发布《国家发展改革委办公厅关于组织开展电网企业代理购电工作有关事项的通知》（发改办价格〔2021〕809 号，简称 809 号文），组织开展电网企业代理购电工作。809 号文的总体要求是：要坚持市场方向，鼓励新进入市场电力用户通过直接参与市场形成用电价格，对暂未直接参与市场交易的用户，由电网企业通过市场化方式代理购电；要加强政策衔接，做好与分时电价政策、市场交易规则等的衔接，确保代理购电价格合理形成；要规范透明实施，强化代理购电监管，加强信息公开，确保服务质量，保障代理购电行为公平、公正、公开。

809 号文关于规范电网企业代理购电方式流程提出六点要求，分别是明确代理购电用户范围，预测代理工商业用户用电规模，确定电网企业市场化购电规模，建立健全电网企业市场化购电方式，明确代理购电用户电价形成方式，规范代理购电关系变更。

9 号文及其配套文件明确提出"在全国范围内逐步形成竞争充分、开放有序、健康发展的市场体系",电力市场是全国统一的市场体系的重要组成部分,需要通过市场机制促进资源在全国范围内优化配置。当前,北京电力交易中心会同各省电力交易中心,按照"统一市场、两级运作"的电力市场框架,努力促进能源资源大范围配置,"统一市场、两级运作"的电力市场框架如图 8-2 所示。

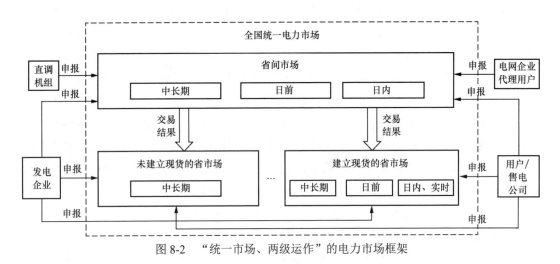

图 8-2 "统一市场、两级运作"的电力市场框架

统一市场:着眼于能源资源在全国范围内优化配置,充分发挥市场在资源配置中的决定性作用,避免人为壁垒影响资源配置效率。我国的一次能源资源分布比较集中,76%的煤炭资源、80%的水能资源分布在西部、北部和西南地区,77%的风电装机分布在"三北"地区,而电力负荷主要分布在中东部地区,客观决定了必须在全国范围内配置资源。

两级运作:即通过跨区跨省电力市场和省电力市场协调运作,共同确保电力供应和资源优化配置。跨区跨省电力市场以省间电能量市场为主,辅以开展省间辅助服务市场、输电权市场等,落实国家能源战略,促进能源资源大范围优化配置;省电力市场以省内电能量市场为主,辅以开展省内辅助服务市场、省内容量市场等,促进市场竞争,保证省内供需平衡,并尽可能地消纳清洁能源。跨区跨省电力市场和省电力市场通过协调交易时序、统筹优化、信息共享等方式实现两级市场协调运作。

随着电价市场化改革的不断深入,各项流程与制度的逐步完善,电力市场化交易比重也在大幅提高,电力中长期交易与现货交易相结合的电力市场体系也在逐步形成,正大步迈向全国统一电力市场阶段。我国从省间、省内两级,中长期和现货两个维度推动"统一市场,两级运作"的电力市场架构的建立,逐步完善电力市场体系。

二、全国统一电力市场

2022 年 1 月 18 日,《国家发展改革委、国家能源局关于加快建设全国统一电力市场体系的指导意见》(发改体改〔2022〕118 号)(简称《意见》)要求建立健全多层次统一电力市场体系，统一交易规则和技术标准，破除市场壁垒，推进适应能源结构转型的电力市场机制建设，加快形成统一开放、竞争有序、安全高效、治理完善的电力市场体系。

《意见》明确，到 2025 年，全国统一电力市场体系初步建成，国家市场与省（区、市）/区域市场协同运行，电力中长期、现货、辅助服务市场一体化设计、联合运营，跨省跨区资源市场化配置和绿色电力交易规模显著提高，有利于新能源、储能等发展的市场交易和价格机制初步形成。到 2030 年，全国统一电力市场体系基本建成，适应新型电力系统要求，国家市场与省（区、市）/区域市场联合运行，新能源全面参与市场交易，市场主体平等竞争、自主选择，电力资源在全国范围内得到进一步优化配置。

《意见》提出，提升电力市场对高比例新能源的适应性。严格落实支持新能源发展的法律法规和政策措施，完善适应高比例新能源的市场机制，有序推动新能源参与电力市场交易，以市场化收益吸引社会资本，促进新能源可持续投资。建立与新能源特性相适应的中长期电力交易机制，引导新能源签订较长期限的中长期合同。鼓励新能源报量报价参与现货市场，对报价未中标电量不纳入弃风、弃光电量考核。在现货市场内推动调峰服务，新能源比例较高的地区可探索引入爬坡等新型辅助服务。

因地制宜建立发电容量成本回收机制。引导各地区根据实际情况建立市场化的发电容量成本回收机制，探索容量补偿机制、容量市场、稀缺电价等多种方式，保障电源固定成本回收和长期电力供应安全。鼓励抽水蓄能、储能、虚拟电厂等调节电源的投资建设。

探索开展绿色电力交易。创新体制机制，开展绿色电力交易试点，以市场化方式发现绿色电力的环境价值，体现绿色电力在交易组织、电网调度等方面的优先地位。引导有需求的用户直接购买绿色电力，推动电网企业优先执行绿色电力的直接交易结果。做好绿色电力交易与绿证交易、碳排放权交易的有效衔接。

健全分布式发电市场化交易机制。鼓励分布式光伏、分散式风电等主体与周边用户直接交易，完善微电网、存量小电网、增量配电网与大电网间的交易结算、运行调度等机制，增强就近消纳新能源和安全运行的能力。

1. 加快建设多层次统一的市场体系

在全国统一电力市场体系的指导下，按照"统一市场、两级运作"的市场运作模式，初步实现了省间电力现货市场、区域辅助服务市场、省内电力现货与辅助服务市场的联合运作。随着省间、省内市场的快速推进，省间与省内市场的衔接问题日益凸显。当前，各试点省份普遍将省间市场结果作为省内市场的边界条件，在日前市场中按照省内现货市场预出清、省间现货市场和区域辅助服务市场正式出清、省内现货市场和辅助服务市场正式出清的时序开展，省间、省内市场运行时序和交易流程严密配合，单一时序延误可能影响后续整个交易流程。为进一步健全多层次统一电力市场体系，需从以下方面开展工作：

（1）要加快建设国家电力市场。要完善电力交易平台运营管理和跨省跨区市场交易机制，研究推动适时组建全国电力交易中心，成立相应的市场管理委员会。

（2）要稳步推进省（区、市）/区域电力市场建设。充分发挥省（区、市）市场在全国统一电力市场体系的基础作用，提高省域内电力资源配置效率，保障地方电力基本平衡。鼓励建设与国家区域重大战略相适应的区域电力市场，优化区域电力资源配置。

（3）要引导各层次电力市场协同运行。有序推动国家市场、省（区、市）/区域电力市场建设，加强不同层次市场之间的相互耦合、有序衔接。条件成熟时支持省（区、市）市场与国家市场融合发展，或多省（区、市）市场联合形成区域市场后再与国家市场融合发展。推动探索组建电力交易中心联营体，建立完善的协同运行机制。

（4）要有序推进跨省跨区市场间开放合作。按照先增量、后存量原则，分类放开跨省跨区优先发电计划。建立多元市场主体参与跨省跨区交易的机制，鼓励支持发电企业与售电公司、用户等开展直接交易。加强跨省跨区与省内市场在经济责任价格形成机制等方面的动态衔接，最大程度利用跨省跨区富裕通道优化电力资源配置。

2. **完善统一电力市场体系的功能**

（1）持续推动电力中长期市场建设。进一步发挥中长期市场在平衡长期供需、稳定市场预期的基础作用，进一步完善交易机制和市场交易方式，更好拉大峰谷价差，引导用户削峰填谷。

（2）积极稳妥推进电力现货市场建设。引导现货市场更好发现电力实时价格，准确反映电能供需关系。组织实施好电力现货市场试点建设，推动各类主体共同参与现货市场，加强现货交易与放开优先发用电计划、中长期交易的衔接，建立合理的费用疏导机制。

（3）持续完善电力辅助服务市场。推动电力辅助服务市场更好体现灵活调节性资源的市场价值，丰富交易品类、完善交易机制、加强市场间有序协调，在交易时序、市场准入、价格形成机制等方面做好衔接。

（4）培育多元竞争的市场主体。分类推动各类优先发电主体参与市场，分批次推动经营性用户全面参与市场，引导社会资本有序参与售电业务。健全确保供电可靠性的保底供电制度，鼓励售电公司创新商业模式、提供增值服务。引导用户侧可调负荷、储能、分布式能源、新能源汽车等参与市场交易，充分激发和释放用户侧灵活调节能力。

3. **健全统一电力市场体系的交易机制**

从我国电价政策机制发展历程来看，我国电价政策机制发展历程大致可以分为四个阶段：计划经济阶段（1949～1985 年）、电价初始调整阶段（1985～2002 年）、电力市场化过渡阶段（2002～2015 年）和全面深化电力改革阶段（2015 年至今）。1950 年，我国成立电力行业管理局，初步形成以中央领导为主、地方领导为补充的政企合一的垂直电力管理体制；1985 年，以国家经济委员会、国家计划委员会、水利电力部、国家物价局发布的《关于鼓励集资办电和实行多种电价的暂行规定》为标志，开启分类定价；2002 年国务院发布《电力体制改革方案》，标志着我国电力行业定价正式告别政府定价，进入市场竞价新时代。2015 年，9 号文确定了"三放开、一独立、三强化"的改革基本路径以及"放开两头、管住中间"的体制框架。在"双碳"目标的驱动下，电力行业进入"能源转型期""改革深化期""新型系统构建期"三期叠加的新阶段，将进一步构建更加符合市场需求的电价机制与交易体系，加速推动新型电力系统的建设。

为科学合理核定省级电网企业输配电价，健全输配电定价制度，2020 年，《国家发展改革委关于印发<省级电网输配电价定价办法>的通知》（发改价格规〔2020〕101 号）指出定价原则是先核定电网企业输配电业务的准许收入，再以准许收入为基础核定分电压等级和各类用户输配电价。该种定价方式保持了定价机制的基本稳定，实现了输配电价与现行销售电价的有序衔接，有利于进一步推进电力体制改革，促进用户公平负担，稳定电价交叉补贴来源，保障电力普遍服务政策的落实。

2021 年 10 月，1439 号文发布，有序放开全部燃煤发电电量上网电价，燃煤发电电量原则上全部进入电力市场，通过市场交易在"基准价+上下浮动"范围内形成上网电价，现行燃煤发电基准价继续作为新能源发电等价格形成的挂钩基准。此外，通知将市场交易电价上下浮动范围扩大为原则上均不超过 20%，高耗能企业市场交易电价与电力现货价格不受上浮 20%的限制。进一步扩大价格浮动范围在一定程度上缓解燃煤发电企业经营困难，激励企业增加电力供应，抑制不合理电力需求，改善电力供求状况，更好保障电力安全稳定供应。

良好的价格形成和传导机制有利于发挥市场资源配置作用，成熟的电力市场应具备良好的价格发现功能。统一电力市场体系下，还需进一步从双边协商、集中竞价和挂牌摘牌等价格形成机制衔接的角度出发，丰富交易品种、增强市场流动性，为市场主体提供充足的交易机会和风险对冲工具。同时还需考虑时空耦合下的一体化结算模式，从电力电量平衡与价格传导、各阶段的不平衡资金处理等问题上进一步完善市场机制设计。

4. 构建适应新型电力系统的市场机制

为落实碳达峰、碳中和目标，新能源将进一步大规模发展，为推动形成适合中国国情、有更强新能源消纳能力的新型电力系统，市场交易与配套机制也同样需要做出调整。这一调整主要体现在几个方面：

（1）提升电力市场对高比例新能源的适应性。引导用户侧可调负荷资源、储能、分布式能源、电动汽车等新兴市场主体参与交易，有序推动新能源参与电力市场交易。鼓励售电公司创新商业模式，提供综合能源管理、负荷集成等增值服务。调整交易机制，加大交易频次，缩短出清周期，在电能量价格之外，不断提升辅助服务、发电容量等经济补偿水平。

（2）要引导各地区根据实际情况建立市场化的发电容量成本回收机制。探索容量补偿机制、容量市场、稀缺电价等多种方式，保障电源固定成本回收和长期电力供应安全。要鼓励抽水蓄能、储能、虚拟电厂等调节电源的投资建设。

（3）探索开展绿色电力交易。以市场化方式发现绿色电力的环境价值，体现绿色电力在交易组织、电网调度等方面的优先地位，引导有需求的用户直接购买绿色电力，做好绿色电力交易与绿证交易、碳排放权交易的有效衔接。

（4）健全分布式发电市场化交易机制。鼓励分布式光伏、分散式风电等主体与周边用户直接交易，完善微电网、存量小电网、增量配电网与大电网间的交易结算、运行调度等机制，增强新能源就近消纳和安全运行能力。

目前，我国已建立电力中长期交易基本规则，正在开展电力现货交易试点，完善电力辅助服务市场，下面分章节对电力中长期、现货、辅助服务市场分别进行详细阐述。

第二节　电力中长期市场

我国相继开展了电力大用户直接交易、发电权交易、省间电力交易等多种形式的实践探索，交易机制不断优化、交易规模不断扩大，为中长期电力市场的开展奠定了基础。

电力大用户直接交易：2004 年，国家发展改革委和国家电监会印发了《电力用户向发电企业直接购电试点暂行办法》（国发〔1985〕72 号），大用户直接交易试点正式启动。2005 年 3 月，吉林炭素公司、吉林龙华热电公司、吉林省电力公司签订了《电量直接购售合同》和《委托输电服务合同》，全国首家大用户向发电企业直接购电试点正式启动。2009 年以来进一步增加大用户直接交易试点，2020 年，国家电网有限公司经营区域电力直接交易电量 1809.9TWh，同比增长 10.8%。2020 年 12 月，《国家发展改革委　国家能源局关于做好 2021 年电力中长期合同签订工作的通知》（发改运行〔2020〕1784 号）首次对电力中长期交易提出足量签约、分时段签约、长期签约、信用机构见证签约、规范签约、电子化签约"六签"要求，明确了中长期交易与电力现货市场的衔接关系。

发电权交易：2007 年，《国务院批转发展改革委、能源办关于加快关停小火电机组若干意见的通知》（国发〔2007〕2 号）和《国务院关于印发节能减排综合性工作方案的通知》（国发〔2007〕15 号），为妥善解决搁置成本问题，在原有"年度发电计划"指标分配机制的基础上，促使了"上大压小"发电权交易的实施。发电权交易原则上由高效环保机组替代关停和低效高污染火电机组发电，由水电、核电等清洁能源发电机组替代火电机组发电。纳入国家小火电机组关停规划并按期或提前关停的机组在规定期限内可依据国家有关规定享受发电量指标并进行发电权交易。2020 年，国家电网有限公司经营区域完成发电权交易 203.8TWh，同比增长 4.9%。

省间电力交易：我国能源供需逆向分布、可再生能源快速发展的特点决定了需要在更大范围内促进电力资源优化配置。政府有关部门先后出台《跨省跨区电能交易基本工作（试行）》等相关政策文件指导、规范省间电力交易工作，支持、鼓励和培育各地区开展以市场为导向，以公开、透明和市场主体自愿为原则的省间电力交易。近年来，国家电网有限公司积极发挥特高压电网和市场机制的资源优化配置作用，努力扩大交易规模。2020 年，国家电网有限公司经营区域完成省间交易电量 1157.7TWh，同比增长 9.5%。其中，清洁能源省间交易电量 494.9TWh，占省间交易电量的 42.7%，相应减少标准煤燃烧 51834 万 t，减排二氧化碳 141717 万 t。

现阶段，我国中长期市场处于持续深化阶段，接下来，详细介绍当前中长期电力市场。中长期电力交易市场主要是由发电企业、电力用户、售电公司等市场主体，通过双边协商、集中交易等市场化方式开展多年、年、季、月、周、多日等电力批发交易。9号文配套文件《国家发展改革委　国家能源局关于印发电力体制改革配套文件的通知》中附件《关于推进电力市场建设的实施意见》曾明确，具备条件的地区逐步建立以中长期交易为主、现货交易为补充的市场化电力、电量平衡机制。由于受到输电线路容量等物理因素的限制，以及电力系统对于安全稳定性的需求，目前电力中长期交易仍然是电力市场化交易的主要方式。

2016 年 12 月 29 日，国家发展改革委和国家能源局颁布《电力中长期交易基本规则（暂行）》（发改能源〔2016〕2784 号）（简称《中长期基本规则（暂行）》），旨在贯彻落实 9 号文及相关配套文件要求，指导和规范各地电力中长期交易。《中长期基本规则（暂行）》明确，随着电力市场化交易达到一定程度时，各地应当启动电力现货市场建设，建立以电力中长期交易和现货交易相结合的市场化电力电量平衡机制。同时《中长期基本规则（暂行）》还对辅助服务市场规则提出了规定。

2020 年 6 月 10 日，国家发展改革委及国家能源局正式发布了《电力中长期交易基本规则》（发改能源规〔2020〕889 号）（简称《中长期基本规则》），代替了《中长期基本规则（暂行）》，对电力中长期交易的相关问题进行了较为细致、全面系统的规定。《中长期基本规则》作为各省和地区制定实施细则的指导规则，具有重要意义。各地根据《中长期基本规则》的规定分别制定针对各区域的中长期交易实施细则。

《中长期基本规则》分为十二章，第一章和第十二章分别为总则和附录；第二章至第九章主要涉及中长期交易的市场机制，分别对市场成员、市场注册变更与注销、交易品种和交易方式、价格机制、交易组织、安全校核、合同签订和执行、计量和结算提出了规定；第十章和第十一章主要涉及市场的保障机制，包括信息披露、市场监管和风险防控。

对于中长期市场交易的交易流程、偏差电量处理机制、合同签订及履行等，中长期基本规则及地方规定也均有详细规定。例如，就偏差电量处理机制，根据中长期基本规则，允许发用双方在协商一致的前提下可在合同执行一周前进行动态调整。鼓励市场主体通过月内（多日）交易实现月度发用电计划调整，减少合同执行偏差。系统月度实际用电需求与月度发电计划存在偏差时，可通过发电侧上下调预挂牌机制进行处理，也可根据各地实际采用偏差电量次月挂牌、合同电量滚动调整等偏差处理机制。而在华东地区，电力用户少用电量造成所在省份发电企业少发电量的，按照偏差电量对应电费的 20%实施考核；发电企业少发电量造成所在省发电企业多发电量的，按照偏差电量对应电费的 20%实施考核。

电力系统及各类市场主体对电网运行稳定性和可靠性的需求，电力市场化交易仍以中长期交易为主，现货交易为补充。因此，电力市场化交易规则，特别是电力中长期交易规则，对于电力行业各个环节的市场主体有较大的影响。各类电力市场主体在市场化的环境下开展电力交易，将有效激发商业和运营模式的创造力和市场活力，推动电力系统供电能力及输配电效率发展同时，也为市场主体带来了更多的商业机会。

第三节　电力现货市场

2017 年，为充分利用省间输电通道促进新能源充分消纳，缓解弃水、弃风、弃光的"三弃"问题，我国省间电力现货市场的雏形——区域省间富余可再生能源电力现货交易市场开始投入试运行。

2017 年 8 月，《国家发展改革委办公厅　国家能源局综合司关于开展电力现货市场建设试点工作的通知》（发改办能源〔2017〕1453 号，简称 1453 号文）要求 2018 年底前启动电力现货市场试运行，积极推动与电力现货市场相适应的电力中长期交易。结合各地电力供需形势、网源结构和市场化程度等条件，选择以广东、蒙西、浙江、山西、山东、福建、四川、甘肃地区作为第一批试点。按照国家发展改革委和国家能源局的工作部署，国家电网有限公司经营区内浙江、山西、山东、福建、四川、甘肃 6 个现货试点单位在 2019 年 9 月全部进入结算试运行阶段。2020 年，6 家试点单位均完成整月以上长周期连续结算试运行，其中福建连续运行 5 个月，甘肃连续试运行 5 个月，山西连续试运行 2 个月。2021 年，山西、甘肃、浙江、福建 4 家试点单位完成了季度以上的长周期结算试运行，四川完成了双月枯水期火电竞价结算试运行，山东于 12 月启动了电力现货市场长周期结算试运行。试运行期间电网运行安全，市场运营平稳，清洁能源充分消纳。

2021 年 4 月，《国家发展改革委办公厅　国家能源局综合司关于进一步做好电力现货市场建设试点工作的通知》（发改办体改〔2021〕339 号，简称 339 号文）提出选择辽宁、上海、江苏、安徽、河南、湖北作为第二批试点。

2021 年 11 月，在跨区域省间富余可再生能源电力现货交易市场基础上，国家发展改革委、国家能源局正式批复《省间电力现货交易规则（试行）》，进一步扩大市场覆盖范围和主体类型、完善交易机制、增加交易频次。

2022 年 1 月 18 日，中央深改委审议通过的《国家发展改革委　国家能源局关于加快建设全国统一电力市场体系的指导意见》（发改体改〔2022〕118 号），要求积极稳妥推进电力现货市场建设，支持具备条件的试点不间断运行，逐渐形成长期稳定运行的电力现货市场推动各类优先发电主体、用户侧共同参与电力现货市场。2022 年 2 月，《国家发展改革委办公厅　国家能源局综合司关于加快推进电力现货市场建设工作的通知》（发改办体改〔2021〕129 号，简称 129 号文）要求第一批试点地区原则上 2022 年开展长周期连续试运行，第二批试点地区原则上 2022 年 6 月底前启动现货试运行，其他地区 2022 年一季度上报电力现货市场建设方案。至此，我国电力现货市场建设进入全面加速推进的崭新阶段。

9 号文实施以来，我国坚持顶层设计与基层实践相结合，立足国情、省情、网情开展了各具特色的电力现货市场建设探索与管理实践，初步构建了具有中国特色的"省间+省内"电力现货市场体系，实现了我国电力现货市场从无到有的突破。

省间电力现货市场建设现状：

为缓解"三弃"问题，积累省间电力现货市场运营经验，国家电网有限公司以 9 号文的精神为指引，积极探索以市场化方式消纳新能源，研究了跨区域省间富余可再生能源电力现货交易模式，主要定位为缓解送端电网弃水、弃风、弃光的日前、日内跨区外送交易，并制定了市场建设方案和规则，于 2017 年 8 月 18 日正式开始试运行。自试运行以来，跨区域省间富余可再生能源电力现货市场运营平稳、交易活跃。截至 2021 年底，跨区域省间富余可再生能源现货交易试点已平稳运行超过 4 年，送端 16 个省份 2300 多家可再生能源发电企业、受端 18 个省公司参与交易，累计成交可再生能源电量超 25TWh，提升新能源利用率约 1.1 个百分点。跨区域省间富余可再生能源现货交易充分发挥跨区通道富余送电能力，有效缓解了清洁能源消纳压力，同时充分验证了交易机制和技术支持系统的可行性与有效性，积累了市场建设和运行经验，为下一步省间电力现货市场建设工作的深入开展奠定了坚实的基础。

自 2020 年以来，我国电力供需形势发生很大变化，电力保障供应的难度逐年加大。同时"双碳"目标下随着新能源装机规模进一步增长，新能源消纳形势更加严峻。高比例新能源出力的随机性和波动性对电网的电力平衡影响很大，在同一省内新能源弃电和电力供应不足现象反复交织将成为常态。通过市场化手段开展省间电力余缺互济、促进清洁能源大范围消纳成为一个必然的要求。

为进一步深入贯彻落实 9 号文中关于"建立规范的跨省跨区电力市场交易机制促使电力富余地区更好地向缺电地区输送电力，充分发挥市场配置资源、调剂余缺的作用"的要求，国家电网有限公司在跨区域富余可再生能源现货交易试点基础上，结合各省份的实际需求，进一步扩大市场范围和主体类型，丰富交易品种，利用市场化手段促进清洁能源更大范围消纳，开展省间电力余缺互济，组织研究编制了《省间电力现货交易规则（试行）》。

2021 年 11 月 22 日，国家发展改革委、国家能源局联合复函国家电网有限公司，原则同意《省间电力现货交易规则（试行）》，并要求国家电网有限公司积极组织实施省间电力现货市场。相较于跨区域省间富余可再生能源电力现货市场，省间电力现货市场的交易范围由跨区域省间拓展为全部省间交易，参与主体在富余可再生能源基础上增加火电、核电，进一步提升市场主体的参与范围和参与深度，优化交易组织方式，助力推动构建全国统一电力市场体系。主要特点包括：①交易范围进一步扩大，有利于提升区域内资源优化配置效率和效益。省间现货交易范围由"跨区省间"扩展到国家电网有限公司和内蒙古电力（集团）有限责任公司覆盖范围内的"所有省间"。②市场主体更加多元化，发电侧所有电源类型可以参与省间现货交易。发电企业不再局限于可再生能源，火电、核电等所有电源类型均可参与。在发电侧申报时，各类电源均有数据标签，具备体现可再生能源成交电力的绿色属性功能。③交易组织模型更加优化，为全网统一的电力平衡格局提供了灵活调节手段。《省间电力现货交易规则（试行）》提出了"交易节点"的概念，每个省一般设为一个交易节点，但也可视省内阻塞情况设置多个交易节点。《省间电力现货交易规则（试行）》允许交易节点依据不同时段的电力余缺情况，选择买、卖电身份，满足某些省份同一天既有购电又有售电的需求。④日内交易时段增加，更好适应运行日新能源变化。省间现货日内交易由每日按 5 个交易时段开展变为每日 2 个时段开展一次，提高了交易的频次，可更好地适应新能源出力波动性，满足日内调整需求。2021 年 12 月 31 日，省间现货交易启动模拟试运行，分别于 2022 年 1 月 12～14 日和 2 月 22～28 日开展试结算，并于 2022 年 3 月 1～31 日开展为期 31 天的整月结算试运行。试运行期间，市场主体踊跃参与，技术支持系统运行平稳，激发了火电企业的发电积极性，促进了可再生能源更大范围消纳，支撑了省间电力的市场化余缺互济，缓解了应急调度支援的压力。

第四节　电力辅助服务市场

我国电力辅助服务市场建设经历了极其独特的发展历程，我国电力辅助服务发展经历了全电价统一补偿、发电企业交叉补偿和市场化探索三个阶段。电力辅助服务市场机制是电力现货市场运营不可或缺的关联机制。自 2006 年起，我国在未开展电力现货市场的条件下，先行开展了并网发电厂辅助服务补偿工作，提出按照"补偿成本和合理收益"的原则对提供有偿辅助服务的并网发电厂进行相互补偿，补偿费用主要来源于辅助服务考核费用，不足（富余）部分按统一标准由并网发电厂分摊。这是一种基于传统上网电价机制的辅助服务补偿机制，与电力现货市场环境下的电力辅助服务市场机制有本质的区别，不应直接套用，因此，随着电力现货市场的建设，应当配套出台电力辅助服务市场交易规则。根据国家能源局印发的《电力辅助服务管理办法》（国能发监管规〔2021〕61 号），电力辅助服务市场交易规则主要明确通过市场化竞争方式获取的电力辅助服务品种的相关机制。

一、阶段一：全电价统一补偿阶段

2002 年以前，我国电力工业主要采取垂直一体化的管理模式，电网企业所属发电厂实行内部统一核算，而独立发电企业则根据购售电协议确定上网电价，其电价为全电价，即其中除电能量电价之外，已包含辅助服务的费用，省间、网间送受电价也为全电价。2002 年厂网分开后至开展现货市场之前，虽然各发电厂分属于不同的利益主体，但上网电价为全电价的价格形成机制没有发生变化，电力辅助服务的费用均核定包含在全电价之中。故而在《并网发电厂辅助服务管理暂行办法》（电监市场〔2006〕43 号，简称《办法》）出台之前，我国的电力辅助服务均采用"按需调用、按实发电量补偿"的方法，由电网调度机构按照"经济调度"或"三公调度"的原则统一安排发电厂的运行计划；同时，按照电网调度管理规程，根据系统的负荷特性、水火比重、机组特性，设备检修等方面因素，以及等微增率原则进行发电计划和辅助服务的全网优化，安排和调用辅助服务。在对电厂进行结算时，辅助服务与发电量捆绑在一起进行结算，没有单独的辅助服务补偿机制。

二、阶段二：发电企业交叉补偿阶段

各发电厂在电网运行中的地位和作用在时空上存在显著的差异，导致其对电力辅助服务的贡献十分不均衡，"按需调用、按实发电量补偿"的方法显然有失公允，随着厂网分开后各发电厂自主经营意识的逐步提高，传统提供电力辅助服务的办法难以协调各方利益。理论上，电力辅助服务可以随同电力现货市场的建设同步建立市场交易机制，通过市场化手段实现电能量与辅助服务计量计价的分离，从根本上解决遗留问题。然而，我国电力现货市场建设当时还在酝酿中，实行的仍是"三公调度"，在这一背景下，2006年，国家电监会印发《办法》与《发电厂并网运行管理规定》（简称《规定》），提出"按照'补偿成本和合理收益'的原则对提供有偿辅助服务的并网发电厂进行补偿，实行'按需调用、据实补偿'，补偿费用主要来源于发电企业辅助服务考核费用，不足（富余）部分按统一标准由并网发电厂分摊"，初步做到了根据发电企业电力辅助服务贡献度的不同实施奖惩，我国电力辅助服务由此进入发电企业交叉补偿阶段。

在辅助服务品种的界定方面，《办法》在国外一般界定的种类的基础上，把一些通常属于电能量市场的内容也扩大到辅助服务范畴，如调峰。这种扩充，在尚未建立电力现货市场的条件下，确实发挥了重要作用，在很大程度上有效激励了灵活性可调节资源的开发利用。

各地也根据《办法》和《规定》相继出台"两个细则"文件，规定了本地电力辅助服务的有偿基准、考核与补偿以及费用分摊等规则。"两个细则"规定的计划补偿方式能够在一定程度上激励当地发电机组提供电力辅助服务，但随着新能源占比的提升度，辅助服务的稀缺程度也不断增加，《办法》的机制性缺陷逐渐显露，加上各地"两个细则"的标准缺乏统一，致使跨省跨区送受电的辅助服务矛盾日渐突出。总之，《办法》所建立的发电企业交叉补偿机制是一种创举，虽然是非电力现货市场条件下的权宜之计，体现公平、效率的市场精神，在特定历史时期功不可没；但是总体来看补偿力度存在偏差，甚至出现异化，改变了辅助服务补偿机制的初衷和功能。

三、阶段三：市场化探索阶段

电力辅助服务在发电企业内交叉补偿机制的先天不足推动了市场化的探索。国外成熟电力市场一般通过电力现货市场实现调峰资源的优化配置，而当时我国尚未启动电力现货市场建设，亟须利用市场化手段提高奖罚力度，以更高的补偿力度激励发电企业等调节资源参与电力辅助服务。2014 年 10 月 1 日，随着东北能源监管局下发的《东北电力辅助服务市场运营规则》（东北监能市场〔2020〕112 号）实施，我国首个电力调峰服务市场（简称东北电力调峰市场）正式启动，标志着市场化补偿电力调峰服务尝试的开始。东北电力调峰市场深度调峰补偿力度大幅提高，不同级别最高限价分别设置为 0.4、1 元/kWh，对于火电机组参与深度调峰的激励作用显著提升。2015 年 3 月，9 号文提出以市场化原则建立辅助服务分担共享新机制以及完善并网发电企业辅助服务考核机制和补偿机制。在 9 号文的顶层设计下，与电力辅助服务市场化建设直接相关的文件密集出台，各地也积极开展电力辅助服务市场化探索。截至 2022 年 9 月，在区域省间辅助服务市场方面，国家电网有限公司经营范围内所有区域均全部开展了区域调峰服务市场，部分区域开展了区域备用辅助服务市场。省内辅助服务市场方面主要为调峰服务，部分省市开展了调频辅助服务和备用辅助服务。

2017 年，《国家发展改革委　国家能源局关于印发〈清洁能源消纳行动计划（2018～2020 年）〉的通知》（发改能源规〔2018〕1575 号）提出全面推进辅助服务市场建设，在东北、山西、福建、山东、新疆、宁夏、广东、甘肃等地开展辅助服务市场试点，推动辅助服务由补偿机制逐步过渡到市场交易机制。

2020 年以来，党中央、国务院相继印发《关于完整准确全面贯彻新发展理念做好碳达峰碳中和工作的意见》及《2030 年前碳达峰行动方案》（国发〔2021〕23 号）等相关重要文件，明确要求完善长期市场、电力现货市场和辅助服务市场衔接机制，大力提升电力系统综合调节能力，加快现役机组灵活性改造，引导自备电厂、传统高载能工业负荷、工商业可中断负荷、电动汽车充电网络、虚拟电厂等参与系统调节。

2021 年 12 月 24 日，国家能源局《电力并网运行管理规定》（国能发监管规〔2021〕60 号）和《电力辅助服务管理办法》（国能发监管规〔2021〕61 号）修订版正式发布。主要内容包括：进一步扩大电力辅助服务新主体，将提供辅服务主体范围由发电厂扩大到包括新型储能、自备电厂、传统高载能工业负荷、工商可中断负荷、电动汽车充电网络、聚合商、虚拟电厂等主体，促进挖掘供需两侧的灵活调节能力，加快构建新型电力系统；进一步规范辅助服务分类和品种，对电力辅助服务进行重新分类，分为有功平衡服务、无功平衡服务和事故应急及恢复服务，并考虑构建新型电力系统的发展需求，新增引入转动惯量、爬坡、安全稳定切机服务、切负荷服务等辅助服务新品种；进一步明确补偿方式与分摊机制，强调按照"谁提供、谁获利，谁受益、谁承担"的原则，确定补偿方式和分摊机制，并提出逐步建立电力用户参与辅助服务分担共享机制；完善用户分担共享新机制。健全市场形成价格新机制，明确电力辅助服务的补偿和分摊费用可以采用固定补偿和市场化形成两种方式。

2022 年 1 月 18 日，《国家发展改革委　国家能源局关于加快建设全国统一电力市场体系的指导意见》，要求持续完善电力辅助服务市场，建立健全调频、备用等辅助服务市场，探索用户可调节负荷参与辅助服务交易，推动源网荷储一体化建设和多能互补协调运营，完善成本分摊和收益共享机制。

附录 A 调控系统名词解释

（1）电力系统：电力系统是由发电、储能、供电（输电、变电、配电）、用电设施和为保证这些设施正常运行所需的继电保护和安全自动装置、计量装置、电力通信设施、自动化设施等构成的整体。

（2）电力调控机构：指依法对电网运行进行组织、指挥、指导和协调，依据《电网调度管理条例》设置的各级电力调度控制中心。

（3）各级通信运维单位：包括信通公司、地市供电公司信通分公司及其他通信运维单位。

（4）各级设备运维单位：包括超高压公司、送变电公司、地市供电公司及其他输变电设备运维单位。

（5）发电厂：指不同类型发电企业的统称。

（6）储能电站：进行可循环电能存储、转换及释放的设备系统。

1）电网侧储能电站：在已建变电站内或专用站址建设，并网点在公用电网的储能系统。

2）电源侧储能电站：并网点在常规电厂、风电场、光伏电站等电源厂站内部的储能系统。

3）用户侧储能电站：在用户内部场地或邻近建设，并网点在用户内部配电网的储能系统。

（7）监控值班员：包括超高压公司、地市供电公司及其他单位负责输变电设备集中监控的人员。

（8）用户：通过电网消费电能的单位或个人。

（9）并网调度协议：指电网企业与电网使用者或电网企业间就调度运行管理所签订的协议，协议规定双方应承担的基本责任和义务，以及双方应满足的技术条件和行为规范。

（10）备用：分为运行备用和检修备用，其中运行备用包括负荷备用（即旋转备用）。

1）负荷备用容量：接于母线且立即可以带负荷的旋转备用容量，用以平衡瞬间负荷波动与负荷预计误差，也称为"旋转备用容量"。

2）事故备用容量：在规定时间内（例如 10min 内），可供调用的备用容量。其中至少有一部分（例如 50%）是在系统频率下降时能自动投入工作的备用容量，也称为"运行备用容量"。

3）检修备用容量：结合系统负荷特点，水火电比重，设备质量，检修水平等情况确定，以满足可以周期性地检修所有运行机组要求的备用容量。

（11）最大/最小技术出力：

最大技术出力：发电机组（发电厂）在稳态运行情况下的最大发电功率。

最小技术出力：发电机组（发电厂）在稳态运行情况下的最小发电功率。

（12）一次调频：一次调频是指通过原动机调速控制系统来自动调节发电机组转速和出力，以使驱动转矩随系统频率而变动，从而对频率变化产生快速阻尼作用，以及通过功率下垂特性等方式实现系统频率快速调整功能的其他类型电网资源。

（13）二次调频：二次调频是指运行人员手动操作或由调度自动化系统自动地操作，增减发电机组的有功出力，恢复频率目标值。

（14）紧急情况：电网发生事故或者发电、供电设备发生重大事故，电网频率或电压超出规定范围、输变电设备负载超过核定值、联络线（或断面）功率值超出规定的稳定限额以及其他威胁电网安全运行，有可能破坏电网稳定、导致电网瓦解以至大面积停电等运行情况。

（15）不可抗力：指不能预见、不能避免并不能克服的客观情况。包括龙卷风、暴风雪、泥石流、山体滑坡、水灾、火灾、严重干旱、超设计标准的地震、台风、雷电、雾闪等，以及战争、瘟疫、骚乱等。

（16）有序用电：分为错峰、避峰、限电、拉闸四种。

1）错峰：是指将高峰时段的用电负荷转移到其他时段，通常不减少电能使用。

2）避峰：是指在高峰时段削减、中断或停止用电负荷，通常会减少电能使用。

3）限电：是指在特定时段限制某些用户的部分或全部用电需求。

4）拉闸：是指各级调控机构发布调度命令，切除部分用电负荷。

（17）电力市场辅助服务：为维护电力系统的安全稳定运行，保证电能质量，除正常电能生产、输送、使用外，由发电企业、电网经营企业和电力用户提供的服务。包括一次调频、自动发电控制、调峰、无功调节、备用、黑启动等。

（18）智能变电站：采用先进、可靠、集成、低碳、环保的智能设备，以全站信息数字化、通信平台网络化、信息共享标准化为基本要求，自动完成信息采集、测量、控制、保护、计量和监测等基本功能，并可根据需要支持电网实时自动控制、智能调节、在线分析决策、协同互动等高级功能的变电站。

（19）智能终端：一种智能组件。与一次设备采用电缆连接，与保护、测控等二次设备采用光纤连接，实现对一次设备（如：断路器、隔离开关、主变压器等）的测量、控制等功能。

（20）电子式互感器：一种装置，由连接到传输系统和二次转换器的一个或多个电流或电压传感器组成，用于传输正比于被测量的量，以供给测量仪器、仪表和继电保护或控制装置。

（21）MU：合并单元（merging unit，MU），用以对来自二次转换器的电流或电压数据进行时间相关组合的物理单元。合并单元可是互感器的一个组成件，也可是一个分立单元。

（22）IED：智能电子设备（intelligent electronic device，IED），包含一个或多个处理器，可接收来自外部源的数据，或向外部发送数据，或进行控制的装置，例如：电子多功能仪表、数字保护、控制器等。为具有一个或多个特定环境中特定逻辑接点行为且受制于其接口的装置。

（23）MMS：制造商信息规范（manufacturing message specification，MMS），是相关标准所定义的一套用于工业控制系统的通信协议。它规范了工业领域具有通信能力的智能传感器、智能电子设备、智能控制设备的通信行为，使出自不同制造商的设备之间具有互操作性。

（24）GOOSE：面向通用对象的变电站事件（generic object oriented substation event，GOOSE），主要用于实现在多 IED 之间的信息传递，包括传输跳合闸信号（命令），具有高传输成功概率。

（25）SV：采样值（sampled value，SV），是基于发布/订阅机制，交换采样数据集中的采样值的相关模型对象和服务，以及这些模型对象和服务到数据帧之间的映射。

（26）分布式保护：分布式保护面向间隔，由若干单元装置组成，分布实现各项功能。

附录B 调控术语

1. 调度管辖范围

指调控机构行使调度指挥权的发电、输变电、用电、储能系统，包括直接调管范围和许可调管范围。

（1）直接调管范围：由本级调度全权负责运行管理和操作指挥的范围。

（2）许可调管范围：由下级调控机构负责运行管理和操作指挥，但在操作前需征得本级调度同意的范围。

2. 调度同意

调控机构值班调度员（简称值班调度员）对其下级调控机构值班调度员或调度管辖厂站运行值班员、监控值班员提出的工作申请及要求等予以同意。

3. 调度许可

设备由下级调控机构管辖，但在进行该设备有关操作前该级值班调度员必须向上级值班调度员申请，并征得同意。

4. 直接调度

值班调度员直接向下级调控机构值班调度员、厂站运行值班人员、监控值班员及输变电设备运维人员发布调度指令的调控方式。

5. 授权调度

根据电网运行需要将调管范围内的指定设备授权下级调控机构直调，授权调度期间调度安全责任主体为被授权调控机构。

6. 越级调度

紧急情况下值班调度员越级下达调度指令给下级调控机构直调的运行值班单位人员的方式。

7. 调度关系转移

经两调控机构协商一致，决定将一方直接调度的某些设备的调度指挥权暂由另一方代替行使。转移期间，设备由接受调度关系转移的一方调度全权负责，直至转移关系结束。

8. 调度指令

值班调度员对其下级调控机构值班调度员、调度管辖厂站运行值班人员、监控值班员及输变电设备运维人员发布有关运行和操作的指令。

（1）口头令（简称口令）：由值班调度员口头下达的调度指令。对此类命令，值班调度员无须填写操作票，但应做好相应记录。

（2）操作令：由值班调度员拟票，经审核后下达的调度指令。监控值班员、现场运行值班人员根据操作令拟写现场操作票。具体分为单项操作令、逐项操作令以及综合操作令。

9. 调度指令实施

（1）发布指令：值班调度员正式向受令人发布调度指令。

（2）接受指令：受令人正式接受值班调度员所发布的调度指令。

（3）复诵指令：值班调度员发布调度指令时，受令人重复指令内容以确认的过程。

（4）回复指令：受令人在执行完值班调度员发布的调度指令后，向值班调度员报告已经执行完调度指令的步骤、内容和时间等。

（5）许可操作：在改变设备的状态或方式前，根据有关规定，由有关人员提出操作项目，当值调度员同意其操作。

10. 设备状态

（1）运行：指设备的隔离开关及断路器均在合闸位置，将电源端至受电端的电路接通（包括辅助设备，如 TV、避雷器等）。继电保护及二次设备按规定正确投入。

（2）热备用：指设备的断路器在分闸位置，而隔离开关仍在合闸位置。此状态下如无特殊要求，设备继电保护均应在运行状态。线路高抗、电压互感器等无单独断路器的设备均无热备用状态。

（3）冷备用：指设备无安全措施，隔离开关及断路器均在分闸位置。

（4）检修：指设备的所有断路器、隔离开关均在分闸位置，并挂好接地线或合上接地开关的状态。

11. 线路试送电

线路断路器跳闸后，经初步检查具备相应条件时的送电。

12. 带电巡线

对带电或停电未采取安全措施的线路进行巡视。

13. 停电巡线

在线路停电并挂好地线情况下的巡线。

14. 故障巡线

线路发生故障后，为查明故障原因进行的巡线。

15. 特巡

在暴风雨、覆冰、雾、河流开冰、水灾、地震、山火、台风等自然灾害和保电、大负荷、重大电网风险等特殊情况下的带电巡线。

16. 智能电网调度控制系统

通常是指各级调控机构建设的具备实时监视与预警、调度计划、安全校核和调度管理等应用功能的系统。

17. 四遥信息

（1）遥信：远方断路器、隔离开关等位置运行状态测量信号。

（2）遥测：远方发电机、变压器、母线、线路运行数据测量信号。

（3）遥控：对断路器、隔离开关等位置运行状态进行远方控制及 AGC 控制模式的远方切换。

（4）遥调：对发电机组出力、变压器抽头位置等进行远方调整和设定。

18．AGC（自动发电控制）

发电机组在规定的出力调整范围内，跟踪电力调度交易机构下发的指令，按照一定调节速率实时调整发电出力，以满足电力系统频率和联络线功率控制要求。

19．AVC（自动电压控制）

作为电压控制实现手段，对电网中的无功资源以及调压设备进行自动控制，以达到保证电网安全、优质和经济运行的目的。

20．PMU（相量测量装置）

用于同步相量的测量和输出以及进行动态记录的终端装置，核心特征包括基于标准时钟信号的同步相量测量、失去标准时钟信号的守时能力、相量测量装置与主站之间能够实时通信并遵循有关通信协议。

21．定相

用仪表或其他手段，检测两电源的相序、相位是否相同。

22．核相

用仪表或其他手段，在同一电源充电情况下，检测设备的一次回路与二次回路相序、相位是否相同。

23．TA极性测量

用仪表或其他手段，检测设备的 TA 二次回路极性是否正确。

24．风电场

由一批风电机组或风电机组群（包括机组单元变压器）、汇集线路、主升压变压器及其他设备组成的发电站。

25．光伏电站

利用太阳电池的光生伏特效应，将太阳辐射能直接转换成电能的发电系统，一般包含变压器、逆变器、相关的平衡系统部件（BOS）和太阳电池方阵等。

26．储能电站

进行可循环电能存储、转换及释放的设备系统。

27．新能源汇集站

由用户投资建设，有两个及以上具有独立调度命名的新能源场站或储能电站接入的变电站。

28．新能源升压站

由用户投资建设，仅有一个具有独立调度命名的新能源场站经变压器升压后接入电网的变电站。

参 考 文 献

[1] 焦日升，焦骏驰，李宏伟. 电网调控故障处理[M]. 北京：中国电力出版社，2016.

[2] 国家电力调度控制中心. 电网调控运行人员实用手册（2018 版）[M]. 北京：中国电力出版社，2019.

[3] 国家电网有限公司. 安全事故调查规程[M]. 北京：中国电力出版社，2021.

[4] 国网宁夏电力有限公司中卫供电公司. 新能源并网及调度运维[M]. 北京：中国电力出版社，2021.

[5] 宁夏电力调度控制中心. 新能源消纳调控技术[M]. 宁夏：阳光出版社，2021.